祖父母のマーカス・ランダウとチャヤ・ランダウが、13人の子どもと写っている写真。1902年、ハイベリー・ニュー・パークの家の庭で。立っているのが、左からミック、ヴァイオレット、アイザック、エイブ、ドーラ、シドニー、アニー。座っているのが、左からデイヴ、エルシー（私の母）、レン、祖父、祖母、バーディー。前にいるのは、左からジョーとドゥージー。

母の腕に抱かれた私。1933年末、マーカス、デイヴィッド、父、マイケルと写っている。

上）3歳の私。戦前。
右）戦前、最後にみんなで船に乗ったときの写真。1939年8月、ボーンマスの近くで。左から、デイヴィッド、父、マイケル、母、私、マーカス。

1940年の冬に、短いあいだブレイフィールドから帰宅したときの写真。左から父、私、母、マイケル、デイヴィッド（最年長の兄マーカスは、もう大学へ行っていた）。

上）ザ・ホールで、ウルフ・カブの仲間と。1943年。
左）バル・ミツバーのときの写真。1946年、家の玄関前で。

デイヴおじさん（左）とエイブおじさん。1938年、タングスタライト社の社員旅行で撮ったもの。

レンおばさん。戦後、デラメアで。

バーディーおばさん。

ハヤカワ文庫 NF

〈NF472〉

タングステンおじさん

化学と過ごした私の少年時代

オリヴァー・サックス

斉藤隆央訳

早川書房

7820

UNCLE TUNGSTEN
Memories of a Chemical Boyhood
by
Oliver Sacks

Translated by
Takao Saito
Published 2016 in Japan by
HAYAKAWA PUBLISHING, INC.
This book is published in Japan by
arrangement with
THE WYLIE AGENCY (UK) LTD.
through THE SAKAI AGENCY.

ロアルドへ

目次

タングステンおじさん

――化学と過ごした私の少年時代

1　タングステンおじさん
――金属との出会い

少年時代を振り返ると、金属にまつわる思い出が多い。物心がついたときから、それは私にある力を及ぼしているように思う。金属は、いろいろなものが集まったこの世界にあって、その輝きと、色つやと、滑らかさと重みで、ひときわ目を引いた。触ると冷たそうで、たたくとかん高い音をたてた。

金《きん》のあの黄色っぽい輝きと重量感が大好きだった。母はよく、結婚指輪をはずして私にいじらせ、無垢《むく》で、決してくすまないと教えてくれた。それからこうも言った。「重みがあるでしょう？　鉛より重たいのよ」鉛がどんなものかは知っていた。いつか鉛管工が残していった重たくて軟らかい管を手にしたことがあったからだ。金も軟らかいと母は言った。だからふつうは別の金属と混ぜて硬くするの、と。

銅もそうだった。そこで人は、スズ（錫《すず》）と混ぜて青銅を作ったのだ。青銅《ブロンズ》！――この言葉に私は力強いラッパの響きを感じた。かつて戦いは、青銅と青銅が、青銅の矛と青銅の盾が、勇ましくぶつかり合うものだったからだ。アキレスの有名な盾も青銅だった。母はまた、銅に亜鉛を混ぜると真鍮《しんちゅう》ができるとも言った。うちでは、母も、兄たちも、私も、みんなハヌカ（ユダヤ教の祭りのひとつで、光の祭りとも呼ばれる）で使う真鍮製の大燭台《メノラー》をもっていた（父のは銀製だった）。

　銅にはなじみがあった。台所に、ピンクに照り輝く銅製の大鍋があったのだ。その鍋は、年に一度だけ、庭のマルメロと野生リンゴが熟したときに登場し、母はそうした果物を煮つめてゼリーを作った。

　亜鉛にもなじみがあった。小鳥が水浴びに使う、くすんで青みがかった水盤が庭にあり、それが亜鉛でできていた。スズも知っていた。スズのホイルにサンドウィッチを包んでピクニックに持って行っていたからだ。母は、スズや亜鉛を折り曲げると特別な「鳴き声」を上げるのだと教えてくれた。「結晶構造が崩れるせいなの」私がまだ五歳でとても理解できないことなど忘れているようだった。それでも私は母の言葉に魅了され、もっと多くのことを知りたいと思った。

　庭には、芝生をならす巨大な鋳鉄《ちゅうてつ》製のローラーもあった。こいつは五〇〇ポンド（およそ二三〇キロ）あるんだ、と父は言った。私たち子どもの力ではびくともしなかったが、父は大変な力持ちだったので地面からもち上げられた。ローラーはいつも少し錆びていて、それが私には気になった。錆がはげて小さな穴や傷ができていたから、そのうちにローラー全体が錆びついて崩れてしまい、赤い粉とかけらばかりになってしまうんじゃないかと不安になったのだ。私は、金属は何でも金《きん》のように安定していて、時を経ても壊れたり失われたりしないと思いたくて仕方がなかったわけである。

ときどき母に、婚約指輪のダイヤモンドを見せて、とせがんだ。ダイヤモンドは、それまで見たどんなものとも違った輝きを帯び、まるで外から入る以上の光を発しているように見えた。母は、ダイヤモンドで簡単にガラスに傷がつくことを示してから、唇に当ててごらんなさい、と言った。やってみると、不思議なことに、びっくりするほど冷たかった。金属はひんやりした肌触りだったが、ダイヤモンドは氷のように冷たかった。それは熱をとてもよく――どんな金属よりも――通すからだと母は説明した。だから唇を当てるとそこから体の熱が奪われてしまうのだ。このときの感覚は、決して忘れられない。また別のときに母は、ダイヤモンドをつまんで氷に当てると、ダイヤモンドが手から氷に熱を伝え、氷がバターのようにすぱっと切れるところを見せてくれた。それから、ダイヤモンドは、冬に部屋を暖めるのに使う石炭と同じように、炭素が特別な形をとったものだとも教えてくれた。これには面食らった。黒くてつやがなく、薄くはげやすいあの石炭が、指輪にはまっている硬くて透明な宝石と同じだとは、とても信じられなかった。

光も大好きだった。とくに、金曜の晩に灯《とも》す安息日（シャバット）の蠟燭《ろうそく》の明かりが好きで、母はそれに火をつけて小声で祈りを捧げた。火のついた蠟燭には触らせてくれなかった。蠟燭は神聖で、その炎は尊いものだから、いじってはいけないと言われたのだ。私は、中心にある小さな円錐形をした青い炎に魅了され、どうして青いんだろう、と思った。うちには石炭ストーブがあったから、炎の真ん中が暗い赤からオレンジに変わり、さらにふいごで空気を送り込んでやると、ついには白っぽく輝くのをよく見ていた。そこで私は思った――もっと熱くなったら青い炎になるんだろうか？

太陽や夜空の星もこんなふうにして燃えているのか？　なぜいつまでも燃えていられるんだ？　どんな材料でできているんだろう？　地球の核が巨大な鉄の球《たま》だと知ったときにはなんだかほっとした。頑丈で頼りがいのあるものに思えたからだ。そして、われわれ自身が、太陽や夜空の星を構成しているのとまったく同じ元素でできていて、私の体の原子がかつては遠くの星のものだったかもしれないと聞かされたときには、胸が躍った。一方で怖い気持ちもあった。自分の体の原子がいっときの借りものにすぎなくて、いつばらばらになって、バスルームにあるベビーパウダーみたいに飛び散ってしまうかわからない、と思ったのだ。

私は両親を質問攻めにして困らせた。色はどこから生まれるの？　どうして母さんは、こんろに白金リングをかざしてガスに火をつけるの？　紅茶に砂糖を入れてかきまぜると、砂糖に何が起こるの？　砂糖はどこへ消えてしまうの？　水が沸騰するとなぜ泡立つの？（私は、ストーブの上で湯を沸かし、熱で水面が震えてから一気に泡立つ様子を見るのが好きだった）

母はほかにもいろいろ不思議なものを見せてくれた。たとえば、つるつるに磨いた黄色い琥珀《こはく》のネックレスをもっていて、表面をこすると小さな紙切れが舞い上がって引っつくさまを見せた。あるいはまた、静電気を帯びさせた琥珀を私の耳に近づけて、小さなパチッという音を聞かせ、電気の火花を感じさせてくれた。

兄のデイヴィッドとマーカスは、それぞれ九つと十《とお》、私より年上だった。ふたりは磁石が好きで、私に磁石がどんなものかを見せて楽しんでいた。鉄粉を撒《ま》いた紙の下で磁石を動かしたりしたのだ。私は、磁石の両極から放射状に並んだ鉄粉の美しいパターンを飽かず眺めた。「これが力線なんだ」とマーカスは説明したが、それでも私にはさっぱりわからなかった。

もうひとりの兄マイケルは、鉱石ラジオをくれた。それを私はベッドに持ち込み、鉱石の上でワイヤーをあちこち動かして、放送がはっきり聞こえるところを探した。家には暗闇で光る時計もあった。それもたくさん。おじのエイブが、夜光塗料の開発に早々と手を染めていたからだ。鉱石ラジオと同じように、これも夜に布団のなかの秘密の隠れ家へ持ち込んだ。すると時計は、シーツの洞穴を不気味な緑がかった光で照らし出した。

こうしたものすべて――こすった琥珀、磁石、鉱石ラジオ、暗闇でも文字盤が光りつづける時計――が、見えない放射線や力があるのだという感覚、日常の目に見える色や形の世界の裏に、謎めいた法則や現象に支配された暗い隠れた世界が存在するのだという認識を、私にもたらした。

電気の「ヒューズがとんで」しまったときには、父が台所の壁の上のほうにある磁器のヒューズボックスを開け、溶けて丸い粒になったヒューズを見つけて、不思議な軟らかい金属線でできた新しいヒューズに付け替えた。金属が溶けるなんて私には考えにくかった――ヒューズは本当に芝生をならすローラーや缶詰の缶と同じ種類の材料でできているのだろうか？

　ヒューズは特殊な合金なんだ、と父は言った。それは、スズと鉛といくつかほかの金属を混ぜ合わせてできている。これらの金属はどれも比較的融点が低いのだが、混ぜて合金にするとさらに融点が低くなるのだった。いったいなぜだろうと思った。この合金の融点が不思議と低い秘密はなんなのか？

　それどころか、そもそも電気とは何で、どのように流れるのだろう？　電気は熱のような流体の一種で、やはり伝わっていくものなのか？　また、金属には流れても磁器には流れないのはどうしてなのか？　これにも説明が必要だった。

　疑問は際限なく生まれ、あらゆる物事にわたったが、多くの場合、ぐるぐる回った末に、私を魅了していた金属に行き着いた。なぜ光沢があるの？　なぜすべすべなの？　なぜ冷たいの？　なぜ硬いの？　なぜ重たいの？　どうして割れずに曲がるの？　なぜかん高い音をたてるの？　亜鉛と銅、スズと銅といったふたつの軟らかい金属を混ぜ合わせて、どうして硬い金属になるの？　何が金《きん》を金《きん》らしくしていて、どうして金《きん》はくすまないの？　母はたいていは辛抱強く説明しようとしたが、そのうちに辛抱しきれなくなると、よくこう言った。

「お母さんに話せることはこれだけよ。あとはディヴおじさんに訊きなさい」

　おじのディヴは、私に物心がつくころにはもうタングステンおじさんと呼ばれていた。細いタングステンの線をフィラメントにして電球を作っていたからだ。おじの会社の名はタングスタライトといい、私がよくロンドンのファリンドンにあった古い工場へ行くと、ウイングカラー（前端が下に折れ曲がった直立タイプの襟）のシャツを着たおじが腕まくりをして働いていた。黒くて重いタングステンの粉を加圧し、槌《つち》でたたき、赤熱状態で焼結してから、細く細く延ばすとフィラメントができた。おじの手には黒い粉がすり込まれていて、どんなに洗っても取れなかった（表皮を全部はぎ落とさないとだめなほどで、それでもまだ足りないかもしれなかった）。三〇年もタングステンにまみれて働いて、その重たい元素はおじの肺や骨、血管、内臓といったあらゆる組織に入り込んでいるんじゃないか、と私は思った。そしてそれが災いでなく驚異をもたらしているような気がした――おじの体は強力な元素によってパワーアップされ、ほとんど超人的な強さと耐久力を手に入れているんだ、と。

私が工場へ行くと、おじはいつもいろいろな機械を見せてくれ、自分が忙しいときは作業長に案内させた（作業長は背の低い筋肉マンで、ポパイみたいに太い前腕をしていた。それはタングステンまみれの労働によって得られる恵みの明白なあかしだった）。つねに手入れが行き届いて油の差された精巧な機械や、黒いぱらぱらの粉を圧縮成形して、銀白色に光る硬い高密度のバー（棒）に変えてしまう炉は、いつ見ても飽きなかった。

工場へ行ったとき、それに家でもときおり、デイヴおじさんは小さな実験をして金属のことを教えてくれた。私は、水銀というあの奇妙な液体状の金属が、とても重たくて比重も大きいことを知っていた。鉛でさえ水銀に入れると浮かぶのだ。じっさい、おじは水銀をボウルに入れ、鉛の弾丸を浮かべて見せた。だがそのあとで、ポケットから小さな銀白色のバーを取り出してボウルに入れた。驚いたことに、それはあっという間に底まで沈んだ。こいつが俺の金属、タングステンなのさ、とおじは言った。

デイヴおじさんは、自分が作っているタングステンの比重の大きさや、耐熱性や、化学的安定性の高さをとくに気に入っていた。だからタングステンを触るのが大好きだった。線材や粉末も好きだったが、なにより好きなのは重みのある小さなバーやインゴット（鋳塊）で、それらをそっと撫でては、手のなかでいとおしげに（そう私には見えた）重みを比べていた。「オリヴァー、触ってみろ」おじはそう言ってバーを一本私によこした。「焼結したタングステンと似た手触りのものなんて、世界じゅう探したってほかにないぞ」さらにおじがほかのバーをたたくと、深みのある硬質の音をたてた。「タングステンの音だ」デイヴおじさんは言った。「こんな音もほかにない」本当かどうかはわからなかったけれども、そのことは訊かずにおいた。

私は末っ子に近い子どもの末っ子で（私が四人きょうだいの末っ子で、母が一八人きょうだいの一六番目だった）、母方の祖父が生まれて一〇〇年近くもあとに生まれた。だから祖父のことは直接は知らない。祖父は、一八三七年、ロシアの小村でモルデハイ・フレドキンとして生まれた。若いころ、コサックの騎兵隊に徴用されるのを嫌がって、ランダウという亡くなった人のパスポートを使ってロシアから亡命した。まだ一六歳のときだった。祖父はマーカス・ランダウとなってパリへ行き、それからフランクフルトへ移って結婚した（花嫁も一六歳だった）。二年後の一八五五年には、最初の子どもを連れてイギリスへ移住した。

母の父――つまり祖父――は、だれに話を聞いても、肉体的なものにも精神的なものにも等しく関心をもった人だったようだ。製靴業とショヘート（ユダヤの律法に則って食肉解体処理をする業者）の職を経て、食料雑貨店を営んだ。その一方、ヘブライ語の学者で、神秘主義者で、アマチュアの数学者で、発明家でもあった。祖父には幅広い知識があった。一八八八年から一八九一年まで、自宅の地下室で《ジューイッシュ・スタンダード》（「ユダヤの基準」という意味）という新聞を発行していた。また、航空学という新しい科学に興味を持ち、ライト兄弟とも文通した。しかもライト兄弟は、一九〇〇年代の初めにロンドンへやってきたとき、祖父のもとを訪ねている（おじたちのなかには、そのときのことをまだ覚えている人もいた）。おじ・おばたちが言うには、祖父はまた複雑な算術計算が好きで、よく湯船に浸かりながら頭のなかで計算をしていたらしい。しかし、何よりも夢中になったのは、ランプの発明だった。鉱山の坑道で使う安全灯や、馬車にぶら下げるランプ、街灯などを発明し、その多くについて一八七〇年代に特許を取った。

博識で独学を常としていた祖父は、子どもたちの教育にも――とりわけ科学教育に――熱心だった。しかも、九人の娘にも、九人の息子にも、同じぐらい熱意を注いだ。そのためなのか、同じ熱烈な興味を受け継いでいたのかはわからないが、息子のうち七人はやがて父親と同じように数学や自然科学に関心をもった。一方、娘たちは概して人間科学――生物学や医学、教育や社会学——に惹かれていった。ふたりは学校を創設し、別のふたりは教師になった。私の母は、ある時期、自然科学と人間科学のどちらを選ぶか迷った。少女時代はとくに化学に魅せられていたが（母の兄ミックが化学者としての人生を歩みだしたところだった）、のちに解剖医・外科医になったのだ。それでも、自然科学に対する愛情や感性をなくさず、物事を掘り下げて説明したいという欲求も失うことはなかった。だから、子どものころの私がいくら質問をしても、母はせっかちに答えたり理由もなしに解答を押しつけたりはめったにせず、きちんと考え抜かれた答えで私をとりこにした（私の理解力を超えていたのも多かったが）。このように私は、しつこく尋ねて物事を知ろうとするように促されながら、生まれ育ったのである。

一七人のおじ・おば、それに父にもきょうだいが何人かいることを考えると、私のいとこは一〇〇人近くにもなった。そして大多数の親戚はロンドンに集まっていたため（遠方のヨーロッパ大陸やアメリカや南アフリカに散らばった家族もいたが）、私たちはみな、身内の行事があるたびによく顔を合わせた。この拡大家族という感覚は、私に物心がついたときからあったもので、それとともに、質問をするとか「科学的に」考えるといった行為も、自分たちがユダヤ人やイギリス人だという認識と同じぐらい、身内では当たり前のことになっていた。私はほとんどのいとこよりも若く——南アフリカには四五歳も年上のいとこがいた——そうしたいとこのなかにはすでに現役の科学者や数学者になっている人もいたし、私より少しだけ年上でもう科学に惚れ込んでいる人もいた。ひとりは若い物理学の教師で、三人は大学で化学を勉強しており、ひとりは一五歳にして早くも数学で将来を嘱望されていた。一族みんなのなかにあの祖父の血が流れている、と私には思えてならなかった。

2　「三七番地」
——私の原風景

第二次世界大戦の直前に、私はロンドン北西部にあった、エドワード朝様式（豪華で優美なことを特徴とする）のだだっ広い屋敷で育った。メイプスベリー・ロード三七番地のその屋敷は、メイプスベリー・ロードとエクセター・ロードが交わる角にあってどちらの通りにも面し、近隣のどの家より広かった。家は全体に角張って立方体に近かったが、玄関は教会の入口みたいにV字形の屋根がついて張り出していた。その両側には弓形の張り出し窓があって、あいだはくぼんでいたので、家の屋根はずいぶん複雑な形になり、私には巨大な結晶としか言いようのないものに見えた。家は、独特な落ち着きのある暗赤色のレンガでできていた。地質学をかじってからは、それがデボン紀の赤い砂岩なのではないかと勝手に想像した。家の周囲にある通りの名——エクセター、テーンマス、ダートマス、ドーリッシュ——が、どれもデボン州にある地名と一緒だったことで、その思いはさらに強くなった。

表玄関の扉は二重になっていて、あいだに小さな入口の間があった。その先が広間で、そこから奥の台所まで廊下が続いている。広間と廊下の床には、色のついた石が格子状にはめ込んであった。広間の入って右手には、弧を描いてのぼる階段があり、がっしりした手すりは兄たちが滑り降りるせいでつるつるに磨き上げられていた。

家には神秘的とも神聖とも言える雰囲気の漂う部屋がいくつかあった。その筆頭はおそらく両親の診療所になっている部屋で（父も母も医者だった）、薬のびん、粉末を量る天秤、試験管やビーカーをしまった棚、アルコールランプ、診察台が置かれていた。大きな戸棚にはありとあらゆる内服薬や外用薬、エリキシル（薬剤を飲みやすくするために甘味やアルコールを加えた液剤）が並んでいて、ひと昔前の薬局を小ぶりにした観があった。ほかに、顕微鏡や、患者の尿を検査するフェーリング液などの試薬のびんもあった。フェーリング液は、もとは明るい青色をしているが、尿に糖が含まれていると黄色に変わる。

そこは、患者だけが入れて、子どもの私には（ドアが開いてでもいないかぎり）入れない特別な部屋だった。ときどきドアの下から紫の光が漏れているのが見え、不思議な海辺の匂いが漂ってきた。のちにオゾンの匂いだと知った。なかで灯《とも》っていた旧式の紫外線ランプから出ていたのだ。この部屋で医者がどんなことを「する」のか、子どものころはよく知らなかった。ソラマメ形の皿にのったカテーテルやブジー、開創器や検鏡、ゴム手袋、縫合糸、鉗子《かんし》──こういったものをちらっと目にすると、びくつきながらも好奇心をそそられた。たまたまドアが開いていて、女性患者の両足が革ひもで吊されているのが目に入ったこともあった（あとになって「切石位《せっせきい》」という体位なのだと知った）。母は、いざというときすぐにもっていけるように、いつでも産科用と麻酔用のカバンをそれぞれ用意していた。「彼女、半クラウンの拡張よ」といった言葉を耳にすると、私にはそれが必要になったのだとわかった。その言葉は謎めいていて理解できなかったが（一種の暗号？）、あれこれ私の想像力をかき立てた。

書斎も神聖な部屋だった。そこは、少なくとも夜は主に父の領分だった。壁のひと区画は父のヘブライ語の本でびっしり覆われていたが、ほかにも母の本（母は小説と伝記が好きだった）、兄たちの本、祖父から受け継がれた本など、あらゆる分野の本があった。また、ひとつの書棚はすべて戯曲で占められていた。父と母は、医学生のイプセン同好会で同じファンとして出会ったのだ。ふたりはいまだに毎週木曜日に劇場へ足を運んでいた。

書斎は読書のためだけの部屋ではなかった。週末になると、テーブルに出されていた本が脇へ寄せられ、空いたスペースがいろいろなゲームをする場所になった。三人の兄はトランプやチェスといった頭を使うゲームをしていたが、私はバーディーおばさんとルードーという単純なすごろく遊びをしていた。バーディーおばさんは母の姉で、私たちと一緒に住んでいた。私が幼いころ、おばは兄たち以上の遊び相手だった。モノポリーにも熱中した。その遊びを覚える前から、盤面に描かれた地所の価格や色は頭に刻み込まれていた（今でも、オールド・ケント・ロードとホワイトチャペルは安い藤色の地所で、それらの隣にあった空色のエンジェルとユーストン・ロードも大差ない安い場所に見える。反対に、ウエスト・エンド〔ロンドン市街の西部一帯を指す〕は高価な色をまとっていて、フリート・ストリートは緋色、ピカデリーは黄色、ボンド・ストリートは緑、パーク・レーンとメイフェアは高級車のベントレーによくある群青色《ぐんじょういろ》に見える）。ときにはその大きなテーブルを使ってみんなでピンポンをしたり木工をしたりもした。けれども、そうやってはしゃいだ週末が終わると、遊び道具はひとつの書棚の下にある大きな引き出しへ戻され、部屋はまた父が夜の読書に使う静かな空間になった。

　同じ書棚の裏側に、もうひとつ引き出しがあった。ただ、こちらは見かけだけで実際には開かない引き出しで、しょっちゅう同じふうに夢に出てきた。子どもならだれでもそうだが、私はコインが大好きで、その輝きと、重みと、さまざまな形やサイズに惹《ひ》かれていた。四分の一ペニーや半ペニーや一ペニーのきらびやかな銅貨。さまざまな銀貨（とくに小さな三ペンス硬貨はお気に入りで、クリスマスには必ずそれがスエットプディング〔牛脂と小麦粉とレーズンなどを混ぜて煮たり蒸したりしてある〕のなかに隠されていた）。さらには、父が懐中時計の鎖につけていた重たい一ポンド金貨に至るまで、どれも私を魅了した。また、子ども向けの百科事典で、ダブロン（スペインの旧貨幣）やルーブル、穴の空いたコイン、それに、名前から勝手に正八角形をしていると思った「ピース・オブ・エイト（ペソ銀貨）」なども知った。夢のなかでは、開かずの引き出しが私の前で開き、金・銀・銅がごっちゃになって輝く宝物が現われた。それはたくさんの国や時代のコインで、なかにはうれしいことに八角形をしたピース・オブ・エイトもあった。

　階段の下の三角形をした押入に入るのも大好きだった。そこには、過ぎ越しの祭り（ユダヤ教で先祖の出エジプトを祝う儀式）で使う特別な皿やナイフ・フォーク類がしまってあった。押入は階段に比べて奥行きがなく、後ろの壁はたたくと空洞らしき音をたてた。壁の向こうにはきっと隠れた空間があるにちがいなく、もしかしたらそこは秘密の通路かもしれない、と思った。この押入は、私にちょうどよい広さの秘密の隠れ家だった――ほかの家族はだれも、そこへ入れるほど小さくはなかったのだ。

何よりも美しく神秘的に思えたのは、さまざまな色や形のステンドグラスがはまっていた表玄関だ。深紅のガラス越しに見ると、全世界が赤く染まって見えた（ただ、通りの向かいに並ぶ家々の赤い屋根は不思議と白っぽくなり、雲は黒に近くなった青空を背景にびっくりするほど浮き立って見えた）。緑のガラスや濃い青紫のガラスではまったく違った見え方がした。なにより面白かったのは、黄緑のガラスだった。立ち位置や日光の当たり具合によって黄色く見えたり緑に見えたりしたからだ。

禁断の領域は屋根裏だった。そこは途方もなく広く、結晶のようにとがったひさしまで、家の全面積にわたっていた。一度見に連れて行かれたことがあったが、その後何度も夢に見た。ひょっとしたらそれは、マーカスがひとりでのぼって天窓から落ち、腿《もも》を大怪我して以来、行くのを禁じられていたせいかもしれない（それなのにマーカスは、前に私に嘘をつき、ギリシャ神話の英雄オデュッセウスが腿に負った傷のように、イノシシに襲われてできた傷だと言っていた）。

食事は台所の隣のブレックファスト・ルームでとり、長テーブルが置かれたダイニング・ルームは、安息日の食事や祝祭など、特別なときにだけ使われた。ラウンジと応接間にもこれと似た区別があった。ソファーと古びた座り心地のよい椅子があるラウンジは、ふだんの居場所だった。優美だが座り心地は悪い中国の椅子と漆塗りの戸棚が置かれた応接間は、親族の集まりに利用された。近所に住むおじやおばやいとこがよく土曜の午後にやってくると、特別な銀のティーセットが用意され、応接間で鱈子《たらこ》とスモークサーモンを耳なしのパンにはさんだ小さなサンドウィッチがふるまわれた。それは、このときにしか食べられないごちそうだった。応接間のシャンデリアは、もとはガス灯だったけれども、一九二〇年代に電灯に変わっていた（それでも、使われなくなったガスの配管やバーナーはまだ家じゅうに残っていて、いざというときにはガス灯に戻せるようになっていた）。応接間には、家族の写真をたくさん上にのせた大きなグランドピアノもあった。でも私は、ラウンジにあったアップライトピアノの柔らかい音色のほうが好きだった。

家には本や音楽が満ちあふれていたが、絵や彫刻などの美術品はほとんどなかった。また、父と母は劇場やコンサートにはよく出かけたが、私が記憶しているかぎり、美術館へは行かなかった。私たちが通《かよ》っていたシナゴーグ（ユダヤ教の礼拝堂）には、聖書のさまざまな場面を描いたステンドグラスの窓があった。この窓を私は礼拝でつらくなったときによく眺めていた。かつてその絵が偶像禁止の戒律に引っかかるかどうかをめぐり、論争があったと聞いていたので、当初はわが家に美術品がない理由はその辺にあるのではないかと思っていた。ところが、ほどなく、理由はむしろ両親が家のインテリアにまるっきり無関心だったところにあるのだと気づいた。それどころか、あとで知った話だが、一九三〇年にその屋敷を購入したとき、両親は父の姉リーナにサインだけした小切手帳を渡し、「好きなものを買ってきて」と言ったらしい。

父と母は、リーナが選んだもの――応接間の中国趣味の家具以外はありきたりだった――に同意も反対もしなかった。ただ何も言わずに受け入れたのだ。私の友人ジョナサン・ミラー（俳優・演出家として有名で、医師でもある）は、初めてうちへやってきたとき――戦後すぐのことだ――まるで借家みたいだと言った。個人の選り好みがほとんど感じられない、と。家のインテリアに対して、私も両親と同じぐらい無関心ではあったが、ジョナサンの感想を聞いて立腹し、同時に戸惑いを覚えた。私にとって、三七番地は謎と驚異に満ちた場所――人生の舞台であり原風景でもあるところ――だったからである。

石炭の暖房は、ほとんどの部屋にあった。バスルームにも、側面が魚の絵のタイルで覆われた磁器の石炭ストーブがあった。ラウンジの暖炉には、両サイドに大きな銅製の石炭入れが置かれ、ふいごと鉄製の道具類も備わっていた。鋼鉄の火かき棒は少しばかり曲がっていた（一番上の兄マーカスが大した力持ちで、熱せられて白くなっていたときに曲げてしまったのだ）。おばたちがうちへ来ると、みんなでラウンジに集まった。そんなときおばたちは、よくスカートの裾を持ち上げ、暖炉に背中を向けて立った。また、全員が母と同じようにヘビースモーカーで、火のそばで暖をとったあと、ソファーでくつろぎながらタバコを吸い、湿った吸い殻を火に投げ込んだ。ところがみんなコントロールが悪かったものだから、吸い殻は暖炉を囲うレンガに汚らしく貼りついた。最後には燃えてなくなるのではあったが。

戦前のとりわけ幼いころについては、短い断片的な記憶しかない。しかし、多くのおばやおじの舌が真っ黒なのを見ておびえていたことはよく覚えている。自分も大きくなると舌が黒くなってしまうのか、と不安になったのだ。そんな私を安心させてくれたのはレンおばさんだった。レンおばさんは、私の不安を見抜いて、自分の舌は本当に黒いのではなくて、炭入りビスケットを食べているせいなのだ、と教えてくれた。お腹《なか》にガスがたまるからみんなそれを食べているという話だった。

ドーラおばさんについては、私がとても幼いころに亡くなってしまったので、オレンジ色という記憶しかない。それが顔の色だったのか、髪の色だったのか、服の色だったのか、はたまた暖炉の火に照らされて見えた色だったのかはわからない。ただ心に残っているのは、じんとくる懐かしさと、オレンジを連想する特別な愛着だ。

私はきょうだいのだれよりも幼かったので、父母の寝室につながる小部屋を寝室にあてがわれていた。その天井には、石灰に似た奇妙な塊で模様ができていた。私が生まれるまで、ここはマイケルの部屋だった。マイケルは、ねばねばしたゼリー状のサゴ（サゴヤシの幹からとったデンプン）が嫌いだったので、よくスプーンですくって天井に飛ばしていた。それがびちゃっと貼りついて、やがて乾くと、ただの白いこぶになって残ったのだ。

だれのものでもなく、用途のはっきりしない部屋もいくつかあった。そうした部屋は、本や雑誌、ゲーム、おもちゃ、雨具、スポーツ用品などふだんは要らないものをしまっておくのに使われていた。ある小部屋には、シンガー社（アメリカの発明家シンガーがミシンを発明して興した会社）の足踏みペダル付きミシン（母が結婚した一九二二年に買ったもの）と、複雑な構造をした――そして私には美しく見えた――編み機だけが置いてあった。母はその編み機で家族の靴下を編んでくれた。私は、母が取っ手を回すしぐさや、きらきらするスチールの編み針がそろって音をたて、鉛のおもりを吊した毛糸の筒がだんだん下がっていく様子を見るのがとても好きだった。一度、靴下を編んでいた母の気を散らしてしまったことがあった。毛糸の筒はどんどん長くなって、ついには床に着いてしまった。一メートル近くもある毛糸の筒の使い道に困った母は、それをマフ（筒状の防寒具で、両側から手を入れるもの）として私にくれた。

そんな空き部屋があったおかげで、うちにはバーディーおばさんなどの親戚をときには長いあいだ泊めておくことができた。なかでも一番大きな部屋は、おっかないアニーおばさんがたまにエルサレムから来たときに泊まる部屋だった（亡くなって三〇年経っても、まだそこは「アニーの部屋」と呼ばれていた）。デラメア（イングランド北西部のチェシャー州にある町）からレンおばさんが来たときにも、やはり専用の部屋があった。レンおばさんは、その部屋に自分の本やティーセットを持ち込んで、すっかり腰を落ち着けていた（部屋にガスこんろがあって、自分で紅茶をいれていた）。おばに招かれて入ると、別世界へ来てしまったように感じた。そこは趣きの違う、礼儀と無条件の愛に満ちた世界だった。

マラヤ（かつてイギリスが支配していたマレー半島南部地域のこと）の医師だったジョーおじさんが戦争で日本の捕虜になる

と、年長の息子と娘をうちにあずかった。さらに両親は、戦時中、ヨーロッパ本土からの難民も受け入れた。そんなわけでうちは、広くてもがらんとすることはなかった。むしろここには、肉親（両親と三人の兄と私）だけでなく、ときおりやってくるおじやおば、住み込みのスタッフ（養育係《ナニー》や看護婦や料理人）、それに入れ替わり立ち替わり訪れる患者たちも含めた、たくさんの人のさまざまな暮らしが詰まっていたのである。

3　疎開

——恐怖の日々のなかで見つけた数の喜び

EVACUATION
OF
WOMEN AND CHILDREN
FROM LONDON, Etc.
FRIDAY, 1st SEPTEMBER.
Up and Down business trains as usual, with few exceptions.
Main Line and Suburban services will be curtailed while evacuation is in progress during the day.
SATURDAY & SUNDAY,
SEPTEMBER 2nd & 3rd.
The train service will be exactly the same as on Friday.
Remember that there will be very few Down Mid-day business trains on Saturday.
SOUTHERN RAILWAY

一九三九年の九月初め、戦争が始まった。ロンドンが激しい空爆にさらされる事態が予想されると、政府は子どもを安全な田舎へ疎開させるよう市民に命じた。私より五つ年上のマイケルは、家の近くにあった私立学校に通《かよ》っていた。戦争が勃発して学校が閉鎖されると、そこの助教諭のひとりがブレイフィールドという小さな村で臨時に学校を開くことにした。何年もあとになって知ったのだが、父と母は、幼い息子――私はまだ六歳だった――を家族から引き離し、イングランド中部の仮設寄宿学校にやったらどうなるか、とずいぶん気をもんだらしい。しかし、選択の余地はないと思い、少なくともマイケルと私が一緒になれるというところに多少の慰めを見出していた。

それで楽しく暮らせていた可能性もある。じっさい、戦時中、何千人もの子どもがかなり快適な疎開生活を送っている。だが、臨時に開校したその学校は、もとの学校とは似て非なるものだった。食べ物は配給制で量も少なく、家から送られてきた食料の小包も寮母にかすめ取られた。主食はカブハボタンの根と飼料ビート――大型のカブと、牛の餌になる大きい粗末なビート――だった。ものすごくまずいプディングもあった。六〇年経った今でも、あのむかむかする嫌なにおいを思い出すと吐き気がこみあげてくる。さらに、多くの子どもが家族に見捨てられたという思いを抱いたことが、悲惨な学校生活に輪をかけた。何かわからないけれども悪いことをした罰として、こんな恐ろしい場所に放り込まれてしまったと思ったのである。

校長は、権力を手に入れておかしくなったようだった。マイケルの話では、ロンドンでは品のよい教師で、好かれてさえいたらしい。ところがブレイフィールドで校長の座に就くと、とたんに怪物になった。彼は意地悪でサディスティックで、子どもたちを毎日のように面白半分にたたいた。「強情」な子はきついお仕置きを受けた。私が彼の「お気に入り」として、だれよりもお仕置きを受けているんじゃないかと思うこともあったが、実際にはたくさんの子がしょっちゅうたたかれていたので、何日も無事に席に着いていられる子はほとんどいなかった。あるとき、校長が八歳の私の尻をたたいていると、使っていた杖が折れてしまった。彼は「ちくしょうめ！　サックス、おまえのせいだぞ！」と怒鳴り、杖の代金を私のつけにした。一方、子どもたちのあいだのいじめもはびこった。実にずる賢く、小さな子の弱点を見つけては、その子が耐えられなくなるまで責めさいなんだのだ。

しかし、そんな恐怖の日々のなかで思いがけず楽しい出来事もあった。めったになく、ほかの日常と対照的だっただけに、訪れたときの楽しさはひとしおだった。最初に迎えた冬――

―一九三九年から四〇年にまたがる――は、ことのほか寒かった。吹きだまりの雪は私の背丈より高く、長いつららが教会の軒下できらめいていた。そんな雪景色や、ときには幻想的な雪や氷の造形を目にすると、想像のなかでラップランド（スカンジナビア半島の北部一帯で、サンタクロースがいるとされる）やおとぎの国へといざなわれた。学校から外の原っぱに出るときはいつもうれしかったが、とくに純白の清らかな雪を見ると、学校の閉塞感や惨めな生活やにおいから、いっときではあるけれども大いに解放された。あるとき私は、わざとほかの子や先生からはぐれ、少しのあいだ雪のなかで「迷子」になってみた。最初は楽しくてたまらなかったが、やがて本当に迷子になってしまい、ただの遊びでなくなったとわかると恐怖に駆られた。ようやく見つけられ、抱きしめられ、学校へ戻ってホットチョコレートの入ったマグカップを渡されたときは、心底うれしかった。

同じ冬、牧師館の扉のガラスは一面霜で覆われていた。私はその霜を見て、針や結晶のような形に魅了された。息を吹きかけるとそこだけ霜が解けて、小さなのぞき穴ができた。私が夢中になっているのに気づいたひとりの先生――バーバラ・ラインズという女の先生だった――は、虫眼鏡で雪の結晶を見せてくれた。どれをとっても同じものはないのよ、と先生は言った。六角形が基本のデザインにそんなにも多くのバリエーションが秘められていると知った私は、びっくり仰天した。

原っぱには、私の大好きな木があった。空を背景にしたそのシルエットを眺めると、なぜだか胸にじんときた。今でも、あのころを思い出すと、その木はもちろん、そこまでうねうねと続いていた原っぱのなかの道まで目に浮かぶ。少なくとも自然は学校の支配の外にある――そう感じることで、当時の私はずいぶん元気づけられた。

広々とした庭のある牧師館（そのなかに学校があった）と、隣の古い教会、そして村そのものにも、素朴とも言える魅力があった。村の住民は、ロンドンから追い出されて惨めな様子の子どもたちに優しかった。この村で私は、大柄なお姉さんから乗馬を習った。ときどきそのお姉さんは、私をかわいそうに思って抱きしめてくれた（マイケルから『ガリヴァー旅行記』を読んで聞かされていたので、お姉さんが巨人国でガリヴァーの世話をしたグラムダルクリッチみたいに思えることもあった）。ピアノを教えてくれた老婦人は、私が行くと必ずお茶をいれてくれた。村の店には、ペロペロキャンディーや、たまに薄切りのコンビーフを買いに行ったものだ。学校でも、ときには楽しいことがあった。バルサ材で模型飛行機を作ったり、同い年の小柄な赤毛の男の子と樹上の小屋を作ったりできたからだ。それでも私を支配していたのは、ブレイフィールドに閉じ込められ、希望もよすがもないという思いだった。多くの子どもたちにとって、そこでの生活はつらいものだったと思う。

ブレイフィールドにいた四年間で、両親が学校を訪れたこともあった。だが、ごくたまにしかなかったのでほとんど記憶にない。一方、一九四〇年の一二月、マイケルと私はクリスマス休暇でほぼ一年ぶりにロンドンのわが家へ帰った。そのとき私は、安堵と怒り、うれしさと不安がない交ぜになった複雑な感情を抱いた。屋敷も前とは違う異質なものに思えた。

家政婦や料理人は姿を消し、代わりに見知らぬ人がいた。それはダンケルクからイギリスへ最後に逃げてこられたフラマン人（ベルギー北部からフランス北部にかけての地域に住む人々）の夫婦だった。父と母は、家ががらあきだったので、その夫婦に居場所が見つかるまで部屋を貸していたのだ。ダックスフントのグレタだけは前と変わらなかった。グレタはきゃんきゃん吠えて私を出迎え、仰向けに転がってうれしそうに身をよじらせた。

物理的な変化もあった。どの窓にも重たい暗幕が垂れ下がり、私がよくのぞき込んでいた色つきガラスのはまった表玄関の内扉は、二、三週間前に爆風を受けて吹き飛んでいた。庭は、戦時中の食料確保のためにキクイモの畑になり、見る影もなくなっていた。さらに、古い物置小屋があったところには、分厚い鉄筋コンクリートの屋根で覆われたずんぐりした建物――アンダーソン防空シェルター――が建っていた。

ブリテンの戦い（一九四〇年七〜一〇月にイギリス南部で繰り広げられた英独空軍間の戦闘。英軍が勝利した）はすでに終わっていたが、ロンドン大空襲はまだ激烈を極めていた。毎晩のように空襲があり、夜空は対空砲火とサーチライトで明るく照らされた。漆黒のロンドン上空へ飛来したドイツの戦闘機群を、走査するサーチライトの光が貫くところを見たのも覚えている。七歳の子どもには身の毛がよだつような恐ろしい体験だった。けれどもそれ以上に、私は学校を離れてまたわが家にいるのをうれしく思っていた。ここならひどい目に遭わされない、と。

ある晩、一〇〇〇ポンド爆弾が隣家の庭に落ちたが、幸い爆発しなかった。その晩は、通り一帯の人が忍び足で逃げた（うちの家族はいとこのアパートへ逃げた）。多くの人は寝間着のまま、できるだけ静かに歩いた。振動で爆発するかもしれなかったからだ。灯火管制が敷かれていたため辺りは真っ暗闇で、私たちは赤いちりめん紙をかぶせた懐中電灯を手にして歩いた。明日の朝になってもわが家が立っているかどうかもわからなかった。

またあるときは、焼夷弾《しょういだん》（テルミット爆弾）が家の裏手に落ち、白くものすごい熱を発して燃えだした。父は手押しポンプを持って外へ出て、兄たちが水の入ったバケツを何度も父のところへ運んだが、この地獄の業火に対してはまさに焼け石に水だった。それどころか、火はいよいよ勢いを増した。白熱した金属に水が当たると、シューシューパチパチと荒々しい音を立てた。そのあいだも爆弾の容器は溶けつづけ、溶けた金属の滴《しずく》を四方八方へ飛ばした。翌朝、芝生はまるで火山の景色のように黒こげの焼け跡をさらしていた。だがうれしいことに、美しい輝きを放つ破片も散らばっていて、休暇が終わってからそれを学校で見せびらかすことができた。

ロンドン大空襲のさなかにわが家で過ごしたその短い休暇以来、記憶にとどまっている後ろめたい出来事がある。私は飼っていた雌犬のグレタが大好きだった（一九四五年に猛スピードのバイクにはねられて死んだときには大泣きしたものだ）。それなのに、その冬家へ帰るなり、庭に置いてあった凍てつくような石炭入れのなかにグレタを閉じ込めてしまった。かわいそうに、そこからはクンクン鳴いてもワンワン吠えてもだれにも聞こえなかった。しばらくしてだれともなくグレタがいなくなったのに気づき、最後に見たのはいつかとか、心当たりの場所はないかとか、私に尋ね、みんながお互いに尋ねた。グレタのことは心配だった――外の石炭入れのなかで、寒さと空腹でひょっとしたら死にかけているかもしれないと思った――けれども、何も言わずにいた。夕暮れ時になってようやく私が白状すると、グレタは凍死寸前で石炭入れから救い出された。父は激怒して私をいやというほどたたき、その日寝るまでずっと家の隅に立たせた。しかし、なぜ私らしくもない悪さをしたのかとか、どうして大好きな犬にそんな残酷な仕打ちをしたのかとは訊かれなかった。たとえ訊かれたとしても、私にも説明できなかっただろうが。とはいえ、それは間違いなく何らかのメッセージを秘めていた。私の石炭入れ――ブレイフィールドと、そこで惨めで心細い気持ちを味わっている自分――に父と母の注意を向けさせようとする、象徴的な行為だったのだ。ロンドンには毎日のように爆弾の雨が降っていたが、私は言葉で言い表わせないほどブレイフィールドに戻るのが怖かった。だから、家族と別れずに一緒に家に残りたかった。それでみんな爆弾にやられてしまってもかまわないとさえ思った。

戦争の前まで、私はある種の子どもらしい宗教心を持っていた。母が安息日の蠟燭に火をつけると、ほとんど物理的な存在として安息日が訪れ、私たちに迎えられ、柔らかな衣のように降りてきて地上を覆うように感じられた。さらに私は、それが宇宙全体で起きている現象で、安息日ははるか彼方の星系や銀河にも舞い降り、すべてを神の平和で包み込むのだとも考えた。

祈りは生活の一部だった。まず「聞け、イスラエルよ……」で始まるシェマーの祈りがあり、毎晩寝る前に唱える祈りもあった。母はいつも、私が歯を磨いてパジャマに着替えるのを待ち、それから二階へ上がってきてベッドに腰かけ、私がヘブライ語で祈りを唱えるのを聞いていた。「バルーフ・アター・アドナイ……ほむべきかな、なんじ主よ、われらの神、宇宙の王よ。わが目に眠りの枷《かせ》をはめ、まぶたにまどろみを与える御方……」それは英語で言っても美しかったが、ヘブライ語ではさらに美しかった（ヘブライ語は神が実際に話す言葉だと聞かされていた。だがもちろん、神はあらゆる言葉を理解し、人が言葉で言い尽くせないときはその感情まで理解する）。「なんじ主、われらの神、父たちの神よ。なんじの意において、われを安らかに休ませ、再び目覚めさせたまえ……」けれども、このあたりではもう眠りの枷（それが何なのかはともかく）が私の目にどっしりのしかかっていて、めったにその先へ進まなかった。母が身をかがめてキスをすると、私はあっという間に眠りに落ちた。

ブレイフィールドではキスはなかったので、私は寝る前の祈りをやめてしまった。この祈りは、母のキスと切っても切り離せない関係にあったのだ。またそれにより、耐えがたいほど母の不在を感じることにもなった。かつては神の御心や力を伝えて私に元気と慰めを与えてくれたあのフレーズも、真っ赤な嘘とまでは言わないが、もはやひどく冗漫な言葉に思えてしまっていた。

それというのも、突然両親に見捨てられて（私にはそう思えた）、彼らへの信頼や愛が激しく揺らぎ、そのせいで神を信じる心までも損なわれてしまったからだ。神が存在する証拠なんてどこにあるんだ?——そう自問しつづけた。ブレイフィールドで、私はその答えをはっきりさせる実験をすることにした。野菜畑に二列並べてハツカダイコンの種を播《ま》き、どちらか一列に祝福か災いを与えてください、と神に願ったのだ。こうすれば列のあいだではっきりした違いが出るかもしれなかった。二列のダイコンはまったく同じように芽を出し、それは私にとっては神が存在しないあかしとなった。ところが、その結果私はなおさら信じる対象を欲するようになった。

お仕置きとひもじさといじめが続くうちに、それでも学校に居させられた私たちはますます極端な心理的救済策へ追い立てられていった。自分を一番いじめる相手を、人と思わなかったり、実在しないと考えたりするようになったのだ。ときどき私は、ぶたれながら、校長を手足の動く骸骨だと想像した(ロンドンの家で、うっすらと見える肉を骨にまとったレントゲン写真を見たことがあった)。また別のときには、実在のものではなく、一時的に細長く集まった原子と見なした。自分に「あいつはただの原子の集まりなんだ」と言い聞かせたのである。そしてだんだんと「ただの原子の集まり」の世界がいいと思うようになった。ときどき校長が振るう暴力も、生き物全体をむしばんでいるように思えたので、私は暴力を生命の本質ととらえるまでになった。

そんな状況でできることといえば、ひとりきりになって、だれにも邪魔されずに自分のことだけを考え、多少なりとも心のぬくもりや落ち着きが得られるような、秘密の逃げ場を探すことぐらいだった。私の置かれた立場は、理論物理学者のフリーマン・ダイソンが自伝的エッセイ「教えるべきか教えざるべきか」のなかで書いているのと似ているかもしれない。

私は、体力も運動能力もない数少ない少年の集団に属していて……「意地悪な校長といじめっ子たちという」ふた手からさいなまれて押しつぶされそうになっていた。……そこで私たちは、ラテン語に取りつかれた校長にもサッカーに取りつかれた同級生たちにも近づけない領域に逃げ場を見つけた。科学に逃げ場を見出したのだ。……圧制と敵意のなかにあって、科学は自由と友好が支配する領域だと知ったのである。

当初、私の逃げ場となったのは「数」だった。父は暗算の天才で、私も六歳でもうすばやく計算ができ、なにより計算が大好きだった。数を好きになったわけは、確固たる不変のものだったからだ。混沌とした世界のなかで、数は不動の立場を守っていた。数とそれが織りなす関係には、絶対に確かで、疑いをはさむ余地のないところがあった（ずいぶんあとにジョージ・オーウェルの『一九八四年』（邦訳は高橋和久訳、早川書房刊）を読んだとき、なにより怖いと思ったのは、主人公のウィンストンが拷問を受けて、2足す2が4であるのを無理やり否定させられたことだった。結局ウィンストンは、それをきっかけに正気を失い、屈服してしまうことになる。さらに恐ろしいことに、彼はついには本心から答えを疑いだし、計算ができなくなった）。

素数はとくに好きだった。割り切れない、ばらばらにできない、そこから何も引き離せないというところに惹かれたのだ（私は自分自身に対してそんな自信がなかった。週を追うごとに、自分が家族や仲間からばらばらに引き離されているように感じたからだ）。素数は、素数以外の数を組み立てる部品になっている。それなら、素数にはきっと何か重要な意味があるにちがいない、と思った。素数はなぜその場所に出現するんだろう？　出現の分布には何かパターンや理論があるんだろうか？　上限があるのか、それともどこまでも続くのか？　私はひたすら因数分解をして、素数を探し、それを書き留めた。おかげで長い時間、相手を必要としないひとり遊びに熱中することができた。

まず、一〇〇までの数を一〇掛ける一〇のマス目で表わし、素数のマスを黒く塗りつぶしてみたが、その分布にパターンも理論も見出せなかった。そこで二〇掛ける二〇、三〇掛ける三〇、とマス目を増やしてもっと大きな数まで見たけれども、やはり明確なパターンは見出せなかった。それでも私は、絶対にパターンがあると信じていたのだ。

戦時中、私が唯一本当の意味での休日を味わったのは、チェシャー州のデラメアの森に住むレンおばさんのところへ行ったときだった。おばはそこにジューイッシュ・フレッシュ・エア・スクールという学校を、「病弱な子どもたち」のために建てていた（生徒たちはマンチェスターに住む労働者階級の家の子で、多くは喘息《ぜんそく》持ちで、何人かは佝僂《くる》病〔ビタミンDの欠乏に起因する小児に多い骨病変〕や結核を患っていて、ひとりふたりは今考えてみれば自閉症だったようだ）。ここの子どもたちは、全員が石で仕切られた二、三メートル四方の小さな庭をもっていた。ブレイフィールドでなくてデラメアに行けたらいいのに、と心底思ったが、その願いは口にしなかった（だが、勘が鋭くて愛情ぶかいおばは、うすうす感づいていたのではないだろうか）。レンおばさんは、植物や数学についていろいろ面白いことを教えてくれ、いつも私を楽しませてくれた。あるときは、庭のヒマワリの花の真ん中に密生している小花がらせん状のパターンを描いているさまを見せ、その小花の数を数えてごらんなさいと言った。私が数えていると、おばは小花がある数列にしたがって並んでいるのだと指摘した。つまり、1、1、2、3、5、8、13、21……といった具合に、どの数も前のふたつの数の和となるように並んでいたのだ。また、それぞれの数を次の数で割っていくと、1/2、2/3、3/5、5/8……となり、その値は0.618に近づいていく。この数列は、何世紀も前のイタリアの数学者にちなんでフィボナッチ数列というのよ。そうおばは教えてくれた。さらに、0.618という比は黄金比といって、建築家や画家がよく理想的な比率として使っていると言い添えた。

おばは、植物観察のために、よく森へ長い散歩に連れて行ってくれた。そんなとき、道ばたに落ちている松ぼっくりを見せられ、それにも黄金比にもとづくらせんがあることを知った。レンおばさんは、小川のほとりに生えているトクサも見せ、継ぎ目のある堅い茎を触らせて、茎の節《ふし》の長さを順番に測ってグラフにしてみるように勧めた。やってみて、曲線がそのうち平坦になるのがわかった。するとおばは、この増加のしかたを「指数関数的」といい、生物はたいていこの曲線を描いて成長するのだ、と説明した。そして、この比の関係は自然界の至るところで見られるとも言った。数は、世界の成り立ちを表わしていたのである。

植物の、数とのつながりは、私には不思議なほど強烈で象徴的な形をとって見えた。独自の配列と言語と法則をもった、数の世界として見えるようになったのだ。いや、むしろそれは数の花園――素晴らしく神秘的な秘密の花園――だった。校長やいじめっ子たちには近づけない隠れた花園で、なぜか私を歓迎し、味方になってくれているように思えた。この花園で私の友だちになったもののなかには、素数や、フィボナッチ数列のヒマワリのほかに、完全数（6や28など、それ自身を除く約数の和がそれ自身になるような数）、ピタゴラスの数（3、4、5や5、12、13のように、ある数の二乗がほかのふたつの数の二乗の和になる数の組み合わせ）、「友愛数」（220と281のように、それぞれの数の約数の和がもう一方の数になるような数のペア）もあった。おばはまた、数の花園がふたつの意味で神秘的なことも教えてくれた。いつでもそこにあって喜びと親近感を与えてくれるだけでなく、全宇宙を組み立てる設計図の一部になってもいたのである。数は神様の考える手だてなのよ、とおばは言った。

ロンドンの家にあったもののなかで、私が見られなくなってとりわけ淋しく思ったのは、母の時計だった。それは大きな振り子式の古時計で、金の文字盤には時刻と日付ばかりか月齢や惑星の合《ごう》（地球から見て太陽とまったく同じ方向に位置する状態）までもが表示されていた。幼かったとき、私はこの時計が一種の天文学的な器械で、宇宙からの情報をじかに伝えているのだと思っていた。週に一度、母は時計の蓋を開けてぜんまいを巻いた。私はそのとき重たい錘《おもり》がのぼっていくのを眺め、毎時と一五分おきに鳴る細長い金属のチャイムに（母が許してくれれば）触《さわ》った。ブレイフィールドにいた四年間、そのチャイムに触れないのが淋しくてしかたなかった。ときどき夜に夢のなかに現われ、自分が家にいる気になったが、目覚めるとそこは狭いでこぼこのベッドのなかで、よくおねしょをしてシーツを濡らしてしまっていた。ブレイフィールドでは、多くの子にそうした退行現象が見られ、私たちは寝床を汚すときついお仕置きを受けた。

一九四三年の春、ブレイフィールドの学校が閉鎖された。大半の子どもは学校生活のひどさについて親に文句を言い、多くはとうに連れて帰られていた。けれども私はひとことも文句を言わなかったので（マイケルも言わなかったが、彼は一九四一年、一三歳のときにクリフトン・カレッジ〔ここで言うカレッジは、パブリックスクールと呼ばれる寄宿制の私立学校のこと〕へ移っていた）、ほとんど最後のひとりになるまでそこに残っていた。正確なところ何が起きたのかはわからなかった（校長は憎たらしい奥さんと子どもを連れて姿を消してしまっていた）。私はただ、休暇が終わるころ、ブレイフィールドへは戻らずに今度から新しい学校へ行くのだと告げられた。

セント・ローレンス・カレッジには、広くて立派な校庭と、古色蒼然たる建物と、年老いた木々があった（と思う）。どれも素晴らしいのは確かだったが、私を怯《おび》えさせた。ブレイフィールドは、怖かったけれども少なくともなじみがあった。学校にも村にも慣れ、友だちもひとりふたりできていた。ところがセント・ローレンスでは、何もかもがなじみのない見知らぬ存在だった。

そこで過ごした時期の記憶は、不思議なことにわずかしかない。どうやら抑圧で封じ込められるか忘れるかしてしまったようで、最近、私をよく知り、ブレイフィールドにいた時期について詳しく知っている人に話したところ、相手はびっくりして私の口からセント・ローレンスのことなど初めて聞いたと言った。じっさい、私が覚えていることといえば、その地にいて即興でこしらえた嘘かジョークか空想・妄想のたぐい――どう呼ぶべきかわからないが――ばかりだ。

日曜の朝はひどく淋しい思いをした。ほかの子はみんなチャペル（礼拝堂）へ行き、ユダヤ教徒だった私はひとり学校に残されたからだ（ブレイフィールドでは、大半の子がユダヤ人だったのでこんなことはなかった）。ある日曜の朝、外は大嵐で、稲妻と雷鳴が猛り狂っていた。あまりにも近くでとどろいていたので、一時は学校に雷が落ちたのではないかと思った。だから礼拝堂から戻ってきたみんなに、自分は雷に打たれたと言った。稲妻が体に「入り込んで」頭にとどまった、と。

そのほか、生い立ちについても作り話をした。別の生い立ちを想像して話したのだ。私はロシア生まれだと偽り（当時ロシアはイギリスの同盟国だったし、私は母方の祖父がそこの出身だったことも知っていた）、そり遊びをしたとか、毛皮をまとっていたとか、夜にそりで走っていてオオカミの群れに追いかけられたとか、手の込んだ長い話をこしらえては語った。みんなにどう受け止められたかは記憶にないが、私はいつもそんな話をしていた。
またあるときは、何かの理由で幼いころ両親に捨てられ、雌オオカミに拾われてオオカミの群れのなかで育ったと話した。私はキプリングの『ジャングル・ブック』を読んでほとんど暗記してしまっていたので、その話をたっぷり拝借して自分の「思い出」をでっち上げた。私を囲む九歳の少年たちは、あっけにとられた顔で、黒ヒョウのバギーラや、森の掟を教えてくれたおじいさんクマのバルー、一緒に川で泳いだヘビのカー、ジャングルの王で一〇〇〇歳にもなるハーティの話を聞いていた。

このころの私を思い返すと、心のなかが白昼夢や作り話でいっぱいで、ときどき現実と空想の境目もよくわからなくなっていた気がする。どうやら、不条理でもいいから魅力的な自分をこしらえようとしていたようだ。だれも気にかけてくれない、だれも自分のことを知らないという私の孤独感は、ブレイフィールドにいたときよりセント・ローレンスのときのほうがはるかに大きかったのではなかろうか。ブレイフィールドでは、校長が向けるサディスティックな視線さえ、なんらかの関心に——愛情とまで——思えることがあった。ひょっとしたら私は、自分のつらさにいつまでも気づかない鈍感な両親に腹を立て、優しいロシア人やオオカミを親にする誘惑に駆られたのかもしれない。

父と母は、一九四三年の学期中にセント・ローレンスへやってきて（そして私の空想癖や虚言癖について聞かされたのかもしれない）、ようやく私がぎりぎりまで追い詰められていることに気づき、もっとひどくなる前にロンドンへ連れ戻すべきだと悟った。

4　「理想的な金属」
——素晴らしきタングステンとの絆

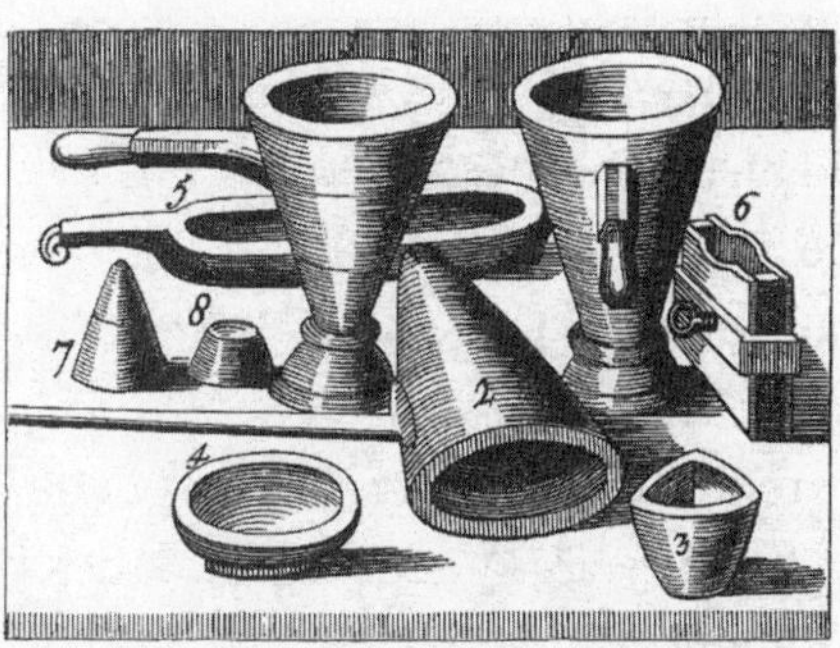

一九四三年の夏、私は四年間の疎開生活を終えてロンドンへ戻ってきた。当時一〇歳で、内向的で神経質な少年になってはいたが、金属と植物と数への情熱を抱いていた。町は至るところ空爆の被害を受け、物資は配給制で、夜は灯火管制が敷かれ、印刷物の紙は薄くて質もわるくなっていたけれども、生活はある程度正常さを取り戻しだしていた。ドイツ軍はスターリングラードで追い返され、連合軍はシチリア島に上陸を果たした。まだ何年も先かもしれないが、勝利は確実になっていた。

そのひとつの徴候に見えたのは、私が聞いたこともなかったものを、父が何人かの仲介を経て手に入れたことだった。北アフリカ産のバナナである。戦争が始まってから、家族はだれもバナナを目にしていなかった。そこで父は、一本をうやうやしく七等分した。父と母にひとつずつ、バーディーおばさんにひとつ、私たち兄弟にもひとつずつ行きわたるように。私はその小さなひと切れを、まるでキリスト教の聖餐《せいさん》用のパンのように舌にのせ、ゆっくり味わいながら飲み込んだ。うっとりするほど官能的な味がして、かつての幸せな日々を思い出し、将来への期待も胸にわいた。あるいは、本来の居場所であるわが家に帰ってきたあかしに思えていたかもしれない。

　とはいえ、たくさんのことが変わってしまっていた。わが家そのものもすっかり様変わりして、戦前のあの落ち着いた家庭とは何もかも違っていた。うちは平均的な中産階級の家庭だったと思うが、当時そうした家庭にはさまざまな使用人がいて、その多くは生活の中心的存在となり、多忙で「不在」がちな主人たちのもとで、家族の一員のようにして年を重ねていた。うちにいたイェイという年上のほうの養育係《ナニー》は、一九二三年にマーカスが生まれて以来、私たち家族と一緒に暮らしていた（彼女の名のつづりはよくわからなかったが、私は本を読めるようになってから、Yea とつづるのではないかと想像した。聖書を少し読んで、lo〔見よ〕や hark〔聞け〕や yea〔まことに〕といった言葉に魅せられたのである）。それに、私自身の養育係《ナニー》だったマリオン・ジャクソンもいた。私はマリオンが大好きで、（聞いたところによれば）最初に理解した言葉は彼女の名前で、赤ん坊らしく一音ずつ一生懸命ゆっくりと発音していたらしい。イェイは子守らしいかぶりものと服を身につけ、ちょっと厳しそうで近寄りがたい印象があったが、マリオン・ジャクソンは白くて鳥の羽毛のように柔らかい服を着ていたので、私はそれに体をすり寄せると心底ほっとした気分になれた。

　料理人兼家政婦のマリーは、糊《のり》の利いたエプロンを着けて、いつも赤い手をしていた。マリーの手助けをする「通《かよ》いのお手伝いさん」もいたが、名前は忘れてしまった。この四人の女性のほかに、おかかえ運転手のドンと庭師のスウェインもいて、ふたりは家の力仕事も任されていた。

こうした使用人のほとんどは、戦争が終わるまで残ってはいなかった。まずイェイとマリオン・ジャクソンが姿を消した。私たち子どもはみんな「大きくなって」しまっていたのだ。庭師と運転手も去り、（五〇歳になっていた）母は自分で車を運転するようになった。マリーはまた戻ってくる予定だったが、結局戻ってこなかった。そこで代わりにバーディーおばさんが買い物と料理をすることになった[1]。

物資の面でも、屋敷は一変した。戦争中は何もかもが不足したが、石炭も手に入りにくくなり、大型ボイラーは使われなくなった。代わりに小型のオイルバーナーがあったけれども、パワーがあまりにも弱く、空き部屋の多くは閉め切られてしまった。

私はもう「大きくなって」いたので、前より広い部屋をあてがわれた。そこはかつてマーカスの部屋だったが、今はマーカスもディヴィッドも大学へ行ってしまっていた。部屋には自分用のガスストーブと古い机と本棚があり、私は生まれて初めて自分の場所、自分の空間があるという気分を味わった。そして部屋で何時間も、読書をしたり、数や化学や金属について空想にふけったりしていた。

なによりうれしかったのは、またタングステンおじさんのところへ行けるということだった。少なくともおじの工場は大して変わっていないように見えた（ただタングステンは、装甲用のタングステン鋼を作るのに大量に必要になっていたので品薄気味だった）。おじのほうも、小さな愛弟子《まなでし》が帰ってきたのを喜んでいたようだ。工場や実験室でよく何時間も一緒に過ごし、私が疑問を口にするが早いかそれに答えていたからだ。オフィスにはガラス戸棚がいくつか並んでいて、そのひとつにさまざまな電球が収められていた。何個かは、炭化した繊維をフィラメントにした一八八〇年代初期のエジソン電球で、オスミウムをフィラメントにした一八九七年の電球も一個あった。二〇世紀初頭の電球もいくつか並んでいて、なかでタンタルの細長いフィラメントがジグザグに折れ曲がっていた。もっと最近の電球もあった。いろいろな形や大きさをしたタングステンのフィラメントを使っていて、おじが特別な愛着を示す自慢の品だった。というのも、自分が開発したものもいくつかあったからだ。さらに、「未来の電球？」と表示されたものまであった。それにはフィラメントがついておらず、そばにレニウムと記された紙が置かれていた。

私は白金なら知っていたけれども、オスミウム、タンタル、レニウムという金属は聞いたことがなかった。ディヴおじさんは、その全部のサンプルと、鉱石もいくつか、電球の隣の戸棚にしまっていた。そしてひとつひとつ手にしながら、どんな比類ない優れた性質をもち、どのように発見され、どのように精錬され、なぜフィラメントにするのに適しているのかを、細かく説明してくれた。おじがフィラメントの金属――俺の金属――について語ると、その金属は私のなかで特別な好ましさや意味――安定で、比重が大きくて、溶けにくく、明るく光る――をもつようになった。

ディヴおじさんはまた、あばたのある銀白色の塊を取り出し、「すごい比重だろ？」と言いながら投げてよこした。「天然の白金の塊だ。そんなふうに純粋な金属の塊で見つかるんだよ。金属ってのはふつう、鉱石だとほかのものとの化合物になって見つかる。白金みたいにそのままの形で出てくる金属は、ほかにほんのわずかしかない。金、銀、銅。それにあとひとつかふたつぐらいだな」そういうほかの金属は何千年も前から知られていたけれども、白金は二〇〇年前に「発見された」ばかりなんだとも言った。南米のインカでは何世紀も前から珍重されていたが、ほかの世界では知られていなかったらしい。当初、その「重たい銀」は金の不純物として厄介者扱いされ、砂金採りの選鉱鍋を「汚さない」ように川の一番深いところに捨てられていた。しかし、一八世紀の後半を迎えるころには、その新しい金属は全ヨーロッパを魅了していた。金よりも重たくて比重も大きく、金のように「安定」でくすまなかったからだ。しかも銀に匹敵する光沢を持っていた（スペイン語で「プラチナ」と言うが、それは「小さな銀」という意味だ）。

白金と一緒によくイリジウムとオスミウムという金属も見つかった。それらは白金よりさらに比重が大きくて硬く、耐熱性に優れていた。おじが渡してくれたサンプルは、せいぜいレンズマメほどの大きさしかない薄片だったが、びっくりするほど重みがあった。それは「オスミリジウム」といい、世界で最も比重の大きなふたつの物質、オスミウムとイリジウムの合金だった。なぜだかわからないが、その重量と比重は私にぞくぞくする興奮と途方もない安心感を与えてくれた。ディヴおじさんはこうも言った。オスミウムは白金族の金属のなかで一番融点が高いから、一時期、希少で高価なんだが電球で白金のフィラメントの代わりに使われていた、と。

白金族の金属が持つ大きな利点は、金のように安定で加工しやすいのに、融点が金よりもはるかに高いことだった。だから化学的な器具を作るのに理想的な材料だったのだ。白金でできたるつぼはきわめて高い温度にも耐えられた。白金のビーカーやスパチュラ（薬さじ）は非常に腐食性の高い酸にも耐えられた。あるときデイヴおじさんは、戸棚から小さなるつぼを取り出した。つやつやと美しい光沢があって、新品みたいに見えた。「こいつは一八四〇年ごろに作られたものだ」とおじが言った。「一世紀も使われているが、ほとんどすり減っちゃいない」

祖父の長男ジャックが一四歳だった一八六七年、南アフリカのキンバリー近郊でダイヤモンドが発見され、ダイヤモンド・ラッシュと呼ばれる一大センセーションが巻き起こった。一八七〇年代にジャックは、ふたりの兄弟――チャーリーとヘンリー（ヘンリーは生まれつき耳が不自由で、手話を使っていた）――とともに、ひと財産築こうと南アフリカへ渡り、ダイヤモンドやウランや金の鉱山のコンサルタントになった（女きょうだいのローズもついて行った）。一八七三年に祖父が再婚し、さらに一三人の子どもができると、そのうちふたり（シドニーとエイブ）が家族の神話――長男たちの話のことだが、ライダー・ハガードの小説『ソロモン王の洞窟』とシンドバッドの冒険で有名な「ダイヤモンドの谷」の伝説がごっちゃになっていたかもしれない——に惹かれ、腹違いの兄たちを追ってアフリカへ渡った。さらにそのあと、年下の弟ふたり（デイヴとミック）も合流したので、一時はランダウ家の九人の兄弟のうち七人がアフリカで鉱山のコンサルタントとして働いていた。

わが家には、一九〇二年に撮られた家族の集合写真があった（今は私の家にある）。それには、家長らしく立派な髭をたくわえた祖父と、二番目の妻チャヤと、一三人の子どもたちが写っている。私の母は六、七歳ぐらいに見え、一番下の妹ドゥージー——一八人きょうだいの末っ子——はまるで地面に転がった綿毛の玉のようだ。エイブとシドニーについては、よく見るとわかるが、別に撮影した写真をはめ込んである（写真屋はふたりのスペースができるように家族を並ばせたのだ）。当時ふたりはまだアフリカにいた。ボーア戦争のおかげで足止めを食らっていて、危険な状況だったのかもしれない。[2]

腹違いの兄弟のうち、年かさのほうは皆、結婚して身を落ち着け、そのまま南アフリカにとどまった。その後も一度もイギリスへ帰ってこなかったが、噂はいつも家族のなかで流れ、いつしか彼らの存在は伝説にまで祭り上げられていた。一方、残りの年下のほう——シドニーとエイブとミックとデイヴ——は、第一次世界大戦の勃発とともにイギリスへ帰国した。異国の珍しい話と、さまざまな鉱物など、鉱山で働いた日々の記念品を携えて。

デイヴおじさんは、戸棚にしまってある金属や鉱物に触るのが大好きで、私にも触らせて、その素晴らしさについてあれこれ説明した。思うに、おじは地球そのものを巨大な自然の実験室と見立てていたのだろう。そこでは熱と圧力が大規模な地質変動をもたらすばかりか、無数の驚くべき化学現象も生み出している。「このダイヤモンドを見ろ」おじは有名なキンバリー鉱山の標本を見せながら言った。「地球と同じぐらい古い。三〇億年も前に、地中深くでとんでもない圧力を受けてできたんだ。それがこのキンバーライトっていう岩に閉じ込められ、地表まで運ばれてくる。地球のマントルから何百キロも旅をして、ゆっくり、ゆっくり、地殻を通り抜けて、やっとこさ表面にたどり着いたわけだ。地球の内部はじかにのぞけない。ところが、このキンバーライトとなかのダイヤモンドは、そこがどんな状態なのかわかる標本になってるんだ」さらにこう言い添えた。「これまで人工的にダイヤモンドを作ろうとした人たちもいる。でもまだ必要な温度と圧力には達しちゃいない(3)」

ある日訪ねると、デイヴおじさんは大きなアルミニウムのバーを見せてくれた。比重の大きな白金族の金属と違って、あまりに軽いのでびっくりした。木片よりかろうじて重たいぐらいだったのだ。「面白いものを見せてやる」おじはそう言うと、滑らかで光沢のある、別の小さなアルミニウムの塊に水銀を塗りつけた。すると突然——まるで恐ろしい病気か何かのように——表面が崩れ、そこからカビのような白い物質がわき出て五〜六ミリに成長し、さらに一センチほどになり、どんどん伸びてついにはアルミニウムが食い尽くされてしまった。「鉄が錆びるのは見たことあるだろう。空気中の酸素と結合して酸化される現象だ」おじは説明した。「でも今このアルミニウムでは、そいつがものすごい速さで起きている。おまえが持っているその大きなバーは、まだずいぶん光沢がある。酸化物の薄い膜が表面を覆っていて、それ以上の変化を防いでるからな。ところがそいつに水銀をこすりつけると、表面の膜が壊れてアルミニウムは無防備になる。だからあっという間に酸素と結合しちまうのさ」

それはなんとも不思議で驚くべき現象だったが、少し恐ろしくもあった。明るい光沢を放つ金属が、たちまちぼろぼろの酸化物の塊になってしまうのだ。魔法や呪文を連想させ、ときどき夢で見た何かの崩壊のシーンにも似ていた。そして、水銀が、金属を破壊する邪悪な存在に思えた。水銀は、どんな金属もぼろぼろにしてしまうのだろうか？　そんな疑問もわいた。

「心配ない」とおじは答えた。「うちで使っている金属ならへっちゃらだ。このタングステンのバーを水銀のなかに浸けたって何も変わらない。そのまま一〇〇万年置いといても、今とまったく同じできらきら輝いているだろう」この不安定な世界にあって、少なくともタングステンは安定なものだったのである。

ディヴおじさんは続けた。「アルミニウムでは、表面の膜が壊れると、一気に空気中の酸素と結合してアルミナっていう白い酸化物ができる。おまえが目にしたのはそれだ。金属のなかには、酸素をやたらと欲しがるから、空気にさらしたとたんに酸素と結合し、色つやをなくして酸化物になっちまうものもある。なかには水から酸素を奪うのもあって、そういうやつは密閉した筒や油のなかにしまっておかなくちゃいけない」おじは、油のびんに入った、表面が白っぽい金属の塊を見せてくれた。そして中から塊を取り出すと、ポケットナイフで切ってみせた。なんという軟らかさだ。私はそんなふうに切れる金属をそれまで見たことがなかった。切断面は銀色に輝いていた。これがカルシウムで、とても反応性が高いから自然界では純粋な金属じゃ見つからない、とおじは言った。化合物や鉱物の形でしか存在せず、そこから抽出しないといけないのだ。ドーヴァーの海岸にそびえる白い断崖はチョークと呼ばれるものだが、ほかのはただの石灰岩でできている、とも説明した。どちらも地殻の主成分である炭酸カルシウムでできているが、形態が異なる。先ほどのカルシウムは、もうすっかり酸化され、輝いていた表面はくすんで白っぽくなっていた。「石灰になりかけている」おじが言った。「酸化カルシウムだよ」

だが、そうした独演会は、そのうちにいつも「俺の金属」の話に舞い戻った。「タングステンは」とおじは語った。「最初は完璧な金属だなんて知られちゃいなかった。でもこいつは、金属のなかじゃ一番融点が高くて、鋼鉄より丈夫で、高温でも強さを失わない。理想的な金属なんだ！」

おじのオフィスには、タングステンのバーやインゴットがいろいろあった。一部は文鎮に使われていたが、それ以外のものには、持ち主兼作り主を喜ばせるほかに明確な用途がなかった。だが、鋼鉄のバーや鉛さえも、それに比べれば軽く感じ、スカスカに思えるのは確かだった。「こいつらタングステンの塊は、質量の集中のしかたが半端じゃない」よくおじは言った。「だから破壊力の大きい武器になる。鉛なんか目じゃないぞ」

二〇世紀の初めにはタングステンで砲弾を作ろうという動きもあったが、この金属は加工が難しすぎたとも教えてくれた。それでもときどき振り子の錘《おもり》に使われていたらしい。ディヴおじさんは、地球の重さをはかりたくてそれと「釣り合わせる」コンパクトで比重の大きな物質が要るとなったら、タングステンの巨大な球を使うしかないんじゃないかと言った。おじの計算によれば、直径六〇センチほどの球で重さは二トン以上にもなった。

ディヴおじさんはこんな話もしてくれた。タングステンの鉱石のひとつにシェーライト（灰重石《かいじゅうせき》）というものがある。初めてこの鉱石に新元素が含まれていることを示唆したスウェーデンの大化学者カール・ヴィルヘルム・シェーレにちなんだ名前だ。この石はとても比重が大きいので、鉱山労働者のあいだで「重たい石」つまりトゥング・ステン（tung sten）と呼ばれ、それが元素そのものの名前にもなった。シェーライトは美しいオレンジ色の結晶の形で見つかり、紫外光を当てると明るい青の蛍光を発する。ディヴおじさんは、シェーライトなどの蛍光を発する鉱物を、オフィスに専用の戸棚を設けて保管していた。一一月の黄昏時《たそがれ》、おじがウッドランプ（紫外線ランプの一種）を点《つ》けると、戸棚のなかの発光体はとたんにオレンジや青緑や深紅や緑の輝きを発し、ファリンドン・ロードの薄明かりが一変したように見えた。

タングステンの最大の産出源はシェーライトだが、この金属が最初に単離されたのは、ウルフラマイト（鉄マンガン重石）という別の鉱石からだった。それればかりかタングステンはウルフラム（wolfram）とも呼ばれ、今なお元素記号はその頭文字をとったWのままである。

これを知ってうれしくなった。私のミドルネームがウルフ（Wolf）だったからだ。分厚いタングステンの鉱脈はスズ鉱石と一緒に見つかることが多く、タングステンはスズの単離をしにくくする厄介者だった。だから当初ウルフラムと呼ばれていた、とおじは言った。ウルフ（wolf）はオオカミのことだから、つまり飢えた動物のようにスズを「分捕《ぶんど》って」しまう。私はこのウルフラムという名前が気に入っていた――猛々しい動物的な響きがあり、貪欲で神秘的なオオカミを思い起こさせるところがである。そして、タングステンおじさん、ウルフラムおじさん、オリヴァー・ウルフ・サックスといった具合におじと自分を結びつける絆《きずな》のようにも感じた。

「自然は、金や銀や銅をそのままの金属として恵んでくれている。南米やウラルじゃ白金もだ」おじはよくそう語り、戸棚から天然の金属を取り出した。複雑にねじれながらピンクに輝いている銅。針金状で黒ずんでいる銀。南アフリカの鉱山労働者が鍋で選り分けた、砂粒みたいな金。「初めて金属を見つけたときがどんなか考えてみろ」とおじは言った。「日光に照らされて、突然岩や川底にきらきらした光が見えるんだ！」

だが、大半の金属は、酸化物つまり「土《アース》」の形で見つかる。デイヴおじさんによれば、「土《アース》」は金属灰とも呼ばれ、不溶性で、不燃性で、溶融もしないとのことだった。また一八世紀のある化学者は「金属特有の輝きがない」とも記しているらしい。にもかかわらず、それは金属と紙一重で、木炭と一緒に熱すると金属に姿を変えることがわかった。反対に純粋な金属を空気中で熱すると金属灰になった。ところが、これらのプロセスで実際に何が起きているのかは、かつては謎だった。おじは、理論が成立するはるか以前に実践的な知識が根付くことがある、と言った。現象の正しい理解はなくても、鉱石を精錬して金属を作る方法は実践面で理解されていたのだ。

　デイヴおじさんは、人類最初の金属の精錬をこんなふうに想像もした。昔、原始人が調理用のたき火を銅の混じった石――緑のクジャク石かもしれない――で囲っていて、薪が木炭になったころ、不意に緑の石が血を流しているのに気づいた。その赤い液体こそ、溶けた銅だったのだ。

　おじの話は続いた。今では、酸化物を木炭と一緒に熱すると、木炭に含まれる炭素が酸素と結合して酸化物を「還元」し、純粋な金属ができることがわかっている。だが金属を酸化物から還元する技術をものにしていなかったら、人類は数えるほどの天然の金属しか知り得なかっただろう。青銅器時代はなかっただろうし、ましてや鉄器時代などなく、一ダース半もの新しい金属（タングステンも含めて！）が鉱石から抽出されるといった、一八世紀のめくるめく発見の数々もなかったにちがいない。

　デイヴおじさんは、シェーライトから得られた純粋な酸化タングステンも見せてくれた。シェーレや、タングステンを発見したデ・エルヤル兄弟が調製したのと同じ物質だ[4]。おじから手渡されたびんには、比重の大きな黄色い粉末が入っていて、それは意外に重たく、ほとんど鉄みたいだった。「そいつを炭素と一緒にるつぼに入れて、赤くなるまで熱してやればいいんだ」おじはそう言って、その黄色い酸化物と炭素を混ぜ合わせ、るつぼに入れて大きな炉の隅に置いた。数分後、おじがるつぼを長い火ばさみで取り出して冷ますと、あっと驚く変化が起きていた。炭素はみんなどこかへ消えてしまい、黄色い粉末もほとんどなくなって、代わりに銀白色の鈍い輝きを発する金属粒ができていた。デ・エルヤル兄弟が一七八三年に見たのと同じものだった。

「もうひとつ、これを作る方法がある」とおじは言った。「もっと派手なやり方がな」そして酸化タングステンをアルミニウムの細かい粉末と混ぜ合わせ、その上に砂糖と過塩素酸カリウムを少量のせてから、硫酸をほんのわずか垂らした。すると、すぐに砂糖と過塩素酸カリウムと硫酸が一緒になったところで火がつき、そのままアルミニウムと酸化タングステンに引火して激しい燃焼となり、華々しい火花が大量にまき散らされた。やがて火花が収まると、るつぼのなかには小さな白熱したタングステンの玉ができていた。「この世で最も激しい反応のひとつだ」おじが説明した。「テルミット法っていうんだが、種明かしをしよう。これで三〇〇〇度以上の温度が作り出せる――タングステンが溶けるぐらいの温度だな。もちろん、この温度に耐えられるように、内側を酸化マグネシウムで保護した特別なるつぼを使った。ところがこいつはなかなか厄介な反応で、よく注意しないと爆発することがある。だから当然、戦争中はこの反応が焼夷弾に利用された。一方で、条件さえ間違えなけりゃ、素晴らしい手だてにもなる。じっさい、このやり方でいろんな金属が作られてきた。クロム、モリブデン、タングステン、チタン、ジルコニウム、バナジウム、ニオブ、タンタルなんかだ」

おじと私はできたタングステンの粒を掻き取り、蒸留水で丹念に洗い、虫眼鏡で調べてから重さをはかった。それからおじは容量〇・五ミリリットルの小さなメスシリンダーを出してきて、〇・四ミリリットルの目盛まで水を満たし、そこへ粒々のタングステンを流し込んだ。すると水位が二〇分の一ミリリットル上昇した。私はその正確な数値を書き留め、計算をした。タングステンの重さは一グラム弱だったので、比重は一九と出た。「たいしたもんだ」デイヴおじさんが言った。「一七八〇年代に初めてデ・エルヤル兄弟が出したのとほとんど同じ値だな」

「さて、ここに種類の違う金属がいくつかある。みんな細かい粒子だ。こいつらの重さと体積をはかって比重を割り出してみるか？」その後の一時間、私は夢中で計算に取り組み、おじが実に幅広い比重の金属を用意していたことを知った。少しくすんだ銀色の金属は比重が二にも満たなかったが、オスミリジウムの粒（と私にはわかった）はその一二倍近くもの比重があった。小さな黄色っぽい粒の比重を測ってみると、タングステンの厳密な比重と同じで一九・三だった。「そうだ」とおじはうなずいた。「金の比重はタングステンと同じと言っていい。でも銀はずっと軽い。純金と金メッキした銀の違いは持ってみればすぐにわかる──ところが金メッキしたタングステンとなると見分けるのが難しくなる」

シェーレは、デイヴおじさんにとって偉大なヒーローのひとりだった。タングステン酸やモリブデン酸（これから新元素モリブデンが得られた）ばかりか、フッ化水素酸、硫化水素、アルシン（砒《ひ》化《か》水素）、青酸、それに一ダースにおよぶ有機酸までも発見したのだ。デイヴおじさんによれば、このすべてを、助手もおらず、資金もなく、大学で地位や給料を手にすることもなしに、スウェーデンの片田舎の薬剤師として糊口《ここう》をしのぎながら、ひとりでなし遂げたという話だった。シェーレはまた、酸素も発見していた。それもたまたまではなく、いくつか違った方法で見つけていたのだ。そのほか、塩素も発見し、マンガンやバリウムをはじめ十いくつもの物質の発見に道をつけた。

おじは言った。シェーレは、ただ純粋に自分の仕事に打ち込み、金や名声には興味がなく、持てる知識をだれにでも分け与えた、と。私は、シェーレの創意工夫と同じぐらい、寛大さに心を打たれた。なにしろ、自分の教え子や友人に（事実上）元素の発見の名誉を譲ってしまっていたのだから――マンガンの発見はヨハン・ガーンに、モリブデンの発見はペーテル・イェルムに、そしてタングステンの発見までもデ・エルヤル兄弟に。

シェーレは、化学にかかわることがらは何ひとつ忘れることがなかったという。物質の外見や感触やにおい、化学反応での変化のしかたをなんでも覚えていて、化学的な現象について読んだり聞いたりしたことも一切忘れなかった。それ以外のことにはほとんど無関心か無頓着なようで、ただひとつ熱愛する化学に人生のすべてを捧げていた。化学現象に対するこの純粋で熱烈な愛着――何にでも注意を向け、一切忘れない――が、シェーレの特別な能力の源になっていた。

私にとって、シェーレは科学のロマンを体現する存在だった。彼のなかに、科学を生涯愛して生きることに対する誠実さ、絶対的な善を見て取ったのだ。それまで私は、「大きくなったら」何になるかとあまり考えたことがなかった。大きくなること自体、ほとんど想像がつかなかった。だがもう私にはわかっていた。化学者になりたいのだ。一八世紀の化学者シェーレのように、この分野に彗星のごとく現われ、物質や鉱物の未発見の領域に目を向け、丹念に調べてその秘密を暴き、未知の金属の素晴らしさを見つけてやりたいと思っていた。

(1) 残ったのはひとりだけだった。父の秘書を務めていたミス・レヴィーだ。彼女は一九三〇年から父のもとで働いていた。無口で実直な性格で(彼女をファーストネームで呼ぶなど考えられないことで、いつでもミス・レヴィーだった)、しじゅう忙しそうだったが、ときどき私を小さな仕事部屋に入れてくれた。私がガスストーブのそばに座ってひとりで遊んでいるあいだも、彼女は父の手紙をタイプしていた(タイプライターのキーがカタカタ鳴り、行の終わりに来ると小さなベルの音がするのは、聞いていて心地よかった)。ミス・レヴィーは歩いて五分の距離に住んでいて(シュートアップ・ヒルという場所だが、ここロンドンのキルバーンよりもむしろ西部劇で有名なトゥームストーンあたりにふさわしい名前のような気もする〔英語でシュートアップには銃撃戦という意味がある。また、トゥームストーンは墓石という意味〕)、平日の朝にいつも九時きっかりにやってきた。私の知るかぎり、遅刻は一度もなく、機嫌を損ねたり動揺したりもせず、病気になったこともなかった。ミス・レヴィーのスケジュールと存在は、戦争のあいだ、わが家でほかの何もかもが変わってしまうなかでも、一定のままだった。彼女は、人生の浮き沈みとは無縁のように見えた。

ミス・レヴィーは、父より二、三歳上だったが、九〇歳になるまで週に五〇時間働きつづけ、年齢による衰えをまるで感じさせなかった。引退など彼女の眼中になく、父と母も念頭に置いていなかった。

(2) ボーア戦争のあいだ、アフリカにいた家族の安否が気遣われたらしい。そのことがきっと母の心に深く刻み込まれたのだろう。というのも、それから四〇年以上経っても、母は当時のこんな短い歌を口ずさんでいたからだ。

一、二、三で、キンバリーが解放されて
四、五、六で、レディスミスが解放されて
七、八、九で、ブルームフォンテインが解放された

(3) ダイヤモンド作りへの挑戦は、一九世紀にたくさんなされている。一番有名なのは、フランスの化学者アンリ・モアッサンの挑戦だ。モアッサンは、フッ素の単離に初めて成功し、電気炉も発明している。モアッサンが実際にダイヤモンドを合成できたかどうかは疑わしい――彼がダイヤモンドと見なした小さな硬い結晶は、炭化ケイ素だったにちがいない（現在ではモアッサナイトと呼ばれている）。こうした初期のダイヤモンド作りの雰囲気を、その興奮と危険と野心とともにありありと伝えているのは、H・G・ウエルズの小説「ダイヤモンドをつくる男」である。

（4）デ・エルヤル兄弟（ファン・ホセとファウスト）は、バスク祖国友愛会（Basque Society of Friends for Their Country）のメンバーだった。この会は、芸術・科学の育成を目指す団体で、月曜の晩は数学の議論をして、火曜の晩は電気機械とエアポンプの実験をおこなうといった具合に、毎晩会合を開いていた。一七七七年、兄弟は国外へ遣《つか》わされ、ひとりは鉱物学を、もうひとりは冶金学を学んだ。ふたりはヨーロッパじゅうを回り、ファン・ホセは一七八二年にシェーレのもとを訪れている。

スペインへ戻ってから、兄弟は黒くて重たい鉱物ウルフラマイトの研究に取り組み、その鉱物から比重の大きな黄色い粉末（「ウルフラム酸」）を抽出し、それが、スウェーデンのシェーレが「トゥング・ステン」なる鉱物から抽出したタングステン酸と同じものであることに気づいた。シェーレはその物質に新元素が含まれていると確信していた。シェーレはそれ以上やらなかったが、デ・エルヤル兄弟はさらにこの物質を木炭とともに加熱し、一七八三年に新しい金属元素を得た（そしてウルフラミウムと名付けた）。

5　大衆に明かりを

――タングステンおじさんの電球

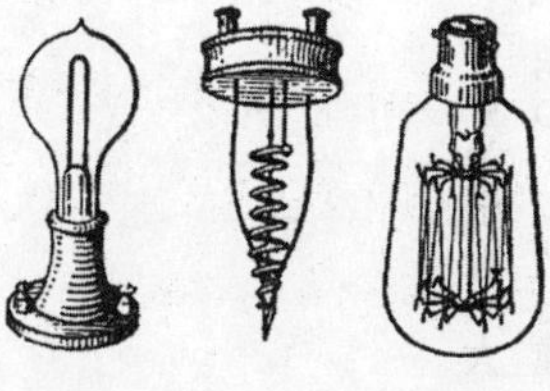

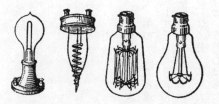

タングステンおじさんは、理論と実践の両方の才能を兼ね備えた人だった。兄弟姉妹の大半もそうで、その父親もまたそうだった。おじは化学に惚れ込んでいたが、弟のミックと違って「生粋の」化学者ではなかった。起業家・実業家でもあったのだ。そしてそれなりに裕福な工場主だった。電球と真空管はいつも売れ行きがよく、それで十分な収益が上がっていた。デイヴおじさんは、自分が雇っている人たちのことを、友だちのようによく知っていた。また、やろうと思えばすぐにできたので、手を広げて会社を大きくしようという野心はもたなかった。昔からずっと金属その他の材料が好きで、いつもそれらの特性に心を奪われていた。そして多くの時間、工場でさまざまな工程を見守っていた。タングステンの焼結や延伸、フィラメント用の二重コイルとモリブデン支持体の製造、バルブへのアルゴンの注入は、ファリンドンの古い工場でなされ、溶融ガラスを吹いてバルブを作り、それにフッ化水素酸でつや消し処理を施すのは、ホクストンに建てた新しい工場でおこなわれていた。スタッフはみんな優秀で、機械も申し分なく動いていたから、本来そんな必要はなかったのだが、ただ好きで見ていたようだ。それに、昔と変わらず、ときどき改善策や新しい手法にも思いをめぐらしていた。本当のところ、あそこまで（小ぶりだが）何でもそろった実験室は、あの工場に必要なかったのだけれども、おじは実験が大好きだった。なかには工場での製造工程に直接結びつくような実験もあったものの、私の見たところ、多くは純粋な趣味でやっていた。また、白熱電球の歴史、照明全般の歴史、さらにはそれらの土台をなす化学や物理学の歴史について該博な知識を持っていたが、そこまで知っている必要もなかった。それでもおじは、自分が――純粋科学の、応用科学の、職人技の、そしてまた工業の――大いなる伝統に関与しているという実感を抱きたかったのである。

おじはよくこんな話をした。「大衆に明かりを」というエジソンの描いたビジョンは、ついに白熱電球として現実のものとなった。もし宇宙から地球を眺め、地上が二四時間ごとに夜の影に入る様子が見られたら、影の部分で夜ごと何百万、いや何億もの白熱電球が点灯し、白熱したタングステンが輝くのが見えるだろう。白熱電球ほど大きく社会習慣や人間生活を変えた発明はほかに思い当たらない、とおじは言った。

またデイヴおじさんは、いろいろな意味で、化学の発見の歴史は明かりの追求と切り離せない関係にある、とも語った。一八〇〇年以前の世界には、はるか昔から使われていたような蠟燭や粗末な石油ランプしかなかった。その明かりは弱々しく、往来は暗く危険だったから、人々は満月かカンテラの明かりがないかぎり、夜にはめったに出歩かなかった。このため、家の照明としても街灯としても安全で手軽に使える、性能の高い明かりが切に求められていたのである。

一九世紀の初めにガス灯が登場すると、人々は工夫していろいろなタイプのガス灯を作った。ノズルを変えることで、炎はさまざまな形になった。コウモリの翼《バッツ・ウィング》もあれば、魚の尾び《フィッシュ・テ》れ《イル》もあり、雄鶏のけづめ《コック・スパー》や雄鶏のとさか《コック・コウム》もあった。私は炎の美しい形はもちろん、おじがそれぞれの形の名を口にしたときには名前にも魅了された。

しかしガス灯は、炭素の粒子を光らせていたので、蠟燭の炎よりわずかに明るい程度だった。だから、ガスの炎で熱せられたときに特別によく輝くような物質が求められた。そうした物質がカルシア――酸化カルシウムすなわち石灰（ライム）――で、熱せられると強烈な緑白色の光を発した。デイヴおじさんいわく、この「ライムライト」は、一八二〇年代に発明されて、何十年も劇場の舞台照明に使われていた。だから、今では白熱光に石灰（ライム）は使っていないのにまだ「ライムライト」という言葉が残っているのだった。熱して同じぐらい明るい光を発する「土《アース》」は、いくつかほかにもあった。ジルコニア（酸化ジルコニウム）、トリア（酸化トリウム）、マグネシア（酸化マグネシウム）、アルミナ（酸化アルミニウム）、それに酸化亜鉛だ（「ズィンシア〔亜鉛は英語でzinc（ズィンク）なので、ほかの物質が皆酸化物になると語尾にアがつくことから類推したもの〕」とは言わないの？」と訊くと、おじはにっこり笑ってこう言った。「言わないね。そう言うのを聞いたことはないな」）。

一八七〇年代を迎えるころには、いろいろな酸化物が試されたあとで、酸化物を混ぜ合わせると個々の酸化物より明るく光るものもできることが明らかになっていた。オーストリアのアウアー・フォン・ヴェルスバッハは、そういった組み合わせを無数に試し、一八九一年、ついに理想的な組み合わせを見つけた。トリアとセリア（酸化セリウム）を九九対一の割合でまぜた混合物である。この比は厳密なものだった。アウアーは、一〇〇対一や九八対一では一気に効果が落ちることも確かめていたのだ。

このころまで、酸化物は棒状や鉛筆形のものが使われていた。だがアウアーは、ラミー・マントル（カラムシという木の繊維を編んだもの）という「適切な形状の織布」に自分の見つけた混合物をしみ込ませると、表面積がずっと広くなるのでさらに光が明るくなることに気づいた。このマントルは、ガス灯業界に一大革命を起こし、産声《うぶごえ》を上げたばかりの電灯業界と互角に競い合えるだけのパワーを与えた。

デイヴおじさんより何歳か年上のエイブおじさんは、この発見の事実を鮮明に記憶している。レマン・ストリートにあった家のほの暗い照明が、白熱したマントルのおかげでがらりと変わったというのだ。エイブおじさんは、大規模なトリウム・ラッシュが起きたことも覚えていた。数週間のあいだにトリウムの価格が一〇倍に跳ね上がり、抽出できる新しい鉱石がないかとみんな目の色を変えて探しはじめたのである。

アメリカのエジソンも、さまざまな「希土《レア・アース》」（希土類元素の酸化物）で白熱光を生み出す実験にいち早く取り組んでいたが、アウアーのような突破口は切り開けなかった。そこでエジソンは、一八七〇年代の後半に、別の種類の明かり――電灯――の改良へと関心を移した。イギリスでは、スワンと何人かほかの科学者が、一八六〇年代に白金電球の実験を始めていた（デイヴおじさんは初期のスワン電球をひとつもっていて、戸棚にしまっていた）。競争心旺盛なエジソンもこのレースに加わったが、スワンと同じように大きな困難に直面した。白金の融点が、高いとは言っても十分に高くはなかったのである。

エジソンは、もっと融点の高い金属をいろいろ試し、フィラメントに使えるものを見つけようとしたが、どれも適当ではなかった。ところが一八七九年、名案を思いついた。炭素はどんな金属よりもはるかに融点が高く（それまでだれも溶融させられなかった）、電気を通す一方で抵抗が高かった。だから高温にしやすく、簡単に白熱させられそうだったのである。エジソンは、それまでのフィラメントに使われていたらせん状の金属のように、炭素でもらせんを作ろうとした。けれども、そうした炭素のらせんはすぐに粉々になってしまった。そこでエジソンが見つけた解決策——ばかみたいに単純だが、見つけるには非凡な才能が必要だった——は、有機繊維（紙、木、竹、亜麻糸や綿糸）を燃やすというものだった。残った炭素の骨格は、電流を流しても壊れないぐらい強かった。このフィラメントを入れて空気を抜いた電球は、何百時間も安定した光を放ちつづけた。

エジソンの電球は、真の革命につながる扉を開けた。だがもちろん、それに発電機と電線というまったく新しいシステムを結びつける必要もあった。「世界最初の集中型電気システムは、一八八二年にエジソンがここに作った」デイヴおじさんはそう言って、私を窓際まで連れて行って眼下の街並みを指さした。「あそこのホーボン陸橋にでっかい蒸気式の発電機が設置されてな、陸橋沿いとファリンドン・ブリッジ・ロードにあった三〇〇〇個の電球を光らせていたんだ」

一八八〇年代には、電球が主流となり、発電所と電線のネットワークができていった。ところが、一八九一年にアウアーが開発したガス・マントルが、非常に高性能で手ごろな価格だった（また既存のガス管線を使えた）ため、揺籃期《ようらんき》の電灯業界にとって大きな脅威となった。私はおじたちから、若いころ電灯とガス灯がしのぎを削り合い、いたちごっこを繰り返していたという話を聞いていた。その時代に建てられた多くの家が――私たちの家も含めて――電灯とガス灯の両方を備えていたのは、最後にどちらが勝つかわからなかったからだ（五〇年経った私の少年時代にも、ロンドンには――とくにシティーと呼ばれる市街区には――ガス・マントルの明かりのある通りがまだたくさんあって、黄昏時に長い竿をもった点灯夫が街灯をひとつひとつ点けて回る姿が見られた。それをうっとりと眺めていたものだ）。

しかし、素晴らしい長所がある一方で、炭素電球には難点もあった。炭素芯がもろく、使うほどさらにもろくなるので、低めの温度でしか点灯させられなかったのだ。そのため光は明るい白ではなく薄ぼんやりした黄色になった。

では解決策はないのか？　この難点を解決するには、炭素と同じぐらいか、少なくとも三〇〇〇度あたりの融点をもちながら、炭素線にはない強度をもつ材料が必要だった。そんな金属は三つだけ知られていた。オスミウムと、タンタルと、タングステンだ。デイヴおじさんは、ここへきて一段と話に力をこめた。エジソンとその発明の才には熱烈に憧れていたが、炭素のフィラメントは明らかに気に食わないらしかった。フィラメントたるもの金属でなければならないと思っていたようだ。延伸してきちんとした線材ができるのは金属だけだったからである。すずの線材というのは言葉として矛盾しているし、あれほど持ちこたえるだけでも驚きだ、と相手にしていなかった。

オスミウム電球は、一八九七年にアウアーが初めて製作した。デイヴおじさんの戸棚にはそのひとつがしまってあった。しかしオスミウムは、ものすごく希少で――全世界で年間七キロ弱しか生産されていなかった――とても高価だった。また当時、オスミウムを延伸して線材にすることは不可能に近かったので、オスミウムの粉末に結合剤を混ぜて型に注入し、成形後に結合剤を焼いてなくさないといけなかった。しかも、できたオスミウムのフィラメントは非常にもろく、電球を逆さまにするだけで壊れてしまった。

タンタルは、一世紀以上前から知られていたが、精錬と加工がきわめて難しかった。しかし、一九〇五年ごろまでには精錬し延伸して線材が作れるようになった。こうしてタンタルのフィラメントが登場したおかげで、白熱電球は安価に量産され、オスミウム電球では太刀打ちできなかった面で炭素電球と張り合えるようになった。だが、必要な電気抵抗を得るためには、ものすごく細くて長い線材をバルブのなかでジグザグに折り曲げ、鳥かごのように複雑な形をしたフィラメントを作らないといけなかった。タンタルのフィラメントは、熱くなると少し軟らかくなったが、それでも見事な出来で、とうとうガス・マントルの普及をおびやかす存在となった。

「突然、タンタル電球が大流行しだしたんだ」とおじは言った。

タンタル電球は第一次世界大戦が始まるまでずっと人気をさらっていたが、流行の真っ只中でなお、別の金属タングステンをフィラメントにする研究がおこなわれていた。最初の実用的なタングステン電球は、一九一一年に作られた。これは非常に高い温度で使用できたが、すぐに黒ずんでしまった。蒸発したタングステンがガラスの内面に吸着するからである。この難題に取り組んだアメリカの化学者アーヴィング・ラングミュアは、反応性の低いガスでフィラメントに周囲から圧力をかけ、フィラメントの蒸発を抑えるという手だてを提案した。そのために完全に不活性なガスが求められ、まず白羽の矢が立ったのは、一五年前に単離に成功していたアルゴンだった。しかし、ガスを注入すると、今度は別の問題がもちあがった。ガスが熱を伝え、大量の熱損失が生じるのだ。そこでラングミュアが思いついた答えは、フィラメントをできるだけコンパクトにし、線材をクモの巣状に広げるのでなく、密に巻いたらせんにするというものだった。密に巻いたそのようなコイルは、タングステンで作ることができた。そして一九一三年、すべての条件が一気に実現された。タングステンの線材を細く延伸し、それで密に巻いたらせんを作り、電球にアルゴンを詰めたのである。いまや、タンタル電球の時代は明らかに終わりを迎えようとし、まもなく――強靭《きょうじん》で安価でより効率的な――タングステンに座を明け渡そうとしていた（とはいえ、実際に明け渡したのは戦後、アルゴンが大量に手に入るようになってからだ）。ここへきて、多くの製造業者がタングステン電球の製造に着手し、デイヴおじさんも、何人かの兄弟とともに（また、妻の兄弟でこれまた化学者だったウェクスラー家の三人も一緒に）資金を出し合い、タングスタライトという会社を設立した。

ディヴおじさんは、みずからも多くの時間を生きたこの歴史物語を、よく私に語って聞かせた。登場する開発者たちはおじのヒーローだった。なんといっても、そうした人々は純粋科学への情熱を実務的なビジネスのセンスと見事に結びつけていたからである（ラングミュアは民間の化学者として初めてノーベル賞を受賞した、とおじが教えてくれた）。

ディヴおじさんの電球は、オスラムやGEなどから市販されていた電球よりも大きかった。大きくて、重たくて、とんでもなく頑丈で、いつまでも保ちそうに見えた。ときどき、早く電球が切れないかとも思った。切れたら、電球を割って（といっても簡単ではなかったが）タングステンのフィラメントとモリブデンの支持体を取り出せたし、それから階段の下の三角形をした押入に、しわしわのボール紙の筒に入っている新品の電球を取りに行ける楽しみがあったからだ。ふつうの人は電球を一個ずつ買っていたけれども、わが家には何ダースも入ったボール箱が工場から直接届いた。大半の電球は六〇ワットと一〇〇ワットだが、押入用と常夜灯に小さな一五ワットの電球も使い、正面玄関を照らす明かりにはまばゆい三〇〇ワットの電球を使っていた。タングステンおじさんは、小型のペンライトに使う一・五ボルト電池用の豆電球から、サッカー場の照明やサーチライトに使う巨大な電球まで、あらゆる種類やサイズの電球を作っていた。さらに、計器盤や検眼鏡や各種医療機器に使う特別な形をした電球のほか、（タングステンにぞっこんだったおじが！）タンタルのフィラメントをつけた電球まで映写機や列車に使うものとして作っていた。タンタルのフィラメントは、タングステンのそれと比べて非効率で高温に耐えられなかったが、振動に強かったのだ。これも、だめになったときに割るのが私は大好きで、なかからタンタルの線材を取り出し、自分の金属や化学物質のコレクションに加えていた。

おじの電球に刺激を受けた私は、思いつきで何かをするのが好きなせいもあって、階段の下の暗い押入に自前の照明システムを設置した。そこは、いつもわくわくさせられると同時にちょっぴり怖い場所でもあった。なかに明かりがなくて、一番奥は神秘の世界に消えてしまっているように思えたのだ。まず、うちの車のスモールランプに使っていたレモン形の六ワット電球と、電気式カンテラ用の九ボルト電池を用意した。そしてスイッチを不器用に壁につけると、そこから電球と電池に線を這わせた。私はこの小さな装置がばかみたいに自慢で、家にだれかが来ると必ず見せていた。だが、明かりは押入のすみずみまで照らし、暗闇ばかりか神秘までも追い払ってしまった。だから思った。明かりはありすぎてもいけない――秘密をそのままにしておくべき場所もあるのだ、と。

6　輝安鉱《きあんこう》の国

——セメントのパンと鉱物のコレクション

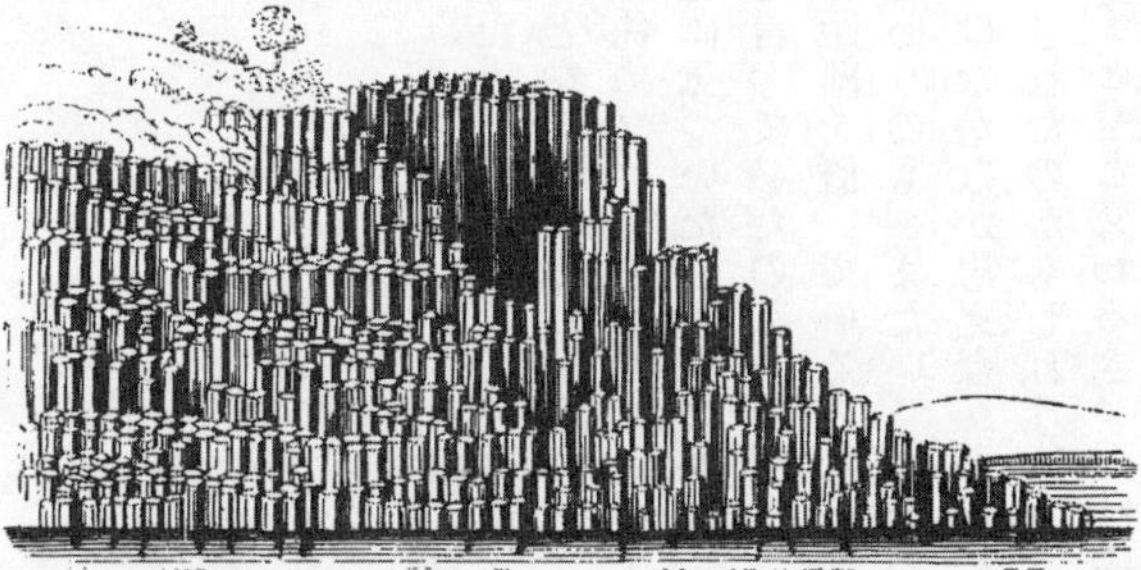

イラワラ断崖（オーストラリア、ニューサウスウェールズ州）の
玄武岩からなる柱状節理

新しい学校ザ・ホールでの私は、孤独好きなところがあったと思う。少なくともロンドンに戻りたてのころはそうだった。私には、戦前から自分のことを知っていたエリック・コーンという友だちがいた。彼とはほぼ同《おな》い年で、お互いの養育係《ナニー》にブロンズベリー・パークへ連れて行かれて一緒に遊んだ仲だ。そのコーンが、私の変化に気づいた。戦争の前は、喧嘩っ早いごくふつうの少年で、堂々とした態度ではっきり物を言っていたのに、今ではびくびくして喧嘩もしなければ話しかけもせず、引きこもって人と距離を置いているみたいだ、と。確かに私は、学校と自分とのあいだに距離を置いていた。というのも、またいじめやお仕置きを受けるのが怖くて、その学校がいい場所かもしれないとはなかなか思えなかったからだ。それでも、勧められてカブスカウトに入った（無理やり入らされたのかもしれないが、もう覚えていない）。周囲は、これが私のためになり、同年代の子どもと交わるきっかけになって、火おこしやキャンプやトラッキング（動物の足跡をたどること）など、野外生活に「必要な」技術も身につくと思ったのだろう。けれども、都会のロンドンでそんな技術が何の役に立つのかわからなかった。それにどういうわけか、結局そういう技術を覚えられなかった。私は方向音痴で、目で見て記憶するのも苦手だった。いろいろなものの配列を覚える「キムのゲーム」では、あまりにも成績が悪かったから、知能に障害があるんじゃないかと心配する大人もいたほどだ。火を焚こうとしてもつかず、たとえついても何秒かで消えてしまった。二本の棒をこすり合わせて火をおこすのもうまくいかなかった（しばらくは兄のライターを借りてごまかせていたのだが）。テントを張ろうとしてもみんなの笑いを誘った。

　カブスカウトにいてよかったことも少しはあった。それは、みんなが同じユニフォームを着ること（おかげで人との違いを気にして自意識過剰になるのが抑えられた）と、オオカミのアキーラ（キプリングの『ジャングル・ブック』に登場する長老オオカミ）に祈りを捧げることと、自分たちを『ジャングル・ブック』にでてくるオオカミの子（ウルフ・カブ）になぞらえることだった。この物語にもとづく立派な由来は、私のロマンチックな面を満足させてくれた。しかし、現実のカブスカウトでの生活は、少なくとも私の場合、あらゆる点で失敗の連続だった。

　そうした失敗が、ある日、とうとう一線を越えてしまった。スカウト運動の創始者ベーデン＝ポーエルがアフリカ滞在時に作ったのと同じ、ダンパーという特別なパンを作るように言われた日のことだ。ダンパーが、パン種の入っていない小麦粉を焼いた堅い円盤だというのは、私にもわかっていた。ところが、台所で小麦粉を探すと、小麦粉の容器がたまたま空っぽだった。私は、もっと小麦粉はないかと訊いたり、外へ買いに行ったりはしたくなかった。スカウトでは、臨機応変さと自給自足が求められていたからである。そこであたりを見回し、外にセメントがあるのを見つけてこれだと思った。壁の工事のために置かれていたものらしい。あのときどんな心理でセメントが小麦粉の代わりになると信じ込んだのか、今では見当もつかないが、私はセメントをペースト状にし、ガーリックで味をつけ、ダンパーのような楕円形にしてオーブンで焼いた。するととんでもなく堅いものができた――しかしダンパーはそもそもとても堅いものなのだ。翌日、カブの集会に持って行って、隊長のバロンさんに渡した。バロンさんはその重さにびっくりしたが、栄養がぎっしり詰まっていそうで喜んでいるか、興味をそそられているのだと私は思った。彼がそれを口に入れてがぶりとかむと、バリッという大きな音とともに歯が一本折れた。すぐに隊長は口のなかのものを吐き出した。ひとりかふたり、クスクス笑ったが、そのあと恐ろしい沈黙があたりを支配した。隊のみんなが私を見つめていた。

「サックス、このダンパー、どうやって作った?」バロンさんが尋ねた。その声は静かだがドスが利いていた。

「セメントを入れました」私は言った。「何を入れたんだ?」「小麦粉が見つからなかったんです」

そして、深く、長い沈黙。一切のものが動きを止め、一種の活人画になったように思えた。必死に自分を抑え、また(たぶん)私を殴るまいとしながら、バロンさんは短いがとても胸にこたえる言葉を口にした。おまえはなかなかいい奴だと思っていた。内気で、出来が悪く、へまばかりしているが、きちんとした奴だと。しかしこのダンパーの件じゃ、ずいぶん疑問がわく。おまえは自分のしていることがわかっているのか？　人に怪我《けが》をさせようと思ってやったのか？　私は、ほんの冗談のつもりでしたと言おうとしたが、言葉が出なかった。私はただとんでもなくばかだったのか？　それとも悪気《わるぎ》があったのか？　ひょっとして正気でなかったのだろうか？　何にせよ、ひどく悪いことをして、自分の指導者に危害を加え、隊の理念に背いたのは確かだった。スカウトの一員にふさわしくなかった。だからバロンさんは即座に私を除名にした。

　当時はまだ「行動化」（抑圧された葛藤などが行動として表にあらわれること）という用語が生まれていなかったが、その概念は、私の学校から一マイルと離れていない場所にあったアンナ・フロイト（精神分析で有名なジグムント・フロイトの末娘で、児童精神分析の創始者）のハムステッド・クリニックでたびたび話題にのぼっていた。アンナは自分の診療所で、疎開によりトラウマを負った子どもが見せるさまざまな神経症的態度や非行を目にしていたのだ。

　ウィルズデン公立図書館は、三角形の変わった建物で、近所のウィルズデン・レーンという通りから斜めに切れ込むようにして立っていた。見た目は小さい建物だが、なかはとても広く、何十もの小部屋や区画が本であふれ返り、それまで見たことがないほどたくさんの本があった。そこの女性の司書は、私がきちんと本を扱え、カード式索引も使えることがわかると、図書館を利用させてくれた。中央図書館から本を取り寄せたり、ときには貴重図書を持ち出したりもさせてくれた。私は多くの本を読んだが、乱読だった。気の向くまま、ざっと読み、じっくり読み、拾い読みをした。興味の対象はとうに科学に固まっていたけれども、ときには冒険小説や推理小説も借りた。学校――ザ・ホール――は、科学の授業がなかったのでまるで面白くなかった。当時のカリキュラムでは、古典だけを教えていたのだ。しかしそれでもかまわなかった。図書館での読書こそ、私にとって真の教育だったからだ。空いた時間、デイヴおじさんと一緒でないときは、図書館に行くか、サウス・ケンジントンのいろいろな博物館を訪ねた。それらは私にとって、大人になるまでずっと欠かせない存在だった。

とくに博物館は、陳列棚や展示品を自分のペースで気ままに見て回れた。カリキュラムに従ったり、授業に出たり、試験を受けて競争したりといった強制はなかったのだ。学校の授業は受け身でやらされる感があったが、博物館では、自分から物事を探求できた。博物館は（それに動物園や、ロンドン西部のキューにあった植物園も）、世界に出て自分であれこれ探りたいと思わせ、地質学者や植物学者、動物学者、古生物学者になりたいという気にさせてくれた（五〇年後の今も私は、初めて訪れた町や国で必ず博物館や植物園を探している）。

地質学博物館の入口には、寺院の入口のように大きな大理石のアーチがあり、その両脇にダービーシャー産の青蛍石《あおほたるいし》でできた巨大な壺が置いてあった。建物の一階には、鉱物や宝石がぎっしり詰まった棚やケースが並んでいた。火山のジオラマもあった。ぶくぶく沸き立つ火口から流れた溶岩が冷え、鉱物が結晶化し、ゆっくりと酸化・還元されて、隆起や沈降を繰り返し、混じり合い、変成する。これにより、岩石や鉱物が地球の活動の産物だということばかりか、それらを生み出しつづける物理的・化学的なプロセスまでも直感的に理解できた。

　最上階には、輝安鉱《きあんこう》の巨大な集塊があった。槍形で黒光りする、硫化アンチモンの角柱の群れだ。硫化アンチモンは、ディヴおじさんの実験室でただの黒い粉末としてなら見たことがあった。しかしここでは人の背丈ほどもある結晶群になっていた。私はその角柱の群れを崇拝すらした。トーテムや呪物のように。この信じられないような結晶群は、輝安鉱としては世界最大級で、日本の四国という島の市ノ川鉱山で採れた、と説明に記されていた。大人になって、自由に旅行ができるようになったら、この島へ拝みに行こうと思った。その後、輝安鉱はいろいろな場所で採れると知ったが、最初に見たそれが脳裏で日本とがっちり結びついてしまい、以後、日本は私にとって「輝安鉱の国」になった。同じようにして、オーストラリアは「カンガルーとカモノハシの国」であると同時に「オパールの国」にもなった。

　地質学博物館には、方鉛鉱の大きな塊もあった。重さは一トン以上あったにちがいない。一五センチほどの大きさをした、光沢のあるダークグレーの立方体の集まりで、その多くに小さな立方体が埋め込まれていた。この小さな立方体を虫眼鏡でのぞくと、さらに小さな立方体が生えているのが見えた。このことをディヴおじさんに話すと、方鉛鉱はどこまでも立方体の形をしていて、一〇〇万倍に拡大してみても立方体が見え、さらに小さな立方体がくっついているはずだと教えてくれた。おじは言った。方鉛鉱の立方体は、いやどんな結晶の形も、その原子配列、つまり原子が構成する決まった三次元のパターン――格子――を表わしている。それは原子間の結合が結局のところ静電気の力によるものだからで、結晶格子の原子配列は原子間の引力や斥力《せきりょく》から考えられる一番密に詰め込まれた状態を表わしている、と。結晶は同じ格子が無数に複製されてできている――結晶とは要するに一個の巨大な自己複製された格子なのだ――という事実は、私には大変な驚きだった。結晶は、そのなかの原子が実際にとっている配置を見せてくれる、いわば途方もない顕微鏡だったのである。私は、鉛原子と硫黄原子が方鉛鉱を形作っているさまを、ほとんど心眼で見ることができた。電気的なエネルギーでわずかに振動しながら一定の配置をとり、お互いに結びついてどこまでも果てしなく立方体の格子を形作っているさまを。

私は、とくにおじたちの探鉱の日々の話を聞いてから、少年地質学者になるのを夢見ていた。鑿《のみ》と、ハンマーと、戦利品を入れる採集袋を持ち歩き、これまで報告されていない鉱物を見つけてやりたかった。うちの庭で探鉱のまねごとをしたこともあったが、わずかに見つかったものといえば、大理石と火打ち石のかけらぐらいだった。地質探査の旅行にも出かけたかった。自分の目で、岩石の織りなすパターンや、豊かな鉱物の世界を確かめたかったのだ。この欲求は、読書によってさらに高まった。偉大な博物学者や探検家の話ばかりでなく、あまり有名でない本も読んだ。デーナ（一九世紀のアメリカの地質学者）の『地質学の話（*The Geological Story*）』という本は美しいイラストに彩られ、私のお気に入りだった一九世紀の本『金属よもやま話（*Playbook of Metals*）』には、「炭鉱と鉛や銅やスズの鉱山を訪ねて」という副題が付いていた。自分でもいろいろな鉱山を訪ねたくなった。銅や鉛やスズの鉱山だけでなく、かつておじたちをアフリカまで行かせた金やダイヤモンドの鉱山にも。だがそれは叶《かな》わぬ望みで、代わりに博物館が世界の縮図を提供してくれた。おびただしい数の収集家や探検家の体験と、彼らの宝物と、思考や考察のエッセンスを、コンパクトに、魅力的に、紹介してくれたのである。

展示の説明は、どれもむさぼるように読んだ。鉱物学には、美しくて（えてして）古い言葉に出会えるという楽しみもあった。「Vug」（がま）（鉱脈や岩石のなかにできた空洞で、内面に結晶が付着していることが多い）という言葉は、昔、コーンウォールのスズ鉱山で働く人たちが使っていて、その語源は地下室を意味するコーンウォールの方言「vooga（または fouga）」であり、さらにおおもとをたどるとラテン語の fovea（穴）に行き着く。これはデイヴおじさんから教わった話だ。私はこのへんてこな言葉が鉱業の歴史の古さを示しているという考えに興味をそそられた。ローマ人がコーンウォールのスズ鉱山に惹かれて最初にイギリスへ植民した名残《なごり》だというのである。スズの原鉱を cassiterite（スズ石）というのも、ローマ人がイギリスを Cassiterides（「スズの島」）と呼んだことがもとになっていた。

鉱物の名前にはとくに心を惹かれた。言葉の響きや連想、呼び起こされる人や場所のイメージに魅了されたのだ。古い名前には、古さや錬金術の香りがあった。コランダム（鋼玉《こうぎょく》）やガリーナ（方鉛鉱）、オーピメント（雄黄《ゆうおう》）やリアルガー（鶏冠石《けいかんせき》）などだ（オーピメントとリアルガーはどちらも砒素《ひそ》の硫化物で、一緒に言うと心地よい響きがあり、『トリスタンとイゾルデ』みたいに、オペラに登場しそうなペアだと思った）。それから、真鍮色の金属光沢をもつ立方体が集まった、愚者の金とも呼ばれるパイライト（黄鉄鉱）があった。さらに、カルセドニー（玉髄《ぎょくずい》）、ルビー、サファイア、スピネル（尖晶石《せんしょうせき》）といった名前も挙げておこう。ジルコンには東洋の響きがあり、カロメル（甘汞《かんこう》）にはギリシャの響きを感じた――これは「メル（蜂蜜）」と言うぐらい蜂蜜のような甘みがあるが、実は毒なのだ。中世の響きがするサル・アンモニアック（硇砂《ろしゃ》）もあった。シナバー（辰砂《しんしゃ》）は赤くて重たい水銀の硫化物で、マシコット（金密陀《きんみつだ》）とミニアム（鉛丹《えんたん》）はどちらも鉛の酸化物だ。

人の名にちなんだ鉱物もあった。なかでもありふれたものに、ゲータイト（針鉄鉱《しんてっこう》）という酸化鉄の水和物がある。世界を彩る赤みの多くはこれによるものなのだ。これは、かの文豪ゲーテを称えて名づけられたのか？　それともゲーテが発見したのだろうか？　ゲーテが鉱物学や化学に情熱を注いでいたことは、何かで読んで知っていた。多くの鉱物には、化学者にちなんだ名前がついていた。ゲイリュサイト（ゲイリュサック石）（ゲイ＝リュサックにちなむ）、シェーライト（灰重石《かいじゅうせき》）（シェーレにちなむ）、ベルセリアナイト（セレン銅鉱）（ベルセリウスにちなむ）、ブンゼナイト（ブンゼンにちなむ）、リービジャイト（リービッヒにちなむ）、クルックサイト（クルックスにちなむ）、それに、美しい角柱で「ルビーーシルバー」とも呼ばれるプルースタイト（淡紅銀鉱）（プルーストにちなむ）。サマルスカイトは、鉱山技師サマルスキー大佐の名をとっていた。あの時代ならではの連想を引き起こす名前もあった。シュトルツァイト（鉛重石《えんじゅうせき》）というタングステン酸鉛。それにショルツァイトもだ。シュトルツやショルツとはだれなのだろう？　それはプロイセン人の名前のように聞こえたので、戦後すぐの時代に私のなかの反独感情を呼び覚ました。シュトルツやショルツという片眼鏡をかけたナチの将校が、剣を仕込んだ杖を手にして怒鳴り散らしている姿を想像したのだ。

　そのほか、ただ響きや思い浮かぶイメージに魅せられた名前もある。私は単純な特性――鉱物の結晶形、色、形状、光学的性質など――を表わしている古典語の名前が大好きだった。ダイアスポア（ギリシャ語の dias-pora〔離散〕から）、アナテース（鋭錐石《えいすいせき》）（テーはギリシャ語の tei-nein〔伸ばす〕から）、マイクロライト（マイクロはギリシャ語の mikros〔小さい〕から）、ポリクレース（ポリはギリシャ語の polus〔多い〕から）のように。大のお気に入りは、クライオライトだった。グリーンランド原産で氷晶石とも呼ばれ、屈折率がとても低いので、幻影のように透けて見え、氷と同じで水に入れるとすっかり見えなくなった(1)。

　多くの元素には、民話や神話にちなんだ名前がついていて、ときにはそれからその元素の歴史も垣間見ることができた。「コボルド」は民間伝承で小鬼、「ニッケル」は悪魔を指す。どちらもかつてドイツのザクセン地方の鉱山労働者たちが使っていた呼び名で、コバルトやニッケルの鉱石から、とれるはずだと思った元素がとれなかったので、そう呼んでいた。タンタルは、ギリシャ神話に出てくるタンタロスが、地獄で水を飲もうとするたびに水が引いてもどかしがっ《タンタライズド》ているさまを想像させた。ものの本によると、この元素は酸化物が「水を飲めない」――つまり酸に溶けない――からその名がついたとの話だった。ニオブはタンタロスの娘ニオベーにちなんで名づけられた。ニオブとタンタルはいつも一緒に見つかったからだ（私がもっていた一八六〇年ごろの本には、類縁の第三の元素としてペロピウムも載っていた。これはタンタロスの息子ペロプスに由来する。タンタロスはこの息子を調理して神々の食事に捧げたのだ。しかし、この元素の存在はのちに否定された）。

天体がらみの名がついた元素もあった。一八世紀に見つかったウランは惑星の天王星（ウラノス）からとった名だ。数年後には、パラジウムとセリウムが、それぞれ発見されたばかりの小惑星パラスとセレスにちなんで名づけられた。テルルはギリシャ語の地球にちなんだ素晴らしい名で、それに似た軽い元素が見つかると、当然のごとく月（セレネ）にちなんでセレンと命名された。[2]

私は元素とその発見についての話を読むのが好きだった。化学的な面だけでなく、発見に挑んだ人間的な側面にも興味があり、そうしたすべてを、いやそれ以上のことを、戦争の直前に出版されたメアリー・エルヴァイラ・ウィークスの素晴らしい本『元素発見の歴史』（邦訳は大沼正則監訳、朝倉書店刊）で学んだ。この本を読んで、多くの化学者の生きざまが——また実に多彩で、ときには奇異でさえあった彼らの性格が——手にとるようによくわかった。昔の化学者たちの手紙も引用されており、その手紙には、手探りを続けながら発見にたどり着くまでの一喜一憂がありありと語られていた——ときに道を見失い、袋小路にはまりながらも、ついには目標に到達した過程が。

少年時代に強烈な印象を受けた出来事や場所は、戦争や世界的な事件にかかわるものではなく、化学にかかわるものだった。私は戦争の敵味方の運命より、昔の化学者たちの運命に夢中になった（ひょっとしたら、実はそうやって自分を取り巻く恐ろしい現実から逃れていたのかもしれない）。そして、ツリウム（thulium）という元素の語源である「最北の地（ultima Thule）」にぜひ行きたいと思ったし、スウェーデンの小村イッテルビーも訪ねてみたかった。この村の名は、なんと四つもの元素に使われている（イッテルビウム、テルビウム、エルビウム、イットリウム）。グリーンランドへも行きたかった。そこには、あの幻影のような氷晶石でできた、透明でほとんど見えない山脈があると思ったのだ。スコットランドのストロンティアンへも行って、ストロンチウムの語源となったその小村を見てみたかった。しかしイギリス全土に目をやると、鉛の鉱物に満ちあふれていた。マトロッカイトはダービーシャー州のマトロックに、レッドヒライトはラナークシャー（旧）州のレッドヒルズに由来し、ラナーカイトもやはりラナークシャーにちなみ、アングルサイトという美しい硫酸鉛はウェールズのアングルシーから冠せられた名なのだ（アメリカのサウスダコタ州に「鉛〔Lead〕」という名の町まで見つけ、この町は本当に鉛でできているんじゃないかとよく想像した）。元素や鉱物にちなんだ地名は、まるで世界地図のなかで光る点のように際立って見えた。

　博物館でいろいろな鉱物を目にしたのがきっかけで、近所の店で「鉱物の詰め合わせ」の小袋を数ペニー払って買うようになった。小袋には、黄鉄鉱、方鉛鉱、蛍石、赤銅鉱、赤鉄鉱、石膏、菱鉄鉱《りょうてっこう》、クジャク石、それにさまざまな石英が、小さなかけらで入っていた。ひょっとしたらデイヴおじさんも、大きな塊からはげた小さなシェーライト（灰重石）のかけらなど、珍しい鉱物を提供していたのかもしれない。そのようにして集めた鉱物標本の大半はボロボロで、本物の収集家が見たら鼻であしらいそうなほど小さなものばかりだった。それでも標本は、自分で自然のサンプルをもっているという気分にさせてくれた。

地質学博物館で鉱物を眺め、その化学式を学ぶことによって、私は鉱物の組成も知るようになった。鉱物のなかには、組成が単純で変わらないものもあった。たとえば水銀の硫化物である辰砂がそうで、どこの産地の標本でも水銀と硫黄が同じ比率で含まれていた。しかし、デイヴおじさんが大好きなシェーライトのように、そうではない鉱物も多かった。シェーライトは、定義上は純粋なタングステン酸カルシウムなのだが、標本のなかにはモリブデン酸カルシウムもある程度含んでいるものがある。一方、純粋なモリブデン酸カルシウムは自然界でパウエライトという鉱物として採れるが、パウエライトの標本のなかにもタングステン酸カルシウムを少量含むものがある。それどころか、この二種類の鉱物の中間として、九九パーセントがタングステン酸塩で一パーセントがモリブデン酸塩のものから、九九パーセントがモリブデン酸塩で一パーセントがタングステン酸塩のものまでありうる。そのわけは、タングステンとモリブデンで原子やイオンのサイズがそっくりな点にあった。だから、鉱物の結晶格子のなかで、片方の元素のイオンがもう片方の元素のイオンと入れ替われてしまうのだ。さらに突き詰めれば、タングステンとモリブデンが同じ族――つまり同じ化学的集団――に属していて、よく似た化学的・物理的特性をもつために自然が両者を同じように扱ってしまうからなのである。したがってタングステンとモリブデンは、ほかの元素と化合するとたいてい似た化合物になり、自然界で同じような条件下で溶液から酸塩として析出する。

このふたつの元素は、自然界のペアで、化学的な意味での兄弟だ。こうした兄弟の関係は、ニオブとタンタルではもっと近いものになり、たいてい同じ鉱物に一緒に含まれている。さらに、ジルコニウムとハフニウムの関係になると、まるで一卵性双生児だ。同じ鉱物につねに一緒に現われるばかりか、化学的性質が似すぎて、人は両者を見分けるのに一世紀もかかった。母なる自然さえも、ほとんど区別できていない。

地質学博物館のなかを見て回りながら、鉱物の世界の途方もない広がりにも気づかされた。地殻には何千種類もの鉱物があり、それらを構成する元素もまたバラエティに富んでいる、と実感させられたのだ。酸素とケイ素は圧倒的に多く、世界じゅうの砂をはじめ、ケイ酸塩の鉱物はほかのどの鉱物よりも豊富にあった。また、チョーク、長石、花崗岩《かこうがん》、苦灰石《くかいせき》が世界にありふれていることから、マグネシウム、アルミニウム、カルシウム、ナトリウム、カリウムが地殻の九割以上を占めていそうなことがわかった。鉄もたくさんあった。オーストラリアには、あちこちに火星のように赤い鉄錆色をした土地があるらしかった。そして私は、これらさまざまな元素のかけらを、鉱物として自分のコレクションに加えることができた。

一八世紀は、新しい金属が（タングステンのほか、十いくつもの金属が）発見され単離された華々しい時代だった、とデイヴおじさんは言った。一八世紀の化学者にとって最大の課題は、そうした新しい金属をいかにして鉱石から取り出すかということだったらしい。このようにして、真の化学が登場した。数え切れないほどの種類の鉱物が調査・分析され、何が含まれているか確かめられたのだ。鉱物が何と反応し、加熱や溶解の際にどんな振る舞いをするか調べる本格的な化学分析は、もちろん実験室でないとできなかった。だが、初歩的な観察なら、ほとんどどこでもやれるものがあった。たとえば、鉱物の重さを手ではかり、その比重を見積もり、光沢を見て、磁器の板にこすりつけてできる粉の色を観察するといった手法だ。硬度は鉱物によってさまざまで、簡単におおよその見当をつけられた。滑石《かっせき》や石膏は爪で引っ掻き傷がついた。方解石《ほうかいせき》はコインで、蛍石やリン灰石は鋼《はがね》のナイフで、正長石《せいちょうせき》は鋼のやすりでようやく傷がついた。石英はガラスに傷をつけ、鋼玉《こうぎょく》はダイヤモンド以外の何にでも傷をつけることができた。

　鉱物標本の比重を決定するには、そのかけらの重さを空気中だけでなく水中でもはかるという古典的な方法があった。こうすれば、水の密度に対する鉱物の密度の比が割り出せるのだ。もっと単純な方法も別にあって、こちらが私のお気に入りだった。それは、さまざまな比重の液体に鉱物を入れて浮力を調べるというものだ。この方法では「重たい」液体が使われた。というのも、どんな鉱物も水より密度が高いからだ。私は重たい液体をいろいろ手に入れた。まずはブロモホルムで、これは水のほぼ三倍の密度があった。ヨウ化メチレンはもっと密度が高く、クレリチ液というふたつのタリウム塩の飽和溶液はさらにその上を行った。クレリチ液は比重が優に四を超え、一見ふつうの水のようでありながら、多くの鉱物や、一部の金属まで、あっさりそれに浮かんだ。私は学校にクレリチ液の小びんを持って行き、友だちにそれを持たせ、重さにびっくりする様子を見て楽しんだ。なにしろふつうに思うより五倍近くも重かったのである。

　私は学校では内気なたちで（通知表に「自信不足」と書かれたこともある）、とくにブレイフィールドでひどい臆病さを身につけてしまっていた。ところが、自然の驚異を目にするとがらりと変わった。焼夷弾の破片、角柱が並んでまるでアステカの遺跡のように見えるビスマスのかけら、腕が下がりそうなほど重くてびっくりするクレリチ液の小びん、手のなかで融解するガリウム（その後、鋳型を使ってガリウムのティースプーンを作ってみたが、それで紅茶をかき混ぜると縮こまって溶けてしまった）。そういったものに出くわすと、すっかり自信を取り戻してだれにでも気軽に話しかけ、一切の不安を忘れてしまった。

（1）クライオライトは、グリーンランドのイビッツートで採れる巨大なペグマタイトの岩塊に含まれる主要鉱物だ。この鉱石は、一世紀以上前から採掘されてきた。デンマークから船で採掘しに来た人々は、ときに透明なクライオライトの巨岩を船の錨《いかり》に使ったが、水面下に沈んだとたんに消えて見えなくなるのは何度見ても不思議な現象だった。

（2）現存の一〇〇あまりの元素名のほかに、少なくともその倍の数の元素名が生まれては消えた。そうした元素は、ユニークな化学的・分光学的特性をもとに、仮定されたり存在が叫ばれたりしたのだが、のちに既知の元素や混合物と判明した。多くは地名にちなんでいて、たいていは異国の地名であり、その元素がまやかしとわかると打ち捨てられた。「フローレンティウム」、「モルダヴィウム」、「ノルウェジウム」、「ヘルヴェティウム」、「オーストリウム」に「ロシウム」、「イリニウム」と「ヴァージニウム」と「アラバミン」、さらには「ボヘミウム」という素敵な名のついた元素もあった。

このような架空の元素とその名前——とくに星にあやかった名前——に、不思議と心を動かされた。とくに響きが美しいと思ったのは、「アルデバラニウム」と「カシオペイウム」(実在の元素イッテルビウムとルテチウムに対してアウアーがつけた名称)、それに架空の希土《レア・アース》「デネビウム」だ。また、「コスミウム」や「ニュートロニウム」(「元素〇《ゼロ》」)のほか、「アルコニウム」や「アステリウム」や「エーテリウム」、さらにはそれからあらゆる元素が作れるとされた原初の元素「アノーディウム」もいい名前だった。

新発見の元素に複数の名前が挙がったこともあった。メキシコのアンドレス・デル・リオは、一八〇〇年に今で言うバナジウムを発見し、それにさまざまな色の塩《えん》があることから「パンクロミウム」(パンは「あらゆる」、クロムが「色」という意味)と名づけた。ところが、ほかの化学者がその発見を疑問視したため、やがて彼は発見の主張を断念してしまった。三〇年後、この元素をスウェーデンの化学者が再発見し、今度は北欧の美の女神バナディスを称える名前がつけられた。そのほかにも、実在の元素を指していたのに廃《すた》れたり否定されたりしてしまった名前がある。たとえば、ジルコンなどのジルコニウム鉱に存在すると考えられた元素「ジャーゴニウム」は、ほぼ間違いなく実在の元素ハフニウムのことだった。

7　趣味の化学
——物質の華麗な変化を目撃する

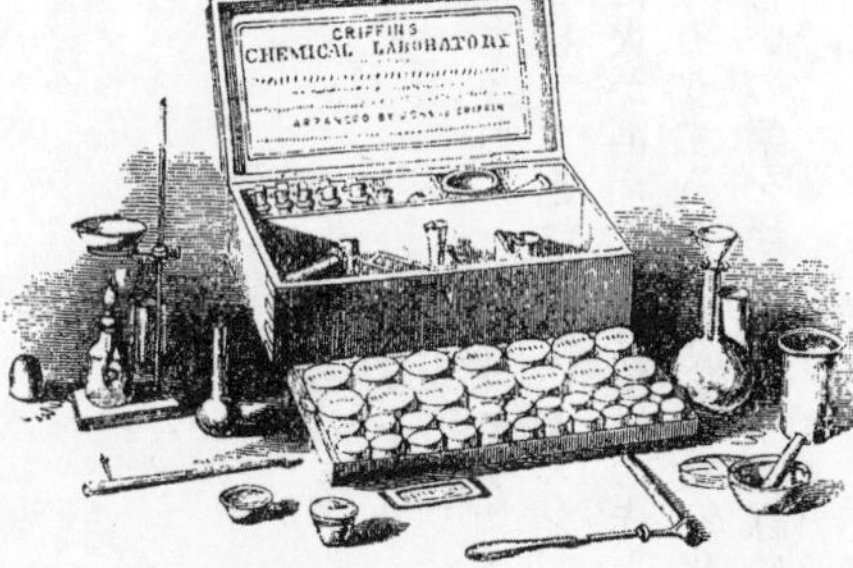

戦争の前から、両親と兄たちは私を台所の化学実験へいざなってくれた。コップにチョークのかけらを入れて酢を注ぐと、シューシュー泡が立った。こうしてできた重たいガスを、蠟燭の火の上から見えない滝のようにかけると、あっという間に火が消えた。酢漬けの赤キャベツに家庭用の希釈アンモニアを垂らして中和したりもした。そうすると驚くような変化が起き、汁の色はどんどん移り変わった。赤からさまざまな色合いの紫を経て、青や青緑になり、ついには緑になったのだ。

戦争が終わって、私が鉱物と色に関心をもちだすと、兄のデイヴィッドが、化学の授業で学んだ結晶の成長のさせ方を教えてくれた。ミョウバンや硫酸銅などの塩《えん》を熱湯に溶かして過飽和溶液を作り、それを放置して冷ますというやり方だ。しかし溶液に何か――糸や金属片――を吊さないと、結晶の成長は始まらなかった。私はまず、硫酸銅の水溶液に毛糸を垂らしてみた。すると二、三時間で、明るい青の結晶が糸を伝ってのぼり、美しい鎖ができた。

一方、ミョウバンの水溶液と種《たね》結晶を使って始めると、結晶は種結晶の全部の面にまんべんなく成長し、一個の巨大な正八面体のミョウバンができた。

その後私は、台所のテーブルを勝手に使って「化学の箱庭」を作った。水ガラス――つまり、どろりとしたケイ酸ナトリウムの水溶液――に、さまざまな色をした鉄や銅やクロムやマンガンの塩《えん》をばらまいたのである。そうすると、水ガラスのなかに、結晶ではなく、よじれた植物のように成長するものができた。それは、ふくらんで、芽を出し、はじけて、みるみる形を変えていった。(1) こんなふうに成長するのは浸透という現象のせいだ、とデイヴィッドは教えてくれた。水ガラスのゼリー状のケイ酸塩が「半透膜」の働きをして、その内側の濃厚な金属塩溶液へと水を引き込むのである。こうした浸透現象は、生体内で重要な役目を果たしているけれども、地殻の内部でも起きているんだ、と兄は言った。これを聞いて、腎臓形のこぶが集まった巨大な赤鉄鉱の塊を博物館で見たのを思い出した。それには「腎臓石」と書かれた札が付いていた(昔マーカスに、あれは恐竜の腎臓の化石なんだ、と教えられたこともあった)。

私はそうした実験を楽しみ、どんな現象が起きているのか予想しようとした。とはいえ、デイヴおじさんの実験室と、いろいろな実験に対するおじの熱中ぶりを目にするまでは、化学に心底惚れ込んではおらず、混合や単離や分解をしてみたいとか、物質が変化し、なじみのある物質が消えて新しい物質が生まれるところを見たいといった欲求を感じてはいなかった。それがいまや、自分の実験室が欲しくてたまらなくなっていた――デイヴおじさんの実験室ではなく、うちの台所でもなく、自分ひとりで思うぞんぶん化学実験のできる場所が。まずは、輝コバルト鉱や紅砒《こうひ》ニッケル鉱、マンガンとモリブデンあるいはウランとクロムが混じった鉱物を手に入れたかった。どれも一八世紀に発見された魅力的な元素を含んでいる。それらを細かく砕き、酸で処理して火であぶり、還元して、とにかくこの手で金属を抽出してみたかったのだ。工場にあった化学物質カタログを見て、そうした金属を精錬済みの商品として買えることは知っていた。だが、自分で作るほうがはるかに楽しくて素晴らしいだろうと考えた。このようにして私は化学の世界に入り、先達がしたのと同じように自分で発見しようと思った。みずから化学の歴史を実感したかったのである。

そこで私は、家に自分専用の小さな実験室を設けた。使われていない部屋を譲り受けたのだ。部屋はもともと洗濯室だったので、水道とシンクのほか、戸棚もいろいろそろっていた。都合のいいことに、そこから庭へも出られたので、かりに何かをこしらえたときに火が出たり、沸騰して吹きこぼれたり、有毒ガスが発生したりしても、それをもって外へ飛び出し、芝生に放り投げることができた。やがて芝生のあちこちに焦げたり色あせたりした跡ができたが、父と母は私の身の安全を――そしておそらくは自分たちの身の安全も――守るための小さな犠牲だと思っていた。けれども、ときどき灼熱の滴《しずく》が飛び散ったり、私がよく乱暴に気ままに実験しているのを見ると、両親は肝を冷やし、きちんと計画を立てて、火事や爆発にも備えなさいと注意した。

デイヴおじさんは、いろいろな器具を選ぶのに細かくアドバイスをしてくれた。試験管やフラスコ、メスシリンダー、漏斗《ろうと》、ピペット、ブンゼンバーナー、るつぼ、時計皿、白金リング、デシケーター、吹管《すいかん》、レトルト、スパチュラ、天秤といった器具についてだ。酸やアルカリなど基本的な試薬のアドバイスもくれ、試薬をいろいろなサイズの栓付きびんに入れて工場の実験室から分けてくれもした。びんにはさまざまな形や色があって（濃緑色と茶色のは光に敏感な物質を入れるびんだった）、磨《す》りガラスの栓がぴったりはまっていた。月に一度ぐらい、家から遠いフィンチリーにあった店まで行って、実験に必要なものを仕入れた。店は大きな納屋のような建物で、近くに何もないところに建っていた（そのあたりの人は、爆発や有毒ガスの危険にびくびくしていたんじゃないかと思う）。私は毎週の小遣いをためて――たまに、おじのだれかが私のひそかな熱中ぶりに感心して、半クラウンぐらい渡してくれることもあった――電車やバスを乗り継いで店まで行っていた。

グリフィン・アンド・タトロック商会の店のなかを、まるで書店をうろつくように見て回るのが好きだった。安価な薬品は、栓のついた大きなガラス製の壺に入っていた。希少で高価なものは、小さなびんに収めてカウンターの向こうにしまってあった。フッ化水素酸は、ガラスのエッチングに使われる危険な物質で、ガラス容器にはしまっておけなかったので、グッタペルカという茶色いゴム状の物質でできた特別な小びんに入れて売られていた。壺やびんでいっぱいの棚の下には、硫酸・硝酸・王水などの酸の入った大きな耐酸びんや、水銀の入った丸い磁器のびん（水銀は三キロ強でもこぶし大のびんに収まる）、それにもっとふつうの金属の板やインゴットが並んでいた。店の人にはすぐに顔を覚えられた――熱心で年の割に小柄な子どもが、小遣いを握りしめて何時間も壺やびんのそばをうろついていたのだから。ときどき店の人は「そいつは慎重に扱いな!」と注意したが、いつも私に欲しいものを買わせてくれた。

まず夢中になったのは、華々しい現象だった。泡立ちや白熱光、悪臭や爆発などが、ほとんど決定的なまでに、私を化学の世界に引きずりこんだ。その際、手引きとなったもののひとつがJ・J・グリフィンの『趣味の化学(*Chemical Recreations*)』だった。古本屋で見つけた一八五〇年ごろの本だ。グリフィンの書き方は平易で、実用的で、なにより遊び心にあふれていた。化学を本当に楽しんでいるようで、読者にも同じ楽しみを味わわせようとしていた。しかも、きっと私のような少年の読者が多いと考えていたにちがいない。というのも、「休みの日の化学」と題したセクションなどがあったからだ。このセクションには、「飛び出すプラム・プディング」(「覆いをとると……皿から天井まで飛び上がる」)や「炎の噴水」(リンを使う実験で、「実験者はやけどに注意しないといけない」)や「きらびやかな爆燃」(これも「すぐに手をどける」ようにとの注意があった)が紹介されていた。面白かったのは、女性のドレスやカーテンを燃えにくくする特別な手だて(タングステン酸ナトリウムを使う)まで書かれていたことだ。ヴィクトリア朝の時代には、そんなに火事が多かったのだろうか? 私はそれを利用してハンカチを不燃性にしてみた。

この本は「初歩の実験」から始まっていた。最初は植物性の色素を使う実験で、酸やアルカリによる色の変化を見るというものだ。植物性の色素として最も一般的なのはリトマスで、それは苔《こけ》から採れる、とグリフィンは書いていた。私は調剤室に父がもっていたリトマス試験紙を少し拝借し、いろいろな酸で赤くなり、アルカリ性を示すアンモニア水では青くなるのを観察した。

グリフィンは漂白の実験も勧めていた。私は、そこに載っていた塩素水の代わりに、母が持っていたさらし粉を使い、リトマス紙やキャベツの汁や父の赤いハンカチを漂白した。また、赤いバラを燃えている硫黄の上にかざすと、発生する二酸化硫黄がバラを漂白する、とも書かれていた。色の抜けたバラを水に浸けると、信じられないことに元の色に戻った。

それからグリフィンは（私も彼に続いて）「見えないインク」へと進んだ。熱を加えたり薬品で処理したりして、初めて見えるようになるインクだ。私はそうしたインクをたくさん作って遊んだ。鉛の塩《えん》のインクは、硫化水素に触れると黒変した。銀の塩《えん》のインクは、光を当てると黒くなった。コバルト塩のインクは、乾かしたり熱したりすると見えるようになった。とても愉快だったが、同時に化学でもあった。

ほかにも古い化学の本が家のあちこちにあった。そのなかには、両親が医学生時代に使っていた本もあれば、もっと最近に、兄のマーカスやデイヴィッドが使っていた本もあった。そんな一冊が、ヴァレンティンの『実践化学（*Practical Chemistry*）』だった。これは実に役に立つ本で、だらだらと平凡でストレートな書き方がされていたが、それでも私には驚きに満ちていた。かつて実験室で使われていたために、腐食し、色あせ、しみのついた表紙の内側には、こんな言葉が記されていた。「おめでとう、そして幸《さち》あらんことを。一九一三年一月二一日――ミック」母が一八歳の誕生日に、すでに化学の研究者になっていた二五歳の兄ミックから贈られた本なのだ。ミックおじさんは、デイヴおじさんの弟で、兄たちと南アフリカで暮らしていたが、その後帰国してスズ鉱山に勤めた。聞いた話によると、デイヴおじさんがタングステンにぞっこんなのと同じように、ミックおじさんはスズが大好きで、家族のなかでスズおじさんとも呼ばれていたらしい。ミックおじさんのことは直接知らない。私が生まれた年に――まだ四五歳だったのに――悪性腫瘍《しゅよう》で亡くなっていたからだ。家族はもっぱら、アフリカのウラン鉱山で高レベルの放射能を浴びていたせいだろうと考えた。母は兄のミックとは大の仲良しだったので、在りし日の兄のことを鮮明に記憶していた。母自身が使った化学の本だという事実と、私には知り得ない若き化学者のおじが母にあげたという事実――それらを知ったおかげで、その本は私にとってかけがえのないものになっていた。

ヴィクトリア朝時代には、人々が化学に熱烈な興味を抱いた。多くの家庭には、シダやステレオスコープと同じように、自前の実験室もあった。グリフィンの『趣味の化学』は一八三〇年ごろに初版が刊行されたが、大変な人気を呼び、次々と改訂されて新しい版が出た。私が持っていたのは、一八六〇年に刊行された第一〇版である(2)。

グリフィンの本の姉妹篇とも言えるのが、同じころに出版され、装丁にやはり緑と金が使われていた『家庭生活の科学(*The Science of Home Life*)』だ。A・J・バーネイズが著わしたこの本は、石炭と石炭ガス、蠟燭、石鹸、ガラス、磁器、陶器、消毒薬を扱っていた。どれもヴィクトリア朝時代の一般家庭にあったもので、多くは一世紀後の家庭にもまだあった。
書き方や内容はずいぶん違うが、やはりセンス・オブ・ワンダー（驚異の念）を呼び覚ます意図をもっていたのは、一八五九年にJ・F・W・ジョンストンが著わした『日常生活の化学（*The Chemistry of Common Life*）』だ（「人間の日常生活は驚異に満ちている。それは化学の驚異でもあり生理学の驚異でもあるのだが、多くの人はそれらに気づかないまま日々を送っている」）。この本には、「心地よい香り」、「不快なにおい」、「見惚れる色」、「いとおしむ体」、「育てる植物」をテーマにした心惹かれる章があり、さらに「中毒に陥る麻薬」については八章も割かれていた。また、化学だけでなく、異国の人間の行動や文化についても実にさまざまなことを教えてくれた。

さらに以前に書かれ、私が六ペンスで手に入れたボロボロの本——表紙が取れ、何ページかなくなっていた——は、一八〇三年の『化学の手帳（*The Chemical Pocket-Book or Memoranda Chemica*）』だ。著者はホクストンに住んでいたジェームズ・パーキンソンで、その名前には、のちに生物学を学んでいたときに古生物学の創始者として出くわし、さらに医学生時代に、有名な『振戦麻痺小論（*An Essay on the Shaking Palsy*）』の著者としてもお目にかかることになった。この振戦麻痺が、やがてパーキンソン病として知られるようになったのである。だが一一歳の私にとっては、彼は化学の楽しいポケットブックの著者でしかなかった。その本によって、私は一九世紀初頭に化学がほとんど爆発的に発展したとの感を強くした。たとえばパーキンソンは、ここしばらくのあいだに一〇種もの新しい金属——ウラン、テルル、クロム、コロンビウム（ニオブ）、タンタル、セリウム、パラジウム、ロジウム、オスミウム、イリジウム——が発見された、と語っていた。

グリフィンのおかげで、「酸」と「アルカリ」の意味と、両者が混じり合って「塩《えん》」になることも、初めて理解できた。デイヴおじさんは、酸とアルカリが正反対の関係にあることを実証してくれた。塩酸と苛性ソーダ（水酸化ナトリウム）の量をきっちりはかって、ビーカーで混ぜ合わせたのだ。混合物はものすごく熱くなったが、やがてそれが冷めると、おじは「さあ飲んでみろ」と言った。飲んでみろだって？　気でも狂ったのかと思った。それでも言われたとおり飲んでみると、塩《しお》の味しかしなかった。「いいか」おじが説明した。「酸と塩基が一緒になると、お互いを中和する。化合して塩《えん》ができるんだ」

「逆のことは起きるの？」と私は訊いた。塩水がもとの酸と塩基には戻らないのか、と。

「それはない」おじは答えた。「そのためにはものすごいエネルギーが必要になる。さっき、酸と塩基が反応して発熱したのを見ただろう。逆の反応には、あれと同じ量の熱が必要なんだよ」そして言い添えた。「それに塩《えん》はとても安定な物質だ。ナトリウムと塩素ががっちり結びついていて、ふつうの化学反応じゃばらばらにできない。ばらばらにしようとすると、電流を使わないといけない」

ある日、おじはもっと過激な形でこの現象を見せてくれた。塩素が充満したびんのなかにナトリウムのかけらを入れたのである。すると激しい燃焼が起きた。ナトリウムに火がつき、黄緑色の塩素のなかで不気味に燃えさかった。ところが、すべてが終わって残ったのは、ただの塩《しお》でしかなかった。このように、正反対の危険なもの同士が一緒になって塩《えん》ができることと、その際に生じるエネルギーの強さを目の当たりにしてから、私は塩《えん》を崇高なものとして見るようになった。あのすさまじいパワーが、いまやその化合物に封じ込められているのだと思って。

ここでもデイヴおじさんは、量の比が正確でないといけないことを示した。重量で、ナトリウム二三に対して塩素は三五・五である必要があった。この数を聞いてはっとした。自分が持っていた本のなかの表で見て、なじみがあったからだ。それはふたつの元素の「原子量」だった。そうした数を、私は九九の表と同じように何も考えずに丸暗記していた。ところが、デイヴおじさんがふたつの元素を化合する際にこれとまったく同じ数を持ち出すと、私のなかで、この数は何なんだろうという疑問がゆっくりとひそかに芽生えた。

私は鉱物の標本だけでなく、コインも集めていた。集めたコインは、ぴかぴかに磨き上げられた小さなマホガニーのキャビネットに収めていた。キャビネットには紙芝居のようにいくつも引き出しが並んでいて、それを開けるとコインを置くための丸いビロードのついた薄っぺらいトレーが現われた。ビロードの円は、六ミリ程度の小さなもの（グロート貨、三ペンス銀貨、復活祭のときに貧民に施された貧民救済金の小さな銀貨はここへ置いた）もあれば、五センチ近くの大きなもの（私の大好きなクラウン貨や、それよりさらに大きな、一八世紀末に鋳造された二ペンス貨はここへ置いた）もあった。

切手のアルバムも持っていた。一番のお気に入りは、遠くの島々の切手で、そこの風景や植物が描かれたものだった。そんな切手は、自分が海を渡った気にさせてくれた。いろいろな鉱物の切手や変わり種の切手も好きだった。変わり種とは、三角形のものや、ミシン目の入っていないもの、透かしが反対だったり、文字が抜けていたり、裏に広告が印刷されていたりするもののことだ。なかでも気に入っていたのは、一九一四年に発行されたセルビア／クロアチアの奇妙な切手で、暗殺されたフェルディナント皇太子の顔をある角度から見たものという話だった。

けれども、なにより大切にしていたのは、バスの乗車券という風変わりなコレクションだ。当時ロンドンでは、バスに乗ると必ず、文字と数字が入った色つきの長方形の厚紙を渡された。あるとき私は、O16とS32と書かれた券を手に入れた（私のイニシャルでもあり、酸素と硫黄の元素記号でもあり、しかも運よく数字が元素の原子量になっていた）。それをきっかけに、「化学の」乗車券を集め、九二の元素のうちどれだけ手に入るか挑んでみることにしたのだ。私は素晴らしく運に恵まれていたようだ（偶然以外の何物でもなかったのだが）。乗車券はどんどん集まり、すぐにコレクションは完成してしまった（W184つまりタングステンが手に入ったときは、私のミドルネームのイニシャルが見つかったということもあって、とくにうれしかった）。もちろん、難しかったものもある。塩素は厄介なことに三五・五という整数でない原子量をもっていた。だが、私はあきらめずにCℓ355を見つけ、自分で小数点を書き入れた。一文字の元素は手に入れやすかった。最初のＯ１６以外にも、Ｈ１、Ｂ１１、Ｃ１２、Ｎ１４、Ｆ１９はすぐに見つかった。原子番号が原子量よりはるかに重要だと知ると、それも集めだした。やがてＨ１からＵ９２まで、当時知られていた元素はすべてそろった。私には、すべての元素は数と、またすべての数は元素と、堅く結びついて見えるようになった。こうした化学の乗車券のコレクションを好きで持ち歩いた。そうすると、ポケットのなかの二、三センチ立方の空間に、全宇宙を、あるいはその構成要素を収めている気分になれたのである。

（1）トーマス・マンは『ファウスト博士』のなかで、ケイ酸塩の箱庭について魅力的な描写をしている。

私はその光景を決して忘れないであろう。それができたのは結晶器のなかで、そこには少しねばねばした水、すなわち薄めた水ガラスが四分の三ばかりはいっていた。そして砂状の底からは、いろんな色をした植物の怪奇な小風景が上に向って伸びていた。これは、青や緑や褐色の芽生えがごたごたと入り乱れて生えているのであって、その芽生えは藻類、菌類、定着したヒドラなどを思わせたが、さらに苔や貝殻や穂状の果実や小木あるいは小木の枝を思わせるものもあり、まさに動物の手足を思わせるようなものもあった。――これは、私がそれまでに目にした最も珍奇なものだった。珍奇というのも、たしかに非常に奇妙な風変りな外観のせいよりはむしろ、ひどくメランコリックな性質のゆえである。父親のレーヴェルキューンに、それはなんだと思うかとたずねられて、私たちが植物ではないかしら、とためらいがちに答えると、彼は「ちがう」と言った。「植物じゃない。ただそういうふりをしているだけなのだ。しかし、だからといって軽蔑してはいけない。植物のふりをしている、しかもそうしようと大いに努めているということこそ、どんなに敬意を払ってもいいことなのだ」（『ファウスト博士』〔関泰祐・関楠生訳、岩波書店〕より引用）

（2）グリフィンは、『化学の根本理論（*The Radical Theory in Chemistry*）』や『結晶学体系（*A System of Crystallography*）』といった、『趣味の化学』より専門的な本も著わしているが、いろいろなレベルで啓蒙に努めただけではない。化学器具の製造・販売もおこなっていた。グリフィンの「化学研究器具」はヨーロッパ全土で使われていた。彼の会社は、のちにグリフィン・アンド・タトロックとなったが、一世紀後の私の少年時代もなお大手メーカーだった。

8　悪臭と爆発と
──実験に明け暮れた毎日

私の実験室から出る音や光やにおいに誘われて、医学生になっていたディヴィッドとマーカスも、ときどき一緒に実験をした。ふたりとのあいだに九歳から一〇歳の開きがあったけれども、そんなことは大した問題ではなかった。あるとき、私が水素と酸素を使った実験をしていると、大爆発が起き、透明な炎が広がってマーカスの眉毛をむしり取ってしまった。それでもマーカスは腹を立てず、ディヴィッドと一緒にほかの実験も勧めてくれた。

過塩素酸カリウムに砂糖を混ぜて、庭へ出る段に置き、金槌《かなづち》でたたいたりもした。こうすると最高に愉快な爆発が起きた。三ヨウ化窒素はもっと慎重な扱いが必要だった。作るのは簡単で、濃アンモニア水にヨウ素を加え、できた三ヨウ化窒素を濾紙《ろし》でとらえてエーテルで乾燥させればよかった。しかし三ヨウ化窒素はとんでもなくデリケートだった。棒——それも長いもの（鳥の羽根でもいい）——で触れるだけで、おそろしく激しい爆発を起こすのだ。

ニクロム酸アンモニウムを使って三人で「火山」も作った。そのオレンジ色の結晶の山に火をつけると、激しく燃えて赤熱状態になり、四方八方へ火花のシャワーを飛ばしながら不気味にふくれあがって、まるで小さな火山が噴火しているみたいに見えた。やがてその活動が収まると、端正な結晶の山に代わって、濃緑色の酸化クロムが無造作に盛られたけばけばの山ができていた。

デイヴィッドは、油のような濃硫酸を小さな砂糖の塊にかける実験も教えてくれた。砂糖はとたんに黒くなり、発熱して蒸気を出し、もこもこふくらんでビーカーの縁を超え、炭素の奇怪な柱が立ちのぼった。「気をつけろ」変化をまじまじと見ている私にデイヴィッドが声をかけた。「おまえもこの酸を浴びたら炭素の柱になっちまうからな」そして恐ろしい話をした。たぶん作り話だと思うが、東ロンドンで硫酸を浴びせる事件が何度か起き、病院に運ばれてきた患者の顔がほとんど焼き尽くされていた、というものだ(兄の話を信じたかどうかはわからない。というのも兄は、私がもっと幼い時分、シナゴーグで祝福を受けているときに祭司を見たら、眼窩《がんか》のなかで目が溶けて、目玉焼きみたいに頬を流れ落ちると脅していたからだ。祭司は祈りを捧げるときにタリートという大きなショールで顔を覆う。その瞬間、目もくらまんばかりの神の光に照らされるためだという(1))。

私はとても多くの時間、実験室で化学物質の色を調べたり、その色を使って遊んだりして過ごした。私に特異な謎めいた力を及ぼす色もあった。とくに、深い混じりけのない青がそうだった。幼いころ、父の調剤室にあったフェーリング液の、濃い鮮やかな青が大好きで、蠟燭の炎の中心にある真っ青の円錐にも魅せられた。それから、コバルトの化合物、銅アンモニア溶液、あるいはプルシアンブルーのような鉄の錯化合物で、とても濃い青を作り出せることも知った。

しかし、何よりも謎めいて美しいと思った青は、アルカリ金属を液体アンモニアに溶かしたときに生じる青だ（デイヴおじさんが見せてくれた）。金属が跡形もなく溶けるなんて「ありえない」と最初は仰天したけれども、アルカリ金属はどれも液体アンモニアに溶けた（なかにはとんでもなくよく溶けるのもあり、セシウムは重量比にして三分の一のアンモニアにも完全に溶けきった）。さらに、その溶液の濃度が高まると、突然性質に変化が生じ、青い溶液の上にきらきら光る青銅色の液体が浮かんだ。しかもこの状態で、液体金属の水銀と同じぐらい電気をよく通した。アルカリ金属だけでなく、アルカリ土類金属もやはり液体アンモニアに溶けた。溶質がナトリウムやカリウムであれ、カルシウムやバリウムであれ、アンモニアに溶かした液体はまったく同じ濃い青で、それらの金属に共通する物質や構造の存在をうかがわせた。その青は、地質学博物館にあったアジュライト（藍銅鉱《らんどうこう》）の色にそっくりで、まさに蒼天の色だった（アジュライトの語源となるazureには天空という意味がある）。

いわゆる遷移《せんい》元素（276〜277ページの周期表参照）の多くは、その化合物に特徴的な色がついていた。コバルトやマンガンの塩《えん》はたいていピンクで、銅の塩はおおかた濃い青か緑がかった青だ。たいていの鉄の塩は薄い緑で、ニッケルの塩はそれよりも濃い緑になる。また、遷移元素は、わずかな量で多くの宝石に特有の色をつける。サファイアは、化学的に見ると鋼玉と呼ばれる無色の酸化アルミニウムにすぎない。ところがこの鉱石は、さまざまな色をもちうる。少量のアルミニウムがクロムに置き換わると、赤いルビーになる。チタンに置き換わると濃い青になり、第一鉄（二価の鉄）のイオンに置き換わると緑になり、第二鉄（三価の鉄）のイオンに置き換わると黄色になる。さらに、少量のバナジウムが混じると、鋼玉はまるでアレキサンドライトのように、不思議なことに赤に見えたり緑に見えたりした。白熱電球の光では赤くなり、日光のもとでは緑になるのだ。少なくとも一部の元素は、ほんのちょっとの原子で特有の色を出せた。どんな化学者も、これほど精巧に鋼玉に「味つけ」することはできない――数えるほどの原子やイオンで、ありとあらゆる色を出すなどという芸当は。

このように「着色する」元素はわずかしかなく、私の知るかぎり、チタン、バナジウム、クロム、マンガン、鉄、コバルト、ニッケル、銅ぐらいのものだった。それらが原子量の近い仲間として固まっているということには、いやがおうでも気がついた。だが、そのことに何か意味があるのか、あるいは単なる偶然なのかは、当時の私にはわからなかった。その後、複数の原子価状態をもつという共通の特徴があるのだと知った。ほかの元素にはたいてい一個の原子価しかないのである。たとえば、ナトリウムは塩素とただひと通りの結合しかせず、ナトリウム原子一個が塩素原子一個と結びつく。ところが、鉄と塩素の場合はふた通りの組み合わせがある。鉄原子一個が塩素原子二個と結合して塩化第一鉄（$FeCl_2$）ができる場合と、塩素原子三個と結合して塩化第二鉄（$FeCl_3$）ができる場合とがあるのだ。このふたつの塩化物は、色も含め、多くの点で大きく性質が異なる。

バナジウムは、異なる原子価（あるいは酸化状態）を四つ持っていて、そのあいだの変化も簡単に起こせるため、実験にはもってこいの元素だった。バナジウムを還元する一番単純な方法は、（五価の）バナジン酸アンモニウムの水溶液を試験管に入れ、亜鉛アマルガム（亜鉛と水銀の合金）を少量加えるというものだ。アマルガムはすぐに反応を始め、水溶液は黄色から鮮やかな青（四価のバナジウムの色）に変わる。この段階でアマルガムを取り除いてもいいが、まだ反応させておくと、水溶液は緑色に変わる。三価のバナジウムの色だ。なおも放っておくと、緑色が消えて美しいライラック色になる。これは二価のバナジウムの色である。逆の反応の実験はさらに美しかった。とくに、ライラック色のデリケートな液体の上に、濃い紫色をした過マンガン酸カリウムの層を作ってやると、数時間かけてゆっくりと酸化が進み、液体はいくつかの層に分かれた。一番下がライラック色の二価のバナジウムで、その上が緑色の三価のバナジウム、さらに青色の四価のバナジウム、黄色の五価のバナジウムと続いていた（そのまた上に、深みのある茶色の層が乗っていた。これはもともと過マンガン酸カリウムだったもので、二酸化マンガンとの混合物になって茶色く見えるのだ）。

こうした着色現象を見て、さまざまな元素の原子がもつ性質とその化合物や鉱物の色とのあいだに（よくはわからないが）とても親密な関係があることを確信した。原子の性質が同じなら、どんな化合物を見ても同じ色に見えたからだ。たとえば、第一マンガンの塩は、炭酸塩であれ、硝酸塩であれ、硫酸塩であれ、ほかの何であれ一様に二価のマンガンイオンのピンク色をしていた（一方、過マンガン酸塩ではマンガンイオンが七価となり、どれも濃い紫色をしていた)。またこのことから、金属イオンの色が、その原子の特定の酸化状態と関係しているのではないかという淡い印象を抱いた(当時の私にはきちんと説明できるものではなかったが)。遷移元素とはいったい何なのだろう、と私は思った。とくにそれに特有の色を与えている原因は何なのか? そのような物質は、あるいは原子は、何らかの形で「チューニング」させられているのだろうか[2]?

多くの化学現象には、熱がからんでいるように見えた。熱を利用する現象もあれば、熱を生み出す現象もあった。反応を開始させるためには、しばしば熱が必要だったが、熱を与えるとあとはひとりでに反応が進み、ときには激しく反応した。鉄粉と硫黄を混ぜても、それだけでは何も起こらない。鉄粉はそのままで、混ぜ合わせたものから磁石で回収できる。ところがその混合物に熱を加えていくと、突然輝きだし、やがて白熱状態になって、新しいもの——硫化鉄——ができた。私はこれを基本的でほとんど原始的ですらある反応のように思い、この地球の、溶融した鉄と硫黄が触れ合うところで大規模に起きているのではないかと想像した。

私の一番古い記憶のひとつは、(まだ二歳のときに見た)燃える水晶宮《クリスタル・パレス》(一八五一年のロンドン万国博用に作られたガラス張りの建物で、一度移築されたのち火事で焼失)の情景だ。そのとき兄たちに連れられてハムステッド・ヒースへ行き、その公園で一番高いパーラメント・ヒルから燃える様子を見た。水晶宮の辺り一帯の夜空が、狂暴な美しさで照り輝いていた。毎年一一月五日のガイ・フォークスの日(国会議事堂爆破を企んだフォークスが逮捕されたことを記念する祝祭の日）には、庭で花火をした。小さな線香花火には鉄粉が使われていて、ベンガル花火は赤や緑の炎を発した。爆竹が鳴り出すと、私は怖くてべそをかき、うちの犬と同じように近くの安全な場所に逃げ込もうとした。こうした体験のせいか、もとから火が好きだったのかはわからないが、炎と燃焼、爆発と色に私が特別な関心を（ときにはおっかなびっくりで）抱いたのは確かである。

ヨウ素と亜鉛、またはヨウ素とアンチモンを混ぜ、熱を加えなくても自然に発熱して紫色をしたヨウ素の蒸気が立ちのぼる様子を眺めるのも好きだった。この反応は、亜鉛やアンチモンの代わりにアルミニウムを使うとさらに激しくなった。混合物に水を二、三滴垂らすと、着火して紫色の炎が出て、茶色いヨウ化物の微粉末をあたりにまき散らした。

アルミニウムもそうだったが、マグネシウムも、面白い矛盾をはらんだ金属だった。塊としてはとても強靭で安定なので、飛行機や橋の建造にも使われている。だが、いったん酸化や燃焼が始まると、おそろしいほど激しく反応するのだ。マグネシウムを冷水に浸けても何も起こりはしない。ところが温水に浸けると、水素の泡が出はじめる。また一方、細長いマグネシウムリボンに火をつけると、水中でも、さらにはふつうなら火が消えてしまう二酸化炭素のなかでも、リボンは燃えつづける。これを見て、戦争で使われた焼夷弾を思い出した。焼夷弾の火は、二酸化炭素や水では消えず、砂をかけても消えなかった。それどころかマグネシウムは、砂――二酸化ケイ素――とともに熱すると（砂より不活性なものなどそうありはしない）、砂から酸素を引き抜いて激しく燃え、単体としてのケイ素か、ケイ素とケイ化マグネシウムの混合物を生成する（それでも砂は、マグネシウム自体の燃焼に対してはだめでも、焼夷弾をきっかけにして起きた一般の火災の鎮火に使われていた。だから戦時中は、ロンドンのいたるところで砂の入ったバケツを見かけたし、どの家にも用意があった）。さらに、混合物に含まれるケイ化物を希塩酸に入れると、自然に反応が起きて水素化ケイ素（通称シラン）という可燃性ガスが生じる。この泡は煙の輪のようにして溶液中をのぼっていき、液面に達すると小さな爆発を起こして発火する。

燃焼実験では、とても柄の長い「燃焼さじ」を使った。このさじに可燃性物質をのせて、空気、酸素、または塩素など、何らかのガスを入れた筒のなかへ慎重に下ろす。酸素のなかでは、炎は勢いを増し、明るくなった。また、溶融状態の硫黄を酸素のなかへ下ろすと、硫黄が鮮やかな青の炎を上げて燃焼し、二酸化硫黄ができる。二酸化硫黄は、刺激臭がして目や皮膚を刺激する窒息性のガスだ。台所からくすねたスチールウールはびっくりするほどよく燃えた。これも酸素のなかで激しく燃焼し、ガイ・フォークスの日の晩にやった線香花火みたいに火花を飛ばして、汚い茶色をした酸化鉄の粉になったのだ。

このような化学現象は、文字どおりの意味でも、象徴的な意味でも、火遊びだった。その瞬間、莫大なエネルギーをもつ火の力が解放され、私はそれをコントロールしているという興奮と不安の入り混じった気分を味わった。アルミニウムやマグネシウムの猛烈な発熱反応を目の当たりにすると、とくにその気持ちは強くなった。これらの金属は、鉱石から金属を還元したり、砂からケイ素を取り出したりするのに使えたが、ちょっとした不注意や計算違いで爆弾になってしまうこともあった。

化学の研究と発見は、危険があるからこそロマンに満ちていた。私は、先ほど語ったような危険な物質を使った遊びに少年っぽい楽しみを覚えていたが、化学の先駆者たちがさまざまな事故に遭った事実を本で知ったときには肝を冷やした。博物学者で、野生動物の餌食になったり植物や昆虫の毒で死んだりした人は、ほとんどいない。物理学者で、空を見て失明したり斜面で足の骨を折ったりした人は、ほとんどいない。ところが化学者では、たくさんの人が視力や手足を失い、命までも落としていた。多くはうっかり爆発させるか毒にあたるかしてのことだ。リンの研究に先鞭《せんべん》をつけた人たちはみんな、ひどいやけどを負っている。ブンゼンは、シアン化カコジルの研究をしていて爆発で右目を失い、危うく死にかけた。その後、モアッサンをはじめ何人かの研究者が黒鉛からダイヤモンドを作ろうとしたが、その装置は超高温・高圧のいわば「爆弾」だったので、自分たちが吹っ飛ばされてしまう危険もあった。ハンフリー・デイヴィーは、私のお気に入りのヒーローのひとりだったが、亜酸化窒素で窒息しかけ、過酸化窒素（二酸化窒素のこと）で中毒し、フッ化水素酸で肺にひどい炎症を起こした。デイヴィーは、最初の「爆薬」である三塩化窒素の実験もおこなったが、この物質はそれまでに多くの人の指や目を奪っていた。さらに、窒素と塩素を結合する新手法もいくつか発見したものの、あるとき友人のところで大爆発を起こしてしまった。デイヴィーは失明しそうになり、完治まで四カ月かかった（友人宅がどんな被害を受けたのかはわからない）。

『元素発見の歴史』では、ひとつのセクションがまるまる「フッ素に殉じた人々」にあてられていた。塩素は一七七〇年代に塩酸から単離されていたが、その兄弟分で、はるかに反応性が高いフッ素はそう簡単に得られなかった。その本には、当初フッ素の実験に取り組んだ人はみんな「フッ化水素酸の中毒によって恐るべき苦痛に悩まされ」、少なくともふたりが亡くなったと書かれていた。フッ素がようやく単離されたのは、一八八六年、一世紀近くも危険な挑戦が続けられたあとのことである。

この歴史を読んで魅了された私は、すぐさま、無謀にも自分でフッ素を作ってみたいと思った。フッ化水素酸を手に入れるのは簡単だった。タングステンおじさんが電球の「つや消し」を施すのに大量に使っていて、ホクストンの工場にそれを入れた大きな耐酸びんがいくつもあったからだ。しかし、父と母に「フッ素に殉じた人々」の話をすると、ふたりは家でその実験をするのを禁じた（実験室にグッタペルカの小びんに入ったフッ化水素酸を置くのは許してくれたが、本当のところ私自身怖かったので、結局そのびんも開けずじまいだった）。

グリフィン（やほかの本）が猛毒物質の使用を平然と勧めているのに驚いたのは、実はそのあとのことだ。家から少し歩いたところの薬局では、わけなく青酸カリが手に入った（殺虫びんに虫を集めるのにふつうに使われていた）。それで簡単に自殺できるほどの物質なのに、である。わずか二、三年のあいだに私が集めた種々の化学物質は、通り一帯を中毒させたり吹っ飛ばしたりできるぐらいあった。けれども私は十分用心していた――あるいは運が

良かっただけかもしれないが。(3)

実験室で、ある種のにおい――つんとくるアンモニアや二酸化硫黄の刺激臭、硫化水素の嫌なにおいなど――に鼻を刺激されたのも確かだが、外の庭や、食べ物のにおいのする台所、そこに置かれたエキスや香辛料には、はるかに心地よい刺激を受けた。コーヒーにあの香りを与えているものはなんなのだろう？　丁子《ちょうじ》やリンゴやバラのエキスとなる物質は何なのか？　タマネギやニンニクやダイコンにつんとくるにおいをさせているものの正体は？　また、ゴムにはなぜあの独特のにおいがあるのだろうか？　とくに、熱したゴムのにおいが好きだった。かすかに人のにおいがするように感じたからだ（あとで知ったのだが、ゴムと人にはイソプレンというそのにおいの元となる共通の成分がある）。牛乳やバターは、暖かいところに放置すると「悪くなる」けれども、そのとき酸っぱいにおいがするのはどうしてなのだろう？　テレビン油にあの心地よい松の香りをさせているものはなんなのか？　これら「自然の」においのほかに、診療所で父が使っていたアルコールやアセトン、母の産科用のカバンに入っていたクロロホルムやエーテルのにおいもあった。傷口を殺菌するヨードホルムは、穏やかで心地よい、いかにも薬といったにおいがしたし、トイレの消毒に使っていたフェノールには、きついにおいがあった（ラベルに「どくろマーク」がついていた）。

植物の香りは、葉や花びら、根、樹皮など、あらゆる部分から抽出できそうに見えた。私は庭からバラの花びらやモクレンの花や刈った草を取ってきて、水とともに煮立たせ、蒸留による香りの抽出に挑戦した。それらの植物の精油は、蒸気と一緒に揮発し、冷えると蒸留液の上層にたまった(タマネギやニンニクの茶色っぽい精油は、重たいので底に沈んだ)。同じようにして、脂肪——バターや鶏の脂肪——から脂肪エキスも作れたし、アセトンやエーテルといった溶媒を使ってそれを抽出することもできた。ただ全体的に見ると、抽出はあまりうまくいかなかった。それでも、ラベンダー水はそこそこのものができ、丁子やシナモンの油もアセトンで抽出できた。一番たくさんの抽出に成功したのは、ハムステッド・ヒースに行って松葉を集め、テルペンを豊富に含んだ、爽やかな緑色をした上質の油を作ったときのことだ。その香りは、風邪を引くと必ず蒸気にして吸い込まされた安息香チンキにどこか似ていた。

私は果物や野菜のにおいが好きで、食べる前に何でもにおいをかいだ。また、家の庭に洋ナシの木があって、よく母がその実からどろりとした洋ナシジュースを作ってくれた。ジュースになって、洋ナシのにおいはいっそう強くなっているように感じた。しかし本を読んで、洋ナシの香りは、洋ナシを使わずに人工的に作ることもできると知った(「洋ナシキャンデー」もそうして作られていた)。エチル、メチル、アミルなどさまざまなアルコールから何かひとつを選び、それを酢酸と一緒に蒸留してエステルにするだけでいいのだ。酢酸エチルほど単純なものが洋ナシの複雑なかぐわしいにおいを生み出すことや、その化学構造がほんの少し変わるだけで別の果物の香りになるということに、私は本当に驚いた。エチルがイソアミルに変わると熟したリンゴの香りになり、ほかにもわずかな違いでバナナやアンズやパイナップルやブドウの香りがするエステルができた。これは、化学合成の威力を実感した最初の体験だった。

果物のようないい香りのほかに、動物の嫌なにおいもたくさん、植物の単純な成分やエキスから簡単に作り出せた。植物の知識が豊富なレンおばさんは、ときどきこっそり私の研究にも付き合ってくれ、アカザの一種でスティンキング・グースフット（「悪臭を放つアカザ」の意味）という植物を教えてくれた。この植物をアルカリ性媒質――私はソーダ（炭酸ナトリウム）を使った――とともに蒸留すると、非常に嫌なにおいのする揮発性物質が生じる。そのにおいは、腐ったカニや魚のにおいだった。この揮発性物質トリメチルアミンは、驚くほど単純な構造をしていた――それまで私は、腐った魚のにおいはもっと複雑なものが元になっていると思っていたのだ。レンおばさんは、アメリカにザゼンソウという植物があって、それには腐敗した死体に似たにおいのする化合物が含まれているとも言った。私はそれが欲しいと言ったけれども、おばにも手に入らなかった。それでよかったのかもしれないが。

そうしたにおいのなかには、私をいたずらへ駆り立てたものもあった。わが家では、毎週金曜日にコイやカワカマスなどの鮮魚を買い、母がそれをすりつぶして安息日に食べるゲフィルテ・フィッシュ（魚のすり身に卵やタマネギなどを混ぜて団子を作り、スープで煮込んだユダヤの伝統料理）を作っていた。ある金曜日、私は魚にトリメチルアミンを少し垂らしておいた。すると母はくんくんとにおいをかいで顔をしかめ、その魚をポイと捨ててしまった。

においに関心をもった私は、人がどうやってにおいを認識し分類しているのだろうという疑問も抱いた。人間の鼻がエステルとアルデヒドを即座に区別し、ちょっとにおいをかいだだけでテルペンのようなカテゴリーがわかるのはどうしてだろうか、と。人間の嗅覚は、犬のそれよりは劣っている（うちで飼っていたグレタは、家の反対の端で缶を開けても大好きな餌のにおいをかぎつけた）。それでも人間は、目や耳以上に高度な化学分析機能を働かせているように見えた。そこには音階や色のスペクトルのような単純な序列はありそうになかった。なのに鼻は、ある程度分子の基本構造にもとづく分類を驚くほどうまくやってのけているのだ。ハロゲンは、それぞれに違いはあるものの、どれもハロゲン的なにおいがした。クロロホルムのにおいはブロモホルムとそっくりで、また四塩化炭素（ソーピットという名のドライクリーニング液として市販されていた）とも、そっくりではないが似ていた。ほとんどのエステルは果物の香りがし、アルコールもとくに単純なものならよく似た「アルコール臭」がした。アルデヒドとケトンにも、それぞれに特有のにおいがあった（例外も確かにあった。第一次世界大戦でホスゲン〔塩化カルボニル〕という猛毒ガスが使われたが、ディヴおじさんは、これには危険を知らせるハロゲン臭がなく、刈りたての干し草を思わせるにおいがあると教えてくれた。ホスゲンガスにやられた兵士たちは、死ぬ前の最後の意識のなかで、この甘い田舎のにおいに少年時代の干し草畑を思い出していたのだ）。

悪臭を発する化合物には、必ず硫黄が含まれているようだった（ニンニクやタマネギのにおいも単純な有機硫化物で、両者は植物学的に近いばかりか化学的にも近い関係にある）。なかでも最高に臭かったのが、アルコールの酸素原子が硫黄原子に置き換わったメルカプタンという物質だ。スカンクのにおいはブチルメルカプタンによるものだと本に書いてあった。このガスは、非常に薄ければ爽やかな芳香なのだが、もろに浴びると卒倒しそうなほどひどいにおいだった（数年後にオールダス・ハクスリーの『道化芝居』〔邦訳は村岡達二、一九三四年、春陽堂刊〕を読んだとき、ハクスリーがある不快な人物にメルカプタンと名づけているのを見つけてとても愉快に思った）。

硫黄の化合物の悪臭と、セレンやテルルの化合物のこれまたおぞましいにおいについて考えてみた私は、この三元素を、化学的な面だけでなく嗅覚的な面でもひとつのカテゴリーに分類し、以後「スティンコゲン（悪臭元素）」と称した。

硫化水素は、ディヴおじさんの実験室で少しにおいをかいだことがあった。腐った卵やおならのにおいがして、おじは火山のにおいだとも教えてくれた。作り方は簡単で、硫化鉄に希塩酸を注ぐだけでよかった。私は自分でもやってみた（硫化鉄の大きな塊も自分で作った。鉄と硫黄を一緒に加熱すると、やがて白熱して化合するのだ）。塩酸を注ぐと、硫化鉄からあぶくが出はじめ、すぐに悪臭を放つ窒息性の硫化水素が大量に発生した。私は急いでドアを開けて庭へ逃げ出した。ふらふらしてひどく気分が悪くなったので、このガスがどれほど毒なのかを身をもって知った。そのあいだも悪魔の硫化物は（私はたくさん作ってしまっていた）毒ガスをもくもく出しつづけ、すぐに家じゅうに広がってしまった。私の実験に驚くほど寛容だった父と母も、ここへきてさすがに換気フード付きの実験装置を設置させ、実験に使う試薬の量はもっと控えめにしなさいと言った。

その後、身も心も立ち直り、換気フード付きの実験装置が設置されると、私は硫黄以外の元素と水素を化合して、別のガスも作ってみることにした。セレンとテルルも硫黄と同じ化学的なグループに属した非常に近い仲間だと知っていた私は、基本的に同じ製法を採用した。セレンやテルルを鉄と化合させ、できたセレン化鉄やテルル化鉄に酸を加えたのだ。硫化水素のにおいがひどいとしたら、セレン化水素のにおいはその一〇〇倍もひどかった。筆舌に尽くしがたいほど忌まわしい悪臭で、むせかえって涙が出て、腐ったダイコンかキャベツを思わせた（当時私はキャベツや芽キャベツが大嫌いだった。ブレイフィールドでそれを煮すぎたやつをよく食べさせられていたからだ）。

セレン化水素は世界で最悪のにおいかもしれない、と私は思った。しかしテルル化水素もそれに近く、やはりとんでもないにおいだった。私にとっての地獄は、いまや灼熱の硫黄の川（地獄の業火のたとえで、旧約聖書の創世記で悪徳の町ソドムとゴモラの町を滅ぼした「硫黄の火」に由来する）にとどまらず、それに煮え立つセレンとテルルの池も加わっていた。

（1）数年後、私はジョン・ハーシーの『ヒロシマ』を読んで、次のようなくだりに出くわしてぎょっとした。

下生えをわけて進むと、そこにいた二十人くらいの兵隊が皆そろいもそろって、夢に見る化物のような姿である。顔じゅう焼けただれ、眼は虚《うつ》ろに掘られ、溶けつぶれた眼玉の汁が頬をつたって流れていた（爆弾炸裂のとき、顔を仰向けにしていたのに相違ない……）。（『ヒロシマ』〔石川欣一・谷本清訳、法政大学出版局〕より引用）

（2）そうした「チューニング」という考えは、一八世紀に数学者のオイラーが最初に提案したとの話を、あとで本を読んで知った。オイラーは、物体に色がついて見える原因を、表面の「小粒子」――原子――が特有の振動数の光に反応するようにチューニングされているせいだと考えた。つまり、ある物体が赤く見えるとしたら、その「粒子」が、当たった光のなかの赤い光線に対して振動し、共鳴するようにチューニングされているからだというわけである。

不透明な物体を目にしたときに見える放射の性質は、光源によるのではなく、物体表面にある非常に小さな粒子［原子］の振動状態による。それらの小粒子はぴんと張ったひもにたとえられる。そうしたひもは、何らかの振動数に対してチューニングされていて、手ではじかなくても空気がそれに近い振動数で震えれば反応して振動する。ぴんと張ったひもが、みずからが発するのと同じ音に刺激されるように、物体表面の粒子も、入射した放射に対して振動し、全方向にそれ自身の波を発するのである。

デイヴィッド・パークは、『目のなかの炎――自然界および光の意味についての歴史論（*The Fire*

Within the Eye: A Historical Essay on the Nature and Meaning of Light)』のなかでオイラーの説についてこう記している。

これは、原子の存在を信じた人間が、原子に振動する内部構造があることを示唆した最初のケースではないかと思う。ニュートンやボイルの考えた原子は、硬い小さな球の集まりだが、オイラーの考えた原子はまるで楽器のようだ。彼の千里眼のような洞察は、はるかのちの時代に再発見された。しかしそのときには、最初に発見した人間のことは忘れられてしまっていた。

（3）もちろん現在では、こうした化学物質は買えなくなっているし、学校や博物館の実験室さえ、もっと危険の少ない――そして楽しみの少ない――試薬しか置かなくなっている。ライナス・ポーリング（ノーベル化学賞・平和賞受賞者）の短い自伝には、彼もまた地元の薬屋で（殺虫びん用の）青酸カリを買っていたことが記されている。

さて現在ではどうだろう。化学に興味をもった少年少女は、化学実験セットを手に入れる。だが、そのセットにはシアン化カリウムがない。硫酸銅などの面白い物質までない。それらの面白い物質は、どれも危険物と見なされているからだ。それゆえ、こうした化学者の卵たちは、化学実験セットで何かに夢中になるような機会に恵まれていない。振り返ってみると、私の家族と親しかったジーグラー氏が、一一歳の子どもだった私に三分の一オンスの青酸カリをすんなり渡してくれていたのは、たいそう驚くべきことだったのだと思う。

先ごろ私は、半世紀前にグリフィン・アンド・タトロックがあったあのフィンチリーの古い建物を訪れたが、その店はもうなかった。あのように、薬品と簡単な装置と素晴らしい喜びを代々提供してきた店は、今ではほとんど姿を消してしまっている。

9　往　診
――医師の父との思い出

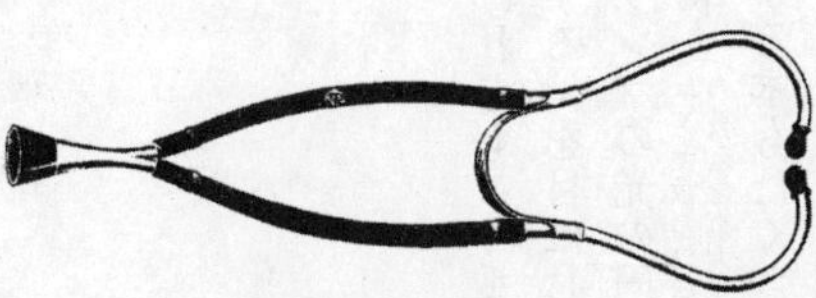

父は、少なくとも家庭では、あまり感情や気さくな態度を見せなかった。けれどもごくまれに、身近に感じられるときがあった。ずいぶん幼いときから、書斎で読書する父を目にしていた記憶がある。父の集中力たるや大変なもので、何物にも邪魔されず、ランプの光の円より外のものは一切頭から追い払っていた。たいていは聖書かタルムード（ユダヤ教の口承の教えを集大成したもの）を読んでいたが、（流暢《りゅうちょう》に話せた）ヘブライ語やユダヤ精神にかんする本もたくさんもっていて、そこは文法学者や研究者の書斎と言えるほどになっていた。父の読書への熱中ぶりと、そのときの表情（思わず微笑んだり、顔をしかめたり、戸惑いや満足の表情を浮かべたりした）を見ていたことが、私自身も早くから読書するきっかけになったのかもしれない。そんなわけで私は、戦争の前からときどき書斎で父の隣に座って本を読み、無言のうちに強い連帯感を抱いていた。

夜の往診がない日、父は夕食後に魚雷のような形の葉巻を吸ってゆったりくつろいだ。まず葉巻をそっとなで、それから鼻へ持っていき、香りと鮮度を確かめる。そうして満足したら、吸い口に刃物でV字形の切れ込みを入れる。火をつけるときは、慎重に、長いマッチで輪を描いて均等につくようにしていた。すうっと息を吸い込むと葉巻の先端が赤く光り、最初のひと吐きは満足のため息となった。読書のときも静かに葉巻をくゆらせた。煙で青白く変わった空気が、かぐわしい雲となって私たちを包み込む。私は父が吸う優美なハバナ葉巻の香りが好きで、ねずみ色の灰の筒が伸びていくのを飽かずに見つめながら、どれだけ長くなったら本の上に落ちるだろうかと考えていた。

父を最も身近に感じ、自分が本当に父の子だと実感できたのは、一緒に泳ぎに出かけたときだった。父は幼い時分から水泳が大好きで（父の父もそうだったからだ）、若いころワイト島沖の一五マイルレースで三年連続優勝を飾った名選手でもあった。だから私たち兄弟を、赤ん坊のころから、水に慣れさせようとハムステッド・ヒースのハイゲート池へ連れて行っていた。

ゆっくりと正確なペースを刻みながらぐいぐい進んでいく父のストロークは、小さな子どもには必ずしも向いているとは言えなかった。けれども私は、陸では大きな体をもてあまし気味の父が、水のなかではイルカのように優雅に変身を遂げるさまを目の当たりにした。また、神経質で人目を気にし、ずいぶん不器用だった私自身も、水のなかで同じように見事な変身を遂げ、新しい姿の自分になれることに気づいた。今でもありありと思い出せるのは、五歳の誕生日を迎えた翌月、夏休みの旅行で海へ行ったときのことだ。私は両親の寝ていた部屋へ駆け込み、父のクジラのような巨体を引っぱりながら言った。「ねえパパ！　泳ぎに行こうよ！」父はのろのろとこちらを向いて、片目を開けた。「四三にもなる老いぼれ親父を朝の六時なんかにたたき起こして、いったいどうするつもりだね？」今では父も世を去り、私自身すでに六〇代になっているから、こうしてはるか昔に父を引っぱったことを思い出すと、笑いがこみあげると同時に、泣きたくもなる。

その後も父とは、ヘンドンの大きな屋外プールや、エッジウェア・ロードにあったウェルシュ・ハープという小さな湖（天然だったか人工だったかは忘れた）へ泳ぎに行った。ウェルシュ・ハープでは、父はボートも持っていた。私は、戦争が終わって一二歳になると、父のストロークに追いつきだし、同じペースを刻み、並んで泳げるようになった。

日曜日の朝は、ときどき父の往診に付いて行った。父は往診が大好きだった。というのも、往診は社交的要素の強い医療で、家や家庭に入って患者とその環境について知り、病気を総合的な視点でとらえることができたからだ。医療とは、父にとって、病気を診断するだけのものではなかった。患者の生活や、患者ひとりひとりの性格・感情・反応とからめて判断し理解すべきものだったのだ。

父は、何十人もの患者とその住所をタイプしたリストを持っていて、車の助手席に座っている私に、それぞれの患者がどんな病状なのか、思いやりに満ちた言葉で語って聞かせた。患者の家に着くと、私も車から降ろし、たいていはカバンを持たせてくれた。ときには私も患者の部屋に入り、父が問診や診察をするあいだ、そばでおとなしく座っていた。問診や診察はあっさりした感じに見えたが、実は鋭く見抜いていて、それで父には病気の原因が突き止められた。父が胸の打診をする様子は、とくに素敵だった。ずんぐりしたたくましい指が、優しく、だが力強く胸をたたき、奥にある臓器とその状態を感じ取っていた。のちに私は、みずから医学生になったときに、父が打診の達人で、多くの医者がレントゲンで知る以上のことを打診でとらえていたのだと気づかされた。

重病人や伝染病患者の家を訪れたときには、私は家族と一緒に台所や食堂で待たされた。二階で診療を終えた父は、下りてくると丹念に手を洗い、台所へやってきた。父は往診中よく食べ、どの家の冷蔵庫の中身も知りつくしていた。家族も喜んで名医に食べさせているようだった。患者の診療と、家族に会うことと、自分が楽しむことと、食べることは、どれも父の医療のなかで切っても切れない関係にあった。

日曜日のひっそりとしたロンドン市街を車で走っていると、厳かな気分になった。一九四六年当時、まだ爆弾による破壊の跡が生々しく残り、ほとんど復興していなかったからだ。破壊の爪跡は、下町にあたるイースト・エンドではさらに顕著で、五分の一の建物が崩壊していたかもしれない。それでも当地のユダヤ人社会は健在で、世界のどこにもないレストランやデリカテッセンが営まれていた。父は、ホワイトチャペル・ロードのロンドン病院で医師の資格を取得し、若いころ一〇年間、その界隈のイディッシュ語を使用する人々の社会で、イディッシュ語を話す医師として働いていた。当時のことを、父は特別な愛着をもって振り返っていたものだ。ときおり私たち家族は、ニュー・ロードのかつて父の診療所があった場所を訪れた。私の三人の兄たちが生まれたのもそこで、いまや父の甥にあたるネヴィルが診療所を開いていた。

家族でその近くの「ザ・レーン」をぶらぶらすることもあった。ペティコート・レーンのなかでもとくにミドルセックス・ストリートからコマーシャル・ストリートにかけての部分がザ・レーンと呼ばれ、さまざまな露天商が軒を連ねていた。父と母は一九三〇年にイースト・エンドを離れていたが、父はまだ多くの商人の名を知っていた。イディッシュ語を話した若いころに戻って商人とぺちゃくちゃしゃべりながら、年取った父は（「年取った」とはなんたる言いぐさだ。いまや私は、そのころ五〇だった父を一五も上回っているではないか）少年のように若返り、ふだんは見せることのない生き生きとした自分をさらけ出していた。

ザ・レーンへ行くと必ずマークスという店に寄った。そこでは六ペンスでラートカ（ジャガイモで作ったユダヤのホットケーキ）が買え、ロンドンで最高のスモークサーモンとニシンを手に入れることができた。とろけるように柔らかいサーモンを食べるのは、この世でめったにない、まさに至福の体験だった。

父は、いつでもものすごく食欲旺盛だった。患者の家でいただくシュトルーデル（果物などを薄い生地に巻いて焼いた菓子）やニシン、マークスで買うラートカなどは、父にとっては本当の食事の前菜にすぎなかった。また、そのあたり数ブロックの範囲には、ユダヤの掟にかなった料理を出す極上のレストランが十いくつもあり、どの店にもほかでは真似のできない名物料理があった。

今日はオールドゲートのブルームズがいいか、それとも、地下のパン焼き場から素晴らしいにおいが立ちのぼるオストウィンドにするか？　ストロングウォーターズもよかった。そこには、父が危険なほど病みつきになっていたヴァレニカスという変わったクレプラハ（小麦粉の皮に肉やチーズを詰めてスープに入れたワンタンのような料理）があった。けれどもたいていは、シルバースタインズに落ち着いた。この店では、下の階のレストランで肉料理が食べられ、上の階のレストランで牛乳をベースにしたおいしいスープや魚を味わえた。父はコイがお気に入りで、ちゅぱちゅぱ音を立てながら、さもうまそうにその頭をしゃぶっていた。

往診に行くとき、父は慎重に運転した（当時乗っていたのはあまりスピードの出ない地味なウーズレーで、まだガソリンが配給制だったからちょうどよかった）。けれども戦前の父にはまるで違う一面があった。乗っていた車はアメリカ製のクライスラーで、パワーもスピードも一九三〇年代ではずば抜けていた。バイクも持っていた。六〇〇ccツーストロークの水冷エンジンを積んだスコット・フライング・スクワーレルで、かん高い悲鳴のような排気音をたてた。パワーは三〇馬力近くもあり、「ムササビ《フライング・スクワーレル》なんかじゃなくて、空飛ぶ《フライング・》馬《ホース》だ」というのが父の口癖だった。日曜日の朝が空《あ》いていると、父はよくそれに乗って出かけた。町を抜け出して、風まかせ、道まかせに走り、しばしのあいだ仕事のことを忘れたかったらしい。ときどき私は、自分がバイクで走っている——あるいは飛んでいる——夢を見て、大きくなったらバイクを買うぞと心に決めた。

一九五五年にT・E・ロレンスの『造幣所（*The Mint*）』が刊行されたとき、私はそのなかの「道」という一篇を父に読んで聞かせた。そこでロレンスは自分のバイクについてこう語っている（そのころには私もノートンというバイクを持っていた）。

バイクは、じゃじゃ馬みたいに血のかよったところがあって、地球上のどんな動物より素晴らしい乗り物だ。なんといっても、われわれ人間のもつ能力を必然的に高めてくれるし、過剰なまでの暗示や刺激を与えてくれるのだから……。

これを聞いた父は、微笑みながらうなずき、バイクに乗っていた日々を思い出していた。

父は、初めは神経学の道に進もうかと考えていて、ロンドン病院でサー・ヘンリー・ヘッドという有名な神経科医のもとで（ジョナサン・ミラーの父とともに）研修医を務めていた。このときヘッドは、才能を最高に開花させながら、みずからパーキンソン病に罹《かか》っていた。父の話では、そのためヘッドはときどき神経科の病棟を無意識に早歩き（加速歩行）してしまい、患者のだれかに捕まえてもらわなくてはならなかったらしい。私がその状況をうまく想像できずにいると、模倣の上手な父は、ヘッドの加速歩行をまねて、エクセター・ロードをどんどんスピードを上げながら突進し、私に捕まえさせた。父は、ヘッド自身がそんなふうに困っていたから患者の困った境遇にとくに敏感になれたと考えていたのだ。そして私は、父が喘息《ぜんそく》や痙攣《けいれん》や麻痺など何でもまねる際に、他人の身になってありありと想像することにも、それと同じ効果があると思った。

神経科の研修を積んだ父だったが、自分の診療所を開く段になって、一般医療のほうがより実際的で、この先「活発になる」と考えた。ところが現実は父の予想をも上回ったようだ。一九一八年の九月にイースト・エンドで開業したとき、インフルエンザの大流行が始まっていたのである。ロンドン病院で研修医をしていたころ、父は負傷した兵士をたくさん見ていた。だがそれも、人々が激しくあえぎ咳き込みながら、肺にたまった水で呼吸困難に陥り、真っ青になって路頭で倒れ死んでいくさまを目にする恐怖とは比べるべくもなかった。丈夫で健康な若者が、発症して三時間も経たずに死んでしまうことまであったらしい。一九一八年の終わりの絶望的な三カ月で、インフルエンザによる死者は、第一次大戦の犠牲者をも上回った。当時の医者はだれもがそうだったが、父も途方に暮れながら、ときには四八時間ぶっとおしで働いた。

そんななか、父は姉のアリダを診療所のアシスタントにした。アリダはふたりの子をもつ若い未亡人で、三年前に南アフリカからロンドンへ戻ってきていた。また同じころ、イツハク・エバンという若い医師も雇い、往診中の留守をあずからせた。イツハクは、かつてサックス一家が住んでいたのと同じリトアニアの小村ヨニシュキの生まれだった。アリダとイツハクは幼なじみだったが、一八九五年にイツハクの家族がスコットランドへ渡り、数年後にサックス一家もロンドンに移住して、別れ別れになっていた。二〇年ぶりに再会し、疫病が猛威を振るうなかでともに働くうちに、アリダとイッハクは恋に落ち、一九二〇年に結婚した。

私も兄たちも、子どものころ、アリダおばさんとはあまり付き合いがなかった（それでも私は、彼女がおばのなかでは一番頭の回転が速くて機転の利く人だと思っていた。突然ピンときたり何かの考えや感情にとらわれたりするわけで、それを私は「サックス家の血筋」によるものだと思うようになった。一方でランダウ家には、物事をもっと順序立てて分析的に考える癖があった）。しかし、父の女きょうだいで最年長のリーナおばさんは、なにかと存在感があった。父より一五歳年上で、小さな体に――ハイヒールを履いても背丈が一五〇センチ弱しかなかった――鉄の意志と冷徹な決断力を秘めていた。そして、人形のようにごわごわした髪を金色に染め、ニンニクと汗とパチョリ香油が混じり合った独特のにおいを発していた。わが家の家具をそろえたのがリーナおばさんなら、よく手作りの特別な食べ物をくれたのもリーナおばさんだった。たとえば、魚肉とマッシュポテトを混ぜて揚げたフィッシュケーキ。マーカスとディヴィッドは、それでおばをフィッシュケーキと呼び、ときにはフィッシュフェイス（魚面《さかなづら》）とも呼んだ。そのほか、こってりしてぼろぼろ崩れるチーズケーキや、過ぎ越しの祭りにはマッツァボール（種なしパンを作る粉で作った団子）ももってきた。このマッツァボールがまたとんでもなく密度が高く、スープに入れると小さな惑星みたいに沈んだ。リーナおばさんは、社会生活のマナーには無頓着で、家では食卓のテーブルクロスで鼻をかんだりした。それでもおばは、着飾って女らしくすると人目を引いた。一方で彼女は注意力が抜群で、周囲の人間の性格や心情を冷静に見極めていた。じっさい、不用心な人間から秘密を引き出すのはお手のものだったし、聞いたことを一切忘れないものすごい記憶力をもっていた。[1]けれども、リーナおばさんの冷徹さとあざとさには、高貴な目的があった。それをエルサレムのヘブライ大学への募金に利用していたのだ。おばは、ときにイングランドじゅうの人の身上書を手にしているのではないかと思えるほどの情報通で、自分の得た情報が確実だと思うと電話をかけた。「G閣下でいらっしゃいます？　リーナ・ハルパーです」少し間があいて、相手がはっと息をのむ。G閣下は、次に何の話がくるかわかっている。「そう、私をご存じですよね」おばは愉快そうに続ける。「あの件のことです。詳しくお話しするまでもないでしょうけど、一九二三年三月に、ボグナーでちょっとしたことがありましたね。……いえ、もちろんだれにもしゃべりません。私たちふたりだけの小さな秘密にしておきましょう。それで、閣下からいくらの寄付として書いておくのがよろしいかしら？　五万ぐらい？そんなにいただけたら、どれほどヘブライ大学のためになるでしょう」こうしたゆすりによって、リーナおばさんは大学に何百万ポンドもの資金を調達していた。きっと大学の知るかぎり最も資金集めに長《た》けた人間だったにちがいない。

リーナおばさんは、きょうだいのなかで圧倒的に最年長だったので、一八九九年にリトアニアからイギリスへ移ったときには年の離れた弟や妹たちの「母親代わり」になった。その後、夫が若くして亡くなると、ある意味私の父に鞍替えし、父の愛情を母と奪い合った。私はおばと母のあいだに無言の対立があることにいつでも気づいていて、穏やかで受け身で優柔不断な父がふたりに引っぱられて行ったり来たりしているのを感じていた。

リーナおばさんは、多くの身内にモンスターのように思われていたが、私のことは大好きで、私もまた彼女が大好きだった。戦争が始まったころ、おばは私にとって、いやおそらく私たち一家にとって、とりわけ大切な存在になった。開戦の時、私たちは夏の休暇で英仏海峡に面した避暑地ボーンマスに来ていた。父と母は医師として、四人の子どもを養育係《ナニー》とともに残してすぐさまロンドンへ帰らないといけなくなった。二、三週間してふたりが戻ってきたとき、私も兄たちも心底ほっとした。車のクラクションが聞こえると、私は庭の小道を駆け抜けて、体ごと母の腕のなかに飛び込んだ。その勢いのすごさに、母は押し倒されそうになった。「淋しかったよ」私は泣きながら言った。「ほんとに淋しかったよ」母は、長いこと両腕でぎゅっと抱きしめてくれた。すると、それまでの喪失感や不安感があっという間に消え去った。

父と母は、今度はすぐに戻ってくると約束した。次の週末にはなんとか帰ってこようと言ったのだ。けれどもふたりには、ロンドンで山ほど仕事があった。母は救急外科の仕事に忙殺され、父は空襲の被害に備えて地元の一般開業医を組織しようとしていた。結局、週末には戻ってこなかった。そして一週間が過ぎ、二週間、三週間と経つと、何かが私のなかではじけてしまったようだ。六週間経ってふたりが戻ってきたとき、私は前回のように母のもとへ駆け寄ったり抱きついたりはせず、見知らぬ人に対するみたいに、そっけなく出迎えた。母は、ショックと戸惑いを感じながら、私とのあいだにできた溝をどう埋めたらいいのかわからずにいたと思う。

こうして両親の不在の影響が明白になると、リーナおばさんがやってきて、料理をし、家事を切り盛りして、私たち兄弟の母親代わりになった。母親がいなくなってぽっかり空いた穴を埋めてくれたのである。

そんな幕間《まくあい》のような日々は、長くは続かなかった。マーカスとデイヴィッドは医学校に進み、マイケルと私はブレイフィールドに押し込められたからだ。けれども、そのころリーナおばさんに与えられた愛情は忘れられず、私は戦争が終わってからよく、ロンドンのエルギン・アヴェニューで天井の高い錦模様の部屋に住んでいた彼女を訪ねた。おばは、チーズケーキやときにはフィッシュケーキをふるまい、甘いワインを小さなグラスに注《つ》いで出してくれた。私は、おばがする故郷の思い出話に聞き入った。父は三、四歳のころにそこを離れていたので何も覚えていなかったが、リーナおばさんは当時一八か一九だったので、リトアニアの首都ヴィリニュスに近い、きょうだい全員が生まれたユダヤ人村ヨニシュキのことや、彼女の両親や祖父母が比較的若かったころのことについて、面白くて鮮明な思い出をたくさんもっていた。おばが私に特別な感情を抱いていたのは、私が末っ子だったからかもしれないし、おばの父もオリヴァー・ウルフ・エリヴェルヴァといって私と同じ名前だったからかもしれない。それに私は、おばがひとりぼっちで、若い甥っ子が訪ねてくるのを喜んでいることにも気づいていた。

父には、ベニーという男きょうだいもいた。ベニーは、ポルトガルへ行って異教徒の女性と結婚したので、一九歳で破門され、家族から勘当された。これは家族にとって実にスキャンダラスで忌まわしい出来事だったので、以後彼の名は決して語られることがなかった。けれども私は、何か隠された、家族の秘密があるのに気づいていた。父と母が小声で話しているのを見かけたとき、気まずそうに黙りこむので不思議に思ったこともあったし、リーナおばさんの部屋で、浮き彫りを施した簞笥《たんす》の上にベニーの写真が飾ってあるのを目にしたこともあった（おばは別人だと言ったが、その声にはためらいの響きがあった）。

父はがっしりした体つきをしていたが、戦争が終わってから太りだしたので、定期的にウエールズのダイエット道場へ行くようになった。行っても体重についてはあまり効果がないように見えたが、帰ってきた父は幸せで健康そうだった。ロンドンで青白かった顔が、健康な色に日焼けしていたのだ。ずいぶんあとになって、死んだ父の書類を整理していた私は、真実を告げる飛行機のチケットの束を見つけた。父はダイエット道場などへは行っていなかった。まめに、こっそりと、ポルトガルのベニーのもとを訪れていたのである。

（1）何年もあと、私はケインズが『平和の経済的帰結』〔邦訳は早坂忠訳、東洋経済新報社刊〕のなかで）ロイド・ジョージを見事に描写したくだりを読み、不思議とリーナおばさんを思い出した。ケインズは、そのイギリスの首相が「そばにいるだれに対しても、的確で、ほとんど霊媒師のような感知力を発揮した」ことについてこう語っている。

［彼が］ふつうの人にはない第六感や第七感をもってその場の連中を眺め、性格や心情や無意識の衝動を見極め、各人の考えや次に言おうとしていることまで察知して、主張や訴えを聞き手の虚栄心や弱みや欲得にぴったり合うようにテレパシー的な本能でこしらえるさまを見るにつけ、哀れな大統領［ウィルソン］がその会合で目隠し遊びの鬼になっていたことは明らかだった。

10　化学の言語
——ヘリウムの詰まった気球に恋して

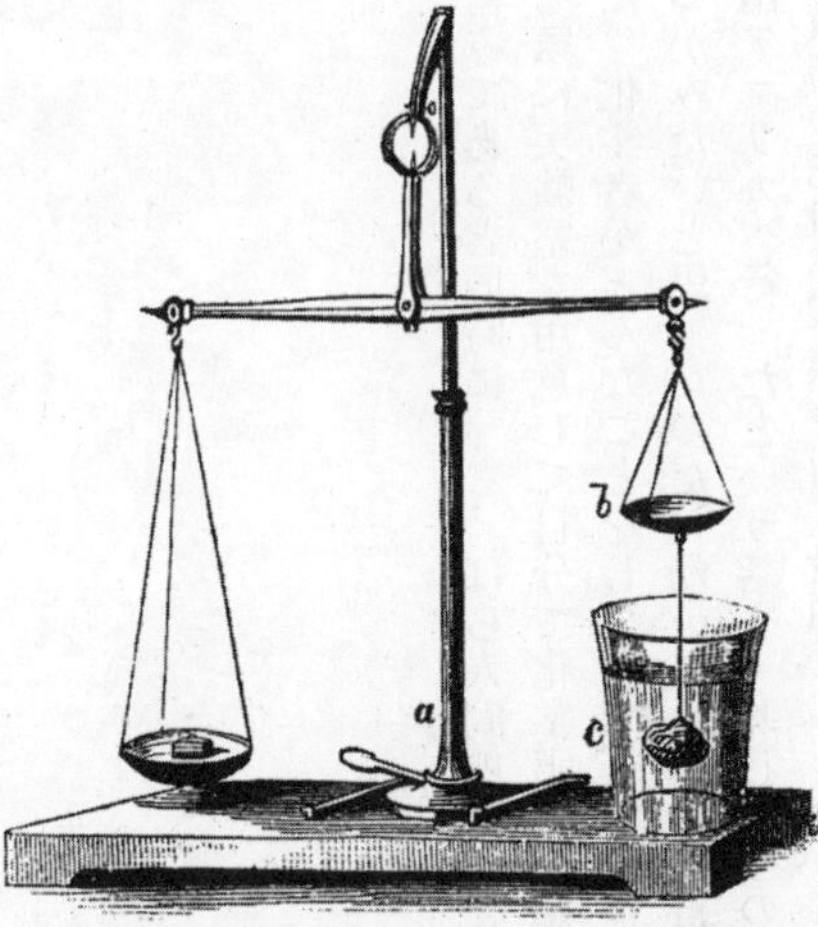

デイヴおじさんは、科学を、知的で技術的な営みであると同時に、もっぱら人間の営みとも見なしていた。私も当然のようにそう考えた。家に実験室を用意して自分で化学実験を始めたとき、化学の総合的な歴史を知りたくなった。化学者がどんなことをしてきて、どんなことを考えたかを知り、何世紀も昔の雰囲気をつかみたいと思ったのだ。幼いころから、自分の家族や家系には興味があった。おじたちが南アフリカへ行ったという話や、おじたちの父親の話、さらには、母方で記録が残っている最初の先祖が、錬金術に没頭していたラビ（ユダヤの宗教的指導者）で、一七世紀にリューベックに住んでいたラザール・ヴァイスコプフという人だったという話に夢中になった。これをきっかけに、歴史全般に興味をもつようになり、歴史を家族にからめた視点で見るようになったのかもしれない。だから、本で知った科学者、とくに初期の化学者は、ある意味で名誉ある先祖となり、空想のなかで自分と何らかのつながりのある人々になった。こうして私は、初期の化学者がどんなことを考えたかを知り、彼らの世界を追体験するという欲求に駆り立てられた。

真の科学としての化学が最初に登場したのは、ものの本によれば一七世紀半ばで、ロバート・ボイルの成果が世に示されたときのことだ。ニュートンより二〇歳近く年かさのボイルは、錬金術がまだ主流だった時代に生まれ、彼自身、科学的な考えや手法を採り入れながら、錬金術の考えや手法も捨てていなかった。じっさい、金《きん》を作れると信じていて、自分が本当に作れたとも思い込んでいた（ニュートンも錬金術師だったが、ボイルにそのことは内緒にしておいたほうがいいと忠告したらしい）。ボイルは尽きせぬ好奇心（アインシュタインの言う「聖なる好奇心」）をもった人だった。というのも、自然界の驚異はすべて神の栄光を称《たた》えるものと考えていたからで、それがさまざまな現象を調べる動機になっていた。

ボイルは結晶とその構造も調べ、結晶に劈開面《へきかいめん》があることを初めて見出した。色についても研究し、その成果を著わした本はニュートンに影響を与えた。スミレの汁に紙を浸し、最初の化学指示薬も作った。この紙は、酸性の液体につけると赤くなり、アルカリ性の液体につけると緑になる。電気について、最初の英語の本を著わしたのもボイルだ。彼は、硫酸のなかに鉄釘を入れて、それと気づかずに水素も発生させた。また、ほとんどの液体は凍らせると体積が縮むのに、水は膨張することを発見した。サンゴの粉末に酢を注ぐとガスが発生し（のちに二酸化炭素だとわかる）、この「人工の空気」のなかに閉じ込めるとハエが死んでしまう事実も明らかにした。さらに、血液の性質を調べ、輸血の可能性に興味をもった。味覚や嗅覚の実験もおこない、初めて半透膜について記述した。そして、脳感染（脳炎）の後遺症で色覚を失う後天性色盲について、最初の事例を示したのもやはりボイルなのだ。

こうしたさまざまな研究の成果を、ボイルはきわめて単純明快な言葉で記した。錬金術師たちが謎めいた不可解な言葉を使っていたのとは、大違いだった。ボイルの文章はだれにでも読めたし、彼の実験はだれにでも再現できた。ボイルは、錬金術の閉鎖性・秘密性ではなく、科学の公開性を象徴していたのである。

ボイルは何にでも関心を示したが、化学にはとくに魅了されたようだ（若いころ自分の化学実験室を「天国のような場所」と呼んでいた）。とりわけ物質の性質を理解したいと考え、最も有名な著書『懐疑の化学者』（邦訳は田中豊助・原田紀子・石橋裕訳、内田老鶴圃刊）では、神秘的な「四元素」説の誤りを暴き、何世紀にもわたる錬金術や調剤術にもとづく膨大な経験的知識と、彼の時代に目覚めた合理性の概念とをひとつに結びつけている。

古代人は、「土」「空気」「火」「水」の四つを基本元素と見なしていた。これは、五歳のころ私が分類していたカテゴリーとほとんど同じだと思う（ただ、金属を特別に五つめのカテゴリーにしていたかもしれない）。けれども、錬金術師の三原質はなかなか想像できないものだった。それは「硫黄」と「水銀」と「塩」なのだが、一般に言う硫黄と水銀と塩ではなく、「理念上の」《硫黄》と《水銀》と《塩》を指していた。《水銀》は物質に光沢と硬さを与え、《硫黄》は色と可燃性を与え、《塩》は固形性と耐火性を与えるものと捉えられていたのである。

ボイルは、そうした古代の神秘的な元素や原質の概念を、合理的かつ経験的な概念に置き換えようともくろみ、元素の近代的な定義を初めて提示した。

ここで私が言いたいのは、「元素」は……ある種「根源的」で「単一」の、つまりまったく混じりけのない物体だということである。各元素は、何かほかの物体やお互い同士でできているわけではない。また、これは完全な混合体と呼ばれるものを直接構成している成分であり、完全な混合体は究極的にはこの成分に分解される。

しかしボイルは、そうした「元素」にせよ、その「混じりけのなさ」にせよ、実証できる例を示さなかった。そのため当時、この定義は抽象的すぎてあまり役に立たないように思われた。

『懐疑の化学者』は私には読みこなせなかったが、ボイルが一六六〇年に出版した『新しい実験（*New Experiments*）』は面白かった。[1] この本で彼は、「空気エンジン」（助手のロバート・フックが考案したエアポンプのこと）を使った四〇以上の実験を、こまごましたこともふんだんに盛り込んで、素晴らしく鮮やかに説明していた。この空気エンジンは、密閉した容器から多くの空気を抜くことができた。そうした実験によってボイルは、空気がそれ自体の化学的・物理的特性をもつ物質で、圧縮したり希薄にしたりでき、重さもはかれることを示し、空気はエーテル（光や熱などを伝えるものとしてかつて仮想されていた媒体）のようにどこにでも充満している媒質だという古くからの考えを打ち破った。

ボイルは、火のついた蠟燭や赤く燃える石炭の入った密閉容器から空気を抜く実験をして、空気が希薄になると蠟燭や石炭が燃えなくなり、再び空気を入れると石炭は赤い輝きを取り戻すことに気づいた。燃焼に空気が必要なことを示したのである。また、いろいろな生物――昆虫や鳥やネズミ――を容器に入れ、減圧すると苦しんだり死んだりし、再び空気を注入すると元気を取り戻すことがあるのも明らかにした。こうして彼は、燃焼と呼吸のあいだによく似たところがあるのに驚いた。

さらにボイルは、真空中で鈴の音が聞こえるかどうかも調べ（聞こえなかった）、磁石の力が働くかどうかも調べ（働いた）、昆虫が飛べるかどうかも調べた（減圧すると「気絶」してしまったので、これは判断がつかなかった）。また、減圧によってツチボタルの光がどうなるかも確かめた（暗くなった）。

そんな実験のあれこれをむさぼるように読みながら、私は自分でもいくつかやってみた。その際、うちにあった掃除機がうまいことボイルのエアポンプの代わりになった。この遊び心にあふれたボイルの実験の本は、哲学的な対話ばかりの『懐疑の化学者』と違って大いに楽しめた（じっさい、ボイル自身も遊び心を意識していなかったわけではない。「私は遊びの実験も蔑《ないがし》ろにすべきでないと思うし、子どもたちの遊びが理論家の研究に値することもあると考える」）。

ボイルの人柄にもとても魅力を感じ、何にでも興味をもつところや、いろいろな逸話が好きなところや、たまに言葉遊びをするところも気に入った（たとえば「儲けになる（lucriferous）ことより啓発する（luciferous）こと」のほうが好きだなどと書いている）。私は彼を、ひとりの人間として、自分が好きになれそうな人間として、頭に思い描くことができた——ふたりのあいだに三世紀もの隔たりがあるにもかかわらず。

アントワーヌ・ラヴォアジエは、ボイルより一世紀近くあとに生まれ、近代化学を真の意味で創始した父として知られている。彼の時代には、すでに高度な化学知識が山ほど得られていた。そのなかには錬金術師の遺産（彼らこそが、蒸留や結晶化の装置やテクニックをはじめ、さまざまな化学的手法を開発したのだ）や薬剤師の遺産もあるが、むろん多くは初期の冶金学者や鉱山労働者の残した知識だった。

しかし、さまざまな化学反応の研究がされていながら、反応の体系的な評価はおこなわれていなかった。ほとんどの物質の組成はわかっておらず、水の組成さえ知られていなかった。鉱物や塩《えん》は、成分ではなく、結晶の形などの物理的特性によって分類されていた。元素や化合物の概念が明確に存在していなかったのである。

さらに、化学現象の土台となる包括的な理論の枠組みもなく、ただフロギストン（燃素）というものを仮定したいささか神秘的な理論だけがあって、これですべての化学変化が説明できるとされていた。フロギストンは火の原質のことだ。金属が燃えるのはフロギストンを含んでいるからで、燃えるとそれが放出されると考えられていたのである。逆に、金属の「土《アース》」に木炭を混ぜて精錬すると、木炭が自分のもつフロギストンを提供し、金属が再構成されるというわけだった。したがって金属は、その「土《アース》」（金属灰）とフロギストンからなる、一種の複合物あるいは「化合物」と言えた。さらには、すべての化学的なプロセスが——精錬や焼成ばかりか、酸・アルカリの作用や塩の形成までも——フロギストンの付加や除去によるものと説明された。

フロギストンに、見てわかるような特性がないのは確かだった。容器に詰めることも、実物を見せることも、重さをはかることもできなかった。だがそれは、電気にも言えたことではないか（電気は、一八世紀に人々が大きな謎と魅力を感じたもうひとつの対象だった）？フロギストンには、直感的で、詩的で、神秘的な魅力があり、それによって火は、物質的なものであると同時に霊的なものにもなっていた。しかし、そうした抽象的なところがありながら、フロギストン説は、（ボイルが一六六〇年代に考えた力学的・粒子的な理論と違って）具体性のある最初の化学理論でもあった。具体的な化学元素の有無や移動によって、化学的な性質や反応を説明しようとしていたのである。

このように、化学にまだ半ば抽象的で詩的な雰囲気が漂うなかで、ラヴォアジエは成人になり、一七七〇年代を迎えた。彼は、実際的で分析と論理に長け、啓蒙思想の申し子で百科全書派の崇拝者でもあった。二五歳になるころには、すでに地質学で先駆的な成果を収め、化学と弁論術で素晴らしい能力を発揮し（都市の照明や焼石膏の硬化と接着について論文を書いて賞を取っていた）、科学アカデミーの会員に選ばれていた。[2] だが、彼の知能と野心は、とりわけフロギストン説に対して向けられるようになった。フロギストンのアイデアは、ラヴォアジエには抽象的で空虚なものに見えた。そしてすぐに彼は、攻撃の足がかりが燃焼の精密な定量実験にあると気づいた。物質が燃えるとフロギストンを失うと考えられているが、実際に重さが減っているのだろうか？　経験的に言えば確かにそのとおりで、物質は「燃えてなくなる」ようだった。蠟燭は燃えながらちびていくし、有機物は炭になると縮んでいるし、硫黄や木炭は完全になくなってしまう。ところが、金属の燃焼にはそれが当てはまらないように見えた。

一七七二年、ラヴォアジエはギトン・ド・モルヴォーの実験報告を目にした。ド・モルヴォーは、金属を空気中で燃やすと重さが増すことを、きわめて念入りで精密な実験によって確かめていた。(3)　これは、燃焼によって何か――フロギストン――が失われるという考えとどう折り合いをつけたらいいのだろうか？　ラヴォアジエは、フロギストンには「軽さ」があって、それを含む金属は浮力を与えられているとするギトンの説明を、ばかげていると思った。それでも、ギトンの非の打ち所のない実験結果は、ラヴォアジエにかつてない刺激を与えた。その結果は、ニュートンのリンゴのように、世界を支配する新しい理論が必要な事実であり現象だったのである。

「ラヴォアジエは、こんなことも記している。自分以前の研究が「物理学と化学に革命をもたらす可能性を秘めているように見えた。私以前にさまざまな人の得た結果が、何かを暗示していると見るべきではないかと思ったのだ。……長い鎖を構成するあちこちの断片のように」あとはだれかが、そう、彼が、その鎖の輪を全部つなげてやればよかった。そのためには、「膨大な実験によって……ひとつづきの全体を構成し」、理論を作り上げるという作業が必要だった。

こうした壮大な考えを実験ノートで打ち明けながら、ラヴォアジエは実際に体系的な実験に取り組み、多くの先達の研究を再現した。ただし、再現したといっても、今度は密閉した装置を使い、反応の前後ですべて精密に重さをはかった。ボイルはもちろん、ラヴォアジエと同時代でとりわけ几帳面な化学者たちさえも、そこまではやっていなかった。彼は、鉛やスズを密閉したレトルト（内容物を加熱により分解したり蒸留したりするための耐火性容器）に入れて灰になるまで熱し、反応物の総重量が反応のあいだ増えも減りもしないことを明らかにした。そしてレトルトを割ると、なかへ空気がなだれ込み、灰の重量が増した。しかもその増加分は、それらの金属を焼成して金属灰にしたときに増える重量とまったく同じだったのである。ラヴォアジエは思った。この増加は、空気かそのなかの何かが金属に「固定」された結果にちがいない、と。

一七七四年の夏、イギリスのジョーゼフ・プリーストリーは、水銀の赤い金属灰（酸化第二水銀）を加熱して「空気」が出てくることに気づいた。その「空気」は、不思議にも、ふつうの空気より濃いか純粋なように感じられた。彼はこう書いている。

この空気のなかでは、蠟燭が驚くほど激しい炎を上げて燃えた。また、赤熱した木片は、パチパチ音をたててとんでもない勢いで燃える。それはまるで白熱した鉄のようで、四方八方に火花を飛ばしていた。

すっかり夢中になったプリーストリーは、さらに研究を進め、ハツカネズミをこの空気のなかに入れるとふつうの空気の場合の四、五倍も長生きすることも発見した。こうしてその新しい「空気」が無害だと確信すると、自分でも試してみることにした。

肺に吸い込んだ感じは、ふつうの空気とさして違わない。だが、それからしばらくのあいだ、不思議と胸が軽くなり心地よい気分になった。この純粋な空気がいずれ贅沢品として流行しはじめないなどとだれに言えるだろう。今のところ、これを吸う恩恵にあずかったのは、二匹のハツカネズミと私だけである。

一七七四年の一〇月、プリーストリーはパリへ行き、新たに発見したこの「脱フロギストン空気」についてラヴォアジエに話した。するとラヴォアジエは、プリーストリーが気づかなかったことに気づいた。燃焼や焼成の際に何が起きているのかという、自分を悩ませていた問題を解く重要な手がかりがそこにあると思ったのだ。(4) 彼はプリーストリーの実験を再現し、バリエーションを広げ、定量化し、さらに工夫を凝らした。その結果ラヴォアジエは、燃焼が物質（フロギストン）を失うプロセスではないことを確信した。それは、可燃性物質が大気を構成する空気の一部と結びつくプロセスだったのだ。その空気の一部であるガスの名前として、彼は「酸素」という言葉をこしらえた。(5)

ラヴォアジエは、燃焼が化学的なプロセス——今日では酸化と呼ばれているもの——であることを実証した。だが、この事実はほかにもいろいろなことを示唆しており、彼が思い描いた化学の革命という壮大なビジョンのひとかけらにすぎなかった。密閉したレトルトのなかで金属を燃やしても、「火の粒子」によって重さが増すことはないし、フロギストンの放出によって重さが減ることもない。彼はそれを、燃焼というプロセスにおいて物質が生成も消滅もしないことのあかしととらえた。この保存則はまた、反応物と生成物の総質量はもちろん、それらを構成する各元素にも当てはまった。じっさいラヴォアジエは、密閉した容器のなかで砂糖に酵母と水を加えて発酵させ、アルコールを得る実験をしているが、このとき炭素も水素も酸素も総量はつねに一定だった。元素が化学的に再結合しただけで、それぞれの量は変わっていなかったのだ。

　質量保存則は、合成や分解における不変のものの存在を示唆していた。そこでラヴォアジエは、元素を既存の手段では分解できない物質と定義し、（ド・モルヴォーらとともに）純粋な元素のリストを作成した。古代の四元素に代えて、三三種類の、分解不可能な単体を提唱したのである。[6] さらにこのリストをもとに、ラヴォアジエはみずから「バランスシート」と名づけたものも作成した。これは、反応における各元素の厳密な収支を調べるもので、簿記で使うバランスシート（貸借対照表）になぞらえた呼び名だった。

　ラヴォアジエは「化学の言語」を自分の新理論に合わせて変えてやる必要があると考え、

命名法の革命にも乗り出した。それまでの、趣はあるけれども情報的価値のない名前――アンチモン・バター（塩化アンチモンのこと）、ジョヴィアル・ベゾアール（スズの結石酸塩）（結石酸は膀胱結石を水に溶かしたもので、今日では成分としてリトコール酸や尿酸が知られている）、ブルー・ヴィトリオル（胆礬《たんばん》）（硫酸銅のこと）、鉛糖（酢酸鉛のこと）、リヴァビウスの発煙液（四塩化スズのこと）、亜鉛華（酸化亜鉛のこと）など――を、厳密かつ分析的でそのものを説明する名前に変えたのだ。たとえば、何らかの元素を窒素やリンや硫黄と化合すると、窒化物やリン化物や硫化物になる。酸素を加えて酸ができると、硝酸、リン酸、硫酸と呼べるものになり、それらの塩《えん》は硝酸塩、リン酸塩、硫酸塩となった。一方、酸素の量が少ないと、硝酸塩、リン酸塩などに代わって、亜硝酸塩、亜リン酸塩というものになった。単体であれ化合物であれ、どんな物質にも、構成や化学的性質を示すぴったりの名がつけられたのだ。それらの名は代数のように体系的に扱えるので、個々の物質がさまざまな状況でどう反応し振る舞うかがひと目でわかった（そのような新しい名の利点はよくわかっていたが、私は昔の名も捨てがたいと思った。かつての呼び名には、感覚的な特性や神秘的な素性を示す、詩的で強い感情を呼び起こすところがあったからだ。そんな要素は、体系的で無味乾燥な新しい化学名にはないものだった）。

ラヴォアジエは、元素記号を決めたわけでも化学式を編み出したわけでもないが、それらに必要な素地を提供した。私は、彼が化学反応にバランスシートという実用面の代数の概念を持ち込んだ事実に興奮を覚えた。まるで、歴史上初めて記された言語や音譜を目にしたかのような気分だった。この代数学的な言語の登場によって、人はわざわざ実験室に行かなくてもよくなったのかもしれない。黒板や頭のなかで化学を研究できるようになったのだ。代数学的な言語、命名法、質量保存則、元素の定義、真の燃焼理論の完成といったラヴォアジエの成果は、すべて有機的に結びついて、一個の驚くべき体系を作り上げた。それこそ、一七七三年に彼が大胆にも夢見た、化学を根底から築きなおす革命だったのだ。その革命をラヴォアジエは『化学原論』（邦訳は柴田和子訳、朝日出版社刊など）のなかで明白な真理として示していたが、そこまでの道のりは決して平坦ではなかった。この天才が一五年の歳月をかけて、前提や思い込みの迷路を抜け、他人の無知ばかりか自分の無知とも戦った成果なのだ。

ラヴォアジエが徐々に説得の材料を集めていたころ、化学は激しい論争と対立の時代にあった。だが一七八九年、フランス革命が起こるわずか三カ月前についに『化学原論』が刊行されると、それは世の科学者たちをたちまち魅了した。ニュートンの『プリンキピア』に匹敵する、まったく新しい思考の枠組みだったのである。少数の抵抗勢力もあったが（キャヴェンディッシュとプリーストリーはその急先鋒だった）、一七九一年には、ラヴォアジエもこう言えるようになっていた。「若い化学者たちは皆この理論を受け入れている。このことから私は、化学の革命が起こったと断言しよう」

三年後、ラヴォアジエの人生は終わりを迎えた。最も才能を開花させていたときに、断頭台の露《つゆ》と消えたのだ。偉大な数学者ラグランジュは、同僚であり友人でもあった男の死をこのように嘆いている。「彼の頭を切り落とすのは一瞬で済む。だが、あのような頭を生み出すのは一〇〇年かけても無理かもしれない」

ラヴォアジエや、彼以前に「空気を研究した」化学者の話を読んで、私は自分でも金属を加熱して酸素を作ってみたくなった。プリーストリーが一七七四年に初めて作ったときのように、酸化第二水銀を加熱して作ろうとも思ったが、換気フード付きの実験装置を入れるまでは、有毒な水銀の蒸気が怖かった。けれども、過酸化水素や過マンガン酸カリウムなど、酸素を多く含む物質を熱するだけでも、簡単に酸素を作れた。生成した酸素を満たした試験管に赤熱した木片を突っ込むと、一気に猛烈な炎を上げて燃えたのを覚えている。

ほかにも気体を作った。たとえば水を電気分解して水素と酸素を作り、それらをまた一緒にし、火花によって水を再合成した。水素を作るには、ほかにも酸やアルカリを使う方法がいろいろあった。亜鉛に硫酸をかける、びんについているアルミニウムの王冠に苛性《かせい》ソーダ（水酸化ナトリウム）を注ぐ、などだ。できた水素をただ泡にして逃がしてしまうのももったいないと思ったので、フラスコの口にぴったりはまるゴム栓やコルクを手に入れ、真ん中にガラス管を挿《さ》す穴が空いているものも用意した。私はデイヴおじさんの実験室で、ガラス管をガスバーナーで軟らかくしてそっと曲げる技を覚えていた（もっと面白かったのが、ガラスを吹くという技だ。溶けたガラスに慎重に息を吹き込んで、球やいろいろな形をした薄いガラスに仕上げたのである）。そこで私は、そのようにして作ったガラス管を栓に挿して、フラスコから出てくる水素に火をつけてみた。すると無色の炎が上がった。ガス灯やこんろの炎と違って、黄色くもないし、煙も出ない。あるいはまた、美しいカーブを描いたガラス管で水素を石鹸水へ送り込み、なかに水素の入った石鹸の泡を作ってみた。この泡は空気よりずっと軽いので、天井まで一気にのぼって破裂した。

ときどき、発生した水素を、逆さにした容器に集めたこともあった。その容器を逆さのまま鼻のところまでもってきて、中身を吸い込んでみた。無味無臭で、何も変わった感じがしない。ところが、声だけは少しのあいだミッキーマウスみたいにかん高くなって、とても自分の声とは思えなかった。

チョークに塩酸をかけて（酢のような弱い酸でも十分なのだが）、はるかに重たい気体――二酸化炭素――の泡も作った。この目に見えない重たい二酸化炭素をビーカーに集め、空気の入った小さな風船を放り込むと、空気は二酸化炭素よりずっと軽いのでぷかりと浮いた。うちの消火器には二酸化炭素が詰め込まれていたから、それもときどき使わせてもらった。

逆に二酸化炭素でふくらませた風船を作ってみたところ、それは重たげに床へ落ち、そのままじっとしていた。ならば、もっと重たい気体キセノン（空気の五倍の密度がある）を風船に詰めて手に持ったら、どんな感じだろうと思った。私がその話をすると、タングステンおじさんは、空気のほぼ一二倍の密度をもつ、六フッ化タングステンというタングステン化合物を教えてくれた。これまで知られているなかで一番重たい蒸気だ、とおじは言った。水と同じぐらい重たいガスを見つけるか作るかして、それに浸かったら、水のなかみたいに浮かんでいられるのではないかとも想像した。浮かぶということ――あるいは、浮かんだり沈んだりすること――には、自分にたえず力が与えられていると思える魅力があった。[7]

戦時中、私はロンドン上空に浮かぶ大きな阻塞《そさい》気球に見惚れたものだ。それは空を泳ぐ巨大なマンボウのようで、ヘリウムの詰まった丸々とした体から三枚の尾びれが生えていた。素材はアルミニウムをメッキした布だったので、日の光を浴びてきらきら輝いて見えた。地面につながれた長い綱は、敵戦闘機を引っかけるためのもので、低空飛行をできなくしていた。気球そのものも、私たちを守る巨大な防具になっていた。

そうした気球のひとつがリミントン・ロードのクリケット場につないであり、私をとりこにした。ときどき、だれも見ていないときにクリケットのピッチをこっそり離れ、ふかふかした輝く気球を撫でに行った。気球は、地上ではあまりふくらんでいなかったが、空に上げて十分な高度に達すると、なかのヘリウムが膨張してぱんぱんにふくらんだ。私はその巨大な気球の感触が大好きだった。それはどこかエロチックな感触とも言えたが、当時はそんなことは知らなかった。よく、夜に阻塞気球に乗って、静かに揺られているところを夢見た。せわしない世界のはるか上空を浮遊しながら、巨大なふかふかの物体にくるまれて、永久に至福の恍惚《こうこつかん》感を味わっている自分を想像したのだ。だれもが気球は好きだったと思う。上へ引っぱる力は希望を象徴し、胸を高鳴らせてくれたからだ。だが私にとって、リミントン・ロードの気球は特別な存在だった。それは、私が触るのに気づいて反応し、喜びに打ち震える（私の手の震えなのだが）ように見えた。人間でもなく、動物でもなかったが、ある意味生命が宿っていた。一〇歳のときに知った、初恋の相手だったのである。

（1）フックもまた、機械にかかわる才能と数学の能力によって、科学に精根を傾け、驚くべき発明をした。フックが事細かに記した大部の日誌や日記は、彼の休みない思考活動のみならず、一七世紀の科学全般の思想的傾向をも、最高にありありと伝えている。著書『ミクログラフィア』（邦訳は永田英治・板倉聖宣訳、仮説社刊）でフックは、みずから製作した複合顕微鏡とともに、昆虫などの生き物の、それまで知られていなかった複雑な構造を描いた絵を紹介した（そのなかには、巨大なシラミが舟棹《ふなざお》のように太い人間の髪の毛に付いている有名な絵もあった）。彼はまた、ハエの羽ばたきの振動数を音の高さから推定し、さらに初めて化石を絶滅した動物の遺骸や跡形だと説明した。風力計や温度計、湿度計、気圧計の設計図も示した。ときとしてフックは、ボイルをも上回る大胆な考えを提示し、燃焼は「内在する物質が空気と混じり合って起きる」と言った。彼は、燃焼を「われわれの肺のなかで失われるあの空気に備わった性質」と見なしたのである。このように、空気中に有限の量だけ存在する物質が燃焼や呼吸に必要で消費されるという考えは、ボイルが提唱した「火の粒子」の仮説より、気体が化学的な活性を示すという概念にずっと近い。

フックのアイデアの多くは、ほぼ完全に無視されるか忘れられるかしてしまった。だから、ある学者は一八〇三年にこんなことを述べている。「科学の歴史において、私はこのフック博士の理論がすっかり忘れられていたこと以上に不可解なことを知らない。彼の理論は、きわめて明快に表現されているから、かなり注目されそうなものなのに」このように忘れられていた一因は、ニュートンに徹底的に反感を抱かれたことにある。ニュートンは、フックを大いに嫌っていて、フックが生きているあいだは王立協会の会長を引き受けず、あらゆる手を使ってフックの名声を殺してしまおうとした。だが、もっと根本的な要因は、神経生物学者のガンサー・ステントが科学の「早産児」と言った点にあるのかもしれない。つまり、フックのアイデアの多く（とくに燃焼についてのアイデア）は進歩的すぎて、当時の一般的思考の枠組みでは受け入れられず、理解すらされなかったというわけである。

（2）ダグラス・マッカイは、みずから著わしたラヴォアジエの伝記のなかで、ラヴォアジエがおこなった膨大な数の研究活動を列挙している。それを眺めると、彼自身の関心の驚くべき幅広さはもちろん、当時の時代背景までもありありと感じられる。

> ラヴォアジエは、次のものについてレポートを作成した。パリの上水道。刑務所。催眠術。リンゴ酒の粗悪化。公営食肉処理場の設置場所。新たに発明された「モンゴルフィエ式熱気球」。漂白。比重の表。液体比重計。色彩の理論。ランプ。隕石。煙の出ない暖炉。タペストリーの製作。紋章の彫刻。紙。化石。車椅子。水力式のふいご。酒石。硫黄泉。キャベツとアブラナの栽培とこれらから抽出した油。タバコの葉をすりつぶす道具。炭鉱の採掘場。白い石鹸。硝石の分解。デンプンの製造。……船上での真水の保管。空気の固定。湧水中に油が混入する報告例。……絹や羊毛からの油や脂肪分の除去。蒸留による亜硝酸エチルの調製。エーテル。反射炉。インクを供給しつづけるのに水を加えるだけでいい新型インクとインク壺。……ミネラルウォーター中に含まれるアルカリ金属の推定。パリ造兵廠《ぞうへいしょう》の火薬庫。ピレネー山脈の鉱物学。小麦と小麦粉。汚水だめとそこから立ちのぼる気体。植物の灰のなかに金《きん》が存在するという噂。砒酸《ひさん》。金と銀の分離。

エプソム塩の主成分。生糸（絹糸）の巻き取り。染色に使用するスズ溶液。火山。腐敗。消火性の液体。合金。鉄の錆び。花火大会で「可燃性ガス」を使用する提案（これは警察の依頼による）。夾炭層《きようたんそう》。脱フロギストン塩酸。ランプの芯。コルシカ島の博物学。パリの井戸から生じる毒気。金の硝酸溶液があるとの噂。湿度測定に使えるソーダ（炭酸ナトリウム）の性質。ピレネー山脈の鉄と塩の研究。銀も産出する鉛鉱山。新しいタイプの銃身。板ガラスの製造。燃料。ピートを炭へ転化する方法。製粉機の建造。砂糖の製造。雷の途方もない威力。亜麻の発酵精練、フランスの鉱床。メッキした調理用鍋。水の生成。硬貨鋳造。気圧計。昆虫の呼吸。野菜の栄養。化合物における成分比。植生。その他まだ多くのテーマがあり、どんなに短い言葉で紹介しようとしても、ここにはとうてい書ききれない。

（3）ボイルも一〇〇年前に金属を燃やす実験をおこない、燃えると元の金属より重い金属灰ができることに気づいていた。しかし、この重さの増加に対する彼の説明は力学的で、化学的ではなかった。金属が「火の粒子」を吸収したと考えたのだ。同じように、空気も化学的な視点ではとらえず、肺から不純物を洗い流すといった力学的な換気に利用される、弾性のある特異な流体と見なした。だが、ボイル以後の一〇〇年間で、一貫した実験結果は得られていない。その一因は、実験で使われた巨大な「天日レンズ」（太陽光線を集光して物を燃やすレンズ）のパワーが強すぎ、金属酸化物の一部を蒸発させたり昇華させたりして、重さを増やすどころか減らしてしまっていたことにある。しかし、そもそも重さをはかる実験があまりおこなわれなかった。当時の分析化学はまだおおかた定性的なものだったのだ。

（4）同じ月に、ラヴォアジエはシェーレから一通の手紙を受け取っている。その手紙には、炭酸銀を加熱することによって、「固定空気」（二酸化炭素）に混じってシェーレが「火の空気」と名づけたもの（酸素）が生成したと記されていた。シェーレはまた、プリーストリー以前に、酸化第二水銀から純粋な「火の空気」を取り出していた。だが結局、ラヴォアジエは酸素を発見したのは自分だと主張し、先達の発見をほとんど認めようとしなかった。シェーレたちは目にしたものをきちんと理解していなかった、と思ったからである。

こうした事実や、何をもって「発見」とするかという問題については、ロアルド・ホフマンとカール・ジェラッシの戯曲『酸素（*Oxygen*）』で掘り下げられている。

（5）フロギストンの概念に代わって酸化の概念が登場すると、たちまち実用面で応用されていった。たとえば、燃料を完全に燃焼させるためには、できるだけ空気が多いほうがいいことが明らかになった。ラヴォアジエと同じ時代に生きたフランソワ＝ピエール・アルガンは、すぐにこの燃焼の新理論をランプの設計に利用した。そのランプは、平たいリボン状の灯心を曲げて円筒のなかに収め、空気が内側からも外側からも灯心に当たるようにしたもので、火屋《ほや》をかぶせて上昇気流も起こるようにしていた。このアルガンバーナーは、一七八三年ごろにはもうすっかり社会に定着していた。それまでは、これほど効率的なランプも明るいランプも存在しなかった。

（6）ラヴォアジエの元素のリストには、彼が命名した三つのガス（酸素、アゾート［窒素］、水素）と、三つの非金属（硫黄、リン、炭素）と、一七の金属のほか、塩酸・弗酸《ふっさん》（フッ化水素酸のこと）・ホウ酸の「ラジカル」（酸基）と、五つの「土《アース》」（チョーク、マグネシア、重土、アルミナ、シリカ）が含まれていた。ラヴォアジエは、これらの「ラジカル」や「土《アース》」が実は新元素を含む化合物であることを見抜いていて、ほどなくそうした新元素が見つかると思っていた（じっさい、一八二五年までにフッ素以外はすべて見つかっていた）。フッ素だけはその後も六〇年間単離に成功しなかった）。しかし、残りのふたつの「元素」は「光」と「熱」だった。どうやら彼も、フロギストンの亡霊から完全には逃れられなかったようだ。

（7）それから五〇年以上経って（六五歳の誕生日に）、私は少年時代の夢を実現できた。ふつうのヘリウムの風船のほかに、いくつか驚くほど密度の高いキセノンの風船もいただいたのだ。英語で「何かをやろうとして失敗すること」を lead balloon（鉛の風船）と言うが、本当に「鉛の風船」というものがあるならこんな感じだろうと思った（六フッ化タングステンはもっと密度が高いが、危険すぎて使えなかった。湿気があると加水分解して、フッ化水素酸を生成してしまうからだ）。手の上でキセノンの風船をくるくる回してから止めると、その重たいガスは、まるで液体のように、勢いがついたまま一分ぐらい回りつづけた。

11　ハンフリー・デイヴィー
——詩人でもあった化学者への憧れ

初めてハンフリー・デイヴィーの名を耳にしたのは、戦争が始まる少し前、母に連れられて科学博物館へ行ったときのことだったと思う。最上階には炭鉱を復元したセットがあり、ほこりっぽい坑道が薄暗いランプで照らされていた。母はそこでデイヴィーの安全灯を見せ(何種類かの模型があった)、その仕組みと、それにより数え切れないほどの人の命が救われたことを話してくれた。さらに母は、隣にあった、母の父が一八七〇年に発明したランダウランプも私に見せた。それはデイヴィーのランプを巧みに改良したものだった。だからデイヴィーは、私にはまるで先祖のように思え、身内同然の存在となった。

デイヴィーは、一七七八年にイギリスで生まれ、ラヴォアジエによる革命が始まったころに思春期を過ごした。当時は化学が成熟を迎えた発見の時代で、また、大いなる理論が登場しはじめた時代でもあった。職人の息子だったデイヴィーは、地元ペンザンスの薬剤師兼外科医の徒弟となったが、まもなくもっと大きな志をもつようになる。なかでも彼を惹きつけたのは、化学だった。デイヴィーはラヴォアジエの『化学原論』を読んで内容をマスターした。正規の教育をほとんど受けていない一八歳の少年としては、まさに驚くべき偉業である。それから、(大それた野望にも思える)壮大なビジョンがデイヴィーの頭に浮かびだした。ひょっとして、自分も第二のラヴォアジエに、あるいは第二のニュートンになれるのではなかろうか？(当時彼が使っていたノートの一冊には、表紙に「ニュートン・アンド・デイヴィー」とまで書かれている)

ラヴォアジエは、熱を元素と見なした「熱素」の概念で、まだフロギストンの亡霊を残していた。するとデイヴィーは、最初におこなった独創的な実験で、摩擦によって氷を解かしてみせ、熱が運動すなわちエネルギーの一形態であって、ラヴォアジエが考えたような物質ではないことを明らかにした。「熱素が存在しないこと、あるいは熱が流体であることが、証明された」と彼は喜んでいる。そしてみずからの実験結果を「熱と光について」という長い論文にまとめて公表した。論文は、ラヴォアジエに対する批判であると同時に、ラヴォアジエが見出そうとしていた新しい化学のビジョンも提示していた。これによって、錬金術や抽象論の残渣《ざんさ》はついに一掃されたのである。

この青年の登場と、その卓越した知性と、ひょっとしたら物質とエネルギーの概念に革命を起こすかもしれない新しい考えについて、噂を耳にした化学者トマス・ベドーズは、デイヴィーの論文を出版し、みずからが主宰するブリストルの気体研究所に彼を招聘《しょうへい》した。ここでデイヴィーは、(プリーストリーが最初に単離した)窒素酸化物——亜酸化窒素(N_2O)、一酸化窒素（NO）、および褐色の有毒な「過酸化」窒素（NO_2）――を分析し、それらの性質を細かく比較して、「笑気」とも呼ばれる亜酸化窒素を吸い込んだときの作用について素晴らしい報告を記している。そのときのデイヴィーの描写は、心理的な洞察に満ちていて、一世紀後に心理学者のウィリアム・ジェームズが同じ体験をしたときの言葉を彷彿とさせる。またこれは、西洋の文献に現われた最初の幻覚体験の記述ではなかろうか。

ぞくぞくする興奮が、胸から手足へほとんど一瞬にして広がった。……目に見えるものはまぶしく誇張されて見え、部屋のなかのありとあらゆる音がはっきり聞こえる。……心地よい感覚がさらに高まると、自分と外界のものとのつながりが完全に失われた。鮮やかな視覚的イメージが次々と走馬灯のように脳裏に映し出され、それらがさまざまな言葉と結びついてまったく新しい知覚を生み出す。私は、概念が新たに結びつき、新たに変更された世界に存在していた。そして、自分がこれまでにない発見をしているように思った。

デイヴィーはまた、亜酸化窒素に麻酔性があることも発見し、それが外科手術に使えそうだとほのめかしていた（だがそれ以上は追求しなかったため、実際に全身麻酔が導入されたのは、彼の死後、一八四〇年代のことだった）。

一八〇〇年、デイヴィーは、「電堆《でんつい》」という史上初めての電池を公表したアレッサンドロ

・ヴォルタの論文を読んだ。この電堆は、二種類の金属のあいだに塩水で湿らせた厚紙をはさんだもので、安定した電流を発生させることができた。それ以前の一世紀で、雷や火花のような静電気については研究されていたが、持続的な電流は得られていなかったのだ。のちにデイヴィーは書いている。ヴォルタの論文は、ヨーロッパの実験化学者を目覚めさせる鐘《ね》の音となり、また自分にとっては、いまやライフワークと思っているものを一気に具体化してくれた、と。

デイヴィーは、ベドーズを説得して巨大な電池を作り――およそ一五センチ四方の銅と亜鉛の板一〇〇組で構成され、ひと部屋全部を占領していた――ヴォルタの論文が出て二、三カ月後に最初の実験を始めた。まもなく彼は、金属板で起きる化学変化によって電流が生じているのではないかと考え、その逆も成り立つのかという疑問をもった。電流を流すことによって化学変化を起こせないのかと思ったのである。

水素と酸素を一緒にして火花を起こすと水ができることは、すでにキャヴェンディッシュが明らかにしていた(1)。では、電流という新しいパワーを使って反対のこともできるのだろうか？　デイヴィーは、最初に手がけた電気化学実験で水に電流を流し（電気伝導性を与えるために少量の酸を加える必要があった）、それが構成要素に分解できることを示した。電池の一方の電極から水素が、もう一方の電極から酸素が発生したのだ。しかし、その発生量の比が厳密に決まっている事実を明らかにするまでには、さらに数年を要した。

自分の作った電池で、デイヴィーは、水の電気分解だけでなく金属線の加熱もできることに気がついた。たとえば白金線は加熱されて白熱光を発した。また、電極に炭素棒を使い、炭素棒同士の距離を短くすると、まばゆいばかりの電気の「アーク（弧）」が出て二本の棒のあいだに橋を架けた（「アークは大変強烈で、太陽光さえそれに比べれば弱々しく見えた」と彼は記している）。こうしてデイヴィーは、思いがけなく、電灯の二大方式となるものを発見した。白熱光とアーク放電である。ただ、彼はその原理を発展させず、すぐにほかの研究へ移ってしまった。[2]

ラヴォアジエは、一七八九年に元素のリストを作ったとき、「アルカリ土類」（マグネシア、石灰、重土）も新元素を含んでいると考え、リストに入れていた。デイヴィーは、さらにアルカリ（ソーダとカリ）にも新元素が含まれていそうだと思い、このリストに加えた（ここでいうソーダは水酸化ナトリウム、カリは水酸化カリウムだった）。しかしそれまでのところ、そうした新元素を単離できる化学的な手段は見つかっていなかった。デイヴィーは、電気というまったく新しいパワーを利用すれば、ふつうの化学的手法でうまくいかないことも成功するのではないかと考えた。そこでまずアルカリをターゲットに選び、一八〇七年の初めにおこなった有名な実験で、電流を利用して金属カリウムと金属ナトリウムを単離した。彼の実験助手によれば、これをなし遂げたとき、デイヴィーは有頂天になり、実験室のなかを大喜びで踊りまわったという。[3]

デイヴィーがした実験を再現するのは最高に楽しかった。そんなとき私は、すっかりデイヴィーになりきり、自分で元素を発見した気になれたものだ。彼がどうやってカリウムを発見し、どのように水と反応させたかを知ると、まずカリウムの小さなペレットを賽《さい》の目に切った（まるでバターのように切れ、切断面は銀白色に輝いたが、すぐにまたくすんでしまった）。それを私は、水を入れた桶のなかにそっと落とし、急いで身を引いた――間一髪だった。カリウムはとたんに火がついて溶けだし、紫色の炎を上げながら桶のなかを狂ったように駆けまわり、パチパチと大きな音を立てて四方八方に白熱したかけらを飛ばした。数秒後、その小さな粒は燃え尽き、桶の水は静けさを取り戻す。けれども、水は温かく、石鹸のようにぬるぬるしている。水酸化カリウムの水溶液になったのだ。それはアルカリ性なので、リトマス紙の色を青く変えた。

ナトリウムはもっと安価で、カリウムほど激しく反応しないので、私は戸外で反応を見てみることにした。さっそく一キロ半近くもある大きな塊を手に入れ、親友のエリックとジョナサンを連れてハムステッド・ヒースのハイゲート池へ遊びに行った。池に着くと、小さな橋の上で、油に浸かっていたナトリウムをやっとこで取り出し、池に投げ込んだ。たちまち火がついたナトリウムは、狂った流れ星のように水面を駆けずりまわり、辺り一面を黄色い炎の海にした。それを見て私たちは狂喜した。とにかくものすごい化学現象だった。

アルカリ金属のなかには、ルビジウムやセシウムのように、ナトリウムやカリウムよりさらに反応性の高いものもあった（そのほかにリチウムもあったけれども、これは最も軽く、最も反応性が低かった）。この五つの金属の小さな塊を水へ放り込み、反応を比べてみるのは面白かった。ただし、やっとこを使い、自分も周りの人間もゴーグルをはめて、慎重にやらないといけない。リチウムは、水面を静かに動き回って水と反応し、全部なくなるまで水素を発生した。ナトリウムの塊は、激しい音とともに水面を走りまわったが、小さい塊なら火はつかなかった。一方カリウムは、水に触れたとたんに着火して、淡い藤色の炎を上げながら周囲に細かい粒をまき散らした。ルビジウムはさらに激しく反応し、赤紫色の炎を上げて荒々しく飛び散った。そしてセシウムは、水に触れると爆発し、ガラス容器を粉々に打ち砕いた。これを目にしたら、アルカリ金属の性質は絶対に忘れられない。

ハンフリー・デイヴィーがナトリウムとカリウムを発見するまで、金属は、硬く、密度が高く、水に溶けないと考えられていた。だがそこへ、バターのように軟らかく、水よりも軽く、いとも簡単に溶けて、それまでにない激しい化合力をもつ金属が現われた（デイヴィーは、ナトリウムとカリウムの燃えやすさとそれらが水に浮かぶことに度肝《どぎも》を抜かれ、地球の地殻の下にはこうした金属の鉱床があって、それが水と出会うと爆発し、火山の噴火につながっているのではないかと考えた）。アルカリ金属は、本当に真の金属と見なしてよいのだろうか？ デイヴィーはこの疑問を二カ月後に口にしている。

この疑問を自然哲学に通じた多くの人にぶつけてみたところ、彼らはイエスと答えた。不透明で、光沢があり、鍛造《たんぞう》でき、熱や電気の力を伝え、化合する性質があるから金属と言ったのだ。

アルカリ金属の単離に成功したデイヴィーは、次にアルカリ土類に目を向けて電気分解をおこない、数週間のうちに四つの金属元素――カルシウム、マグネシウム、ストロンチウム、バリウム――を単離した。どれもアルカリ金属と同様、反応性が高く、鮮やかな色の炎を上げて燃えた。それらは明らかに自然界でまたひとつのグループを形作っていた。

アルカリ金属の単体は、自然界には存在しない。アルカリ土類金属の元素もそうだ。いずれも反応性が高く、すぐにほかの元素と結びついてしまうからである。(4) それらの元素は、代わりに単塩や錯塩《さくえん》と呼ばれる塩の形で見つかる。塩は、結晶状態では一般に導電性がないが、水に溶けたり溶融したりすると電気をよく通す。そればかりか、電流を流すと分解され、一方の電極には塩の金属成分（ナトリウムなど）が、もう一方の電極には非金属成分（塩素など）が生成する。これは、デイヴィーには、元素が塩のなかに電気を帯びた粒子（荷電粒子）として含まれていることを意味するように見えた。でなければ電極に引き寄せられるはずがなかったのだ。では、なぜナトリウムと塩素はいつもそれぞれ決まった電極に引き寄せられるのか？　デイヴィーの弟子だったファラデーは、のちにそうした元素の荷電粒子を「イオン」と名づけ、さらに電気的に正のイオンと負のイオンをそれぞれ「カチオン」（陽イオン）、「アニオン」（陰イオン）と呼んで区別した。ナトリウムは、荷電状態では強いカチオンであり、塩素は、荷電状態では最も強いアニオンのひとつだった。

デイヴィーの見たところ、電気分解は、物質がニュートンの考えのように不活性で「引力」によって結合しているのではなく、電気を帯び、電気力によって結合していることを明らかにしていた。そこで彼は、化学的な親和力と電気力は同じものだろうと考えた。ニュートンやボイルの考えでは、万有引力というただひとつの力が、恒星や惑星だけでなく、それらを構成する原子までも結びつけていた。ところがディヴィーの見方によれば、宇宙を支配する力がもうひとつあった。この力は、引力に劣らず強力だが、目に見えない、ほとんど想像もできない原子の世界において、原子間というわずかな距離でしか働かないものだった。ディヴィーは思った。引力が質量の秘密を解く鍵だとしたら、電気力は物質の秘密を解く鍵だ、と。

ディヴィーは、公開実験が大好きだった。彼の有名な講義──あるいは実演講義と呼ぶべきもの──は、面白く、印象的で、ときに文字どおりの爆発も起こした。講義の内容は、実験の詳しい説明から宇宙や生命についての思索にまで及び、それをだれにも真似のできない巧みな話術と豊かな表現力を駆使して語った(5)。たちまち彼は、イギリスで最も名声と実力のある講演者となり、講義のたびに、たくさんの聴衆が集まって通りをふさいでしまうほどだった。当時やはり偉大な講演者だった詩人のコールリッジまでもが聴講しにきて、化学の知識をノートに書き留めたばかりか、それにより「比喩のストックを増やした」らしい。

一九世紀の初頭には、まだ文芸と化学のあいだに文化的な結びつきがあった──まもなく両者の感性に乖離《かいり》が見られだすのだが。それゆえディヴィーは、ブリストルにいたころに、コールリッジをはじめロマン派の詩人たちと親交を重ねるようになった。ディヴィー自身も当時多くの詩を書いて、ときたま出版もしていた。彼のノートには、化学実験の内容と、詩と、哲学的な思索がまぜこぜになって記されている。それらはどうやら頭のなかでも区分けされていなかったようだ。(6)

この産業革命初期の輝かしい時代に、科学――とくに化学――への好奇心は異常なほど高まった。科学は、世界を理解するだけでなく、世界をより良い状態にするための、新たに登場した効果的な（それでいて不遜《ふそん》ではない）ツールのように思われたのだ。そしてデイヴィーがまさに、その新たな楽観論の象徴となり、良い意味でも悪い意味でも世界を変える可能性を秘めた科学技術の巨大な波の頂点に立っているかに見えた。彼はまず六つの元素を見つけ、新しいタイプの照明を提案し、農業に大きな技術革新を起こし、化学結合や、物体や、宇宙について、電気力にもとづく理論を打ち出した。しかもこのすべての成果を三〇歳になるまでに出していたのである。

一八一二年、木彫り師の息子だったデイヴィーが、とうとう大英帝国への功労者としてナイト爵に叙せられた。これほどの栄誉に浴した科学者の登場は、アイザック・ニュートン以来のことだ。同じ年に結婚もしたが、それでも化学の研究のことが頭から離れなかった。ヨーロッパ大陸へ長い新婚旅行に出かけるときも、行く先々で実験をしたり当地の化学者に会ったりすることにしていたので、大量の実験装置や材料をもっていき（「エアポンプ、起電機、ヴォルタ電池、……吹管類、ふいごと炉、水銀や水性ガスを使う装置、白金やガラスのカップと皿、それに一般的な試薬」)、実験助手を務めていた若き日のマイケル・ファラデーまで同行させた(当時二〇代前半だったファラデーは、デイヴィーの講義に魅了され、その講義を書き記して注釈も施した見事なノートをデイヴィーに見せ、弟子にしてほしいと頼み込んだのだ)。

パリで、デイヴィーはアンペールとゲイ=リュサックの訪問を受けた。ふたりは、デイヴィーの意見をうかがおうと、海藻から得られた黒光りする物質をもってきていた。この物質には、熱すると、溶けずにいきなり濃い紫色の蒸気になるという特異な性質があった。デイヴィーは、前年に、シェーレの見つけた黄緑色の「塩酸空気」が塩素という新元素であることを明らかにしていた。彼は、物事を具体的にとらえる優れた感性と、類似性を見抜くたぐいまれな能力によって、その独特のにおいがする、反応性の高い黒色の揮発性固体が、塩素に似た新元素ではないかと予感し、ほどなくその予感が正しいことを確かめた。(7) また、すでにデイヴィーは、ラヴォアジエが「弗酸《ふっさん》」(フッ化水素酸のこと)のラディカル」と呼んだものを単離しようとして、まだ成功はしていなかったが、その元素——フッ素——が塩素に似ているものの塩素より軽く、はるかに反応性が高いことに気づいていた。一方で彼は、塩素とヨウ素とで物理的・化学的特性のギャップが大きすぎることから、そのあいだに未発見の元素があるのではないかとも考えた(事実そうした元素は臭素として存在したが、それを発見したのはデイヴィーではなく、フランスのバラールという若い化学者で、一八二六年のことだ。実は、その前にリービッヒも蒸気を放つ褐色の液体元素を調製していたのだが、それを「液体の塩過化ヨウ素」と誤認していた。バラールの発見の報を耳にしたリービッヒは、そのびんを「過ちの戸棚」と呼んだところにしまった）。

デイヴィーたち新婚旅行の一行は、フランスからゆっくりとイタリアへ向かい、道中でさまざまな実験をおこなった。ヴェスヴィオ火山の周囲では水晶を集め、火口から出るガスを分析して、それが沼気（沼から発生するガス）すなわちメタンと同じであることを明らかにした。また、古い名画から絵の具を削り取って（「ほんの少量」と言っている）初めて化学分析をおこなった。

フィレンツェでは、大きな虫眼鏡でダイヤモンドを燃やす実験をした。ダイヤモンドが燃えることはすでにラヴォアジエが実証していたが、デイヴィーは、このときまでダイヤモンドと木炭が実は同一の元素だと認めるのをためらっていた。ひとつの元素が複数のまるで違う物理的形態をもつのは特異なことだったからだ（赤リンや、硫黄の同素体が発見されたのもこのあとである）。これらは原子の「凝集」形態が違うだけなのだろうか、とデイヴィーは考えた。だが、それが実際に明らかになったのは、だいぶあとに構造化学という研究分野が登場してからだった（構造化学のおかげで、ダイヤモンドが硬いのは原子の格子が四面体を形作っているためで、黒鉛が軟らかくてつるりとしているのは六角形の格子がシート状に平行に積み重なっているためだとわかった）。

新婚旅行を終えてロンドンに帰ってきたデイヴィーを、人生最大級の現実的な課題が待ち受けていた。当時、産業革命は大いに勢いづき、いよいよ大量の石炭が消費されつつあった。炭鉱はどんどん深く掘られ、「爆発ガス」(メタン)と呼ばれる可燃性のガスや「窒息ガス」(二酸化炭素)と呼ばれる有害なガスに出くわすほど深くなっていた。カナリアを入れたカゴを坑内にもち込めば、窒息ガスの存在は感知できた。しかし爆発ガスについては、たいてい気づいたときにはもう致命的な爆発が起きてしまっていた。だから、真っ暗な地下へもち込んでも爆発ガスに引火するおそれのない明かりが、なんとしても必要になっていたのである。

あるときデイヴィーは、大変重要なことに気づいた。金網が冷えているかぎり、それを炎は通り抜けられなかったのだ。(8) そこでこの原理を利用して、さまざまなランプを製作した。なかでも単純で安全だったのは、金網以外に空気の出入り口をなくした石油ランプだ。こうして完成したランプは、安全なだけでなく、炎の様子を見れば、爆発ガスの存在を確実に知ることができた。

さらにデイヴィーは、爆発性混合物のなかに白金線を入れると赤熱して輝きだすことも見出した。触媒反応という驚異の現象の発見である。白金など一部の物質は、それ自身を消費することなく、表面で継続的な化学反応を起こせるのだ。わが家の台所のこんろで、ガスに白金リングをかざすと赤熱して着火できたのも、そのためだった。(9) この触媒反応の原理は、無数の工業プロセスで欠かせないものとなった。

あとになって私は、ハンフリー・デイヴィーの発見が、自分たちの生活の重要な一部となっていることを思い知った。電気メッキした食器類に始まり、触媒反応による点火リング、写真（デイヴィーは写真術の草分けのひとりで、なめし革を基材にして撮影をおこなった。この方法は、三〇年以上もあとに再発見されている）。それに、映画館で映画の投影に使われていたまぶしいアーク灯も、彼の発見の賜物だった。また、アルミニウムも、かつては金よりも高価だったが（ナポレオン三世は客人に金の食器をプレゼントしていたことで有名だが、自分はアルミニウムの食器で食べていた）、デイヴィーが見つけた電気分解を利用して抽出できるようになると、安価に手に入りだした。さらに、人工肥料から、あのつやつやしたベークライトの電話機まで、私の身のまわりにあった無数の合成化学物質も、触媒という魔法で作られたものだった。けれども、なにより私の心をとらえたのは、デイヴィーの人となりだ。シェーレのように謙虚でなく、ラヴォアジエのように几帳面でもない。だが、少年のような活気と熱意にあふれ、見事なまでの大胆さをもち、ときに危険なほど衝動的だった（いつでもやり過ぎの一歩手前だった）。これこそ、私を最もとりこにした点なのだ。

（1）キャヴェンディッシュは、水素と酸素の爆発反応で水ができることに初めて気づいたものの、その反応をフロギストン説にもとづいて解釈した。彼の成果を耳にしたラヴォアジエは、同じ実験を自分でもおこない、結果を正しく解釈しなおした。そしてこれを自分の発見だと主張して、キャヴェンディッシュにひと言も礼を述べなかった。それでもキャヴェンディッシュは平気で、だれが先かという問題には一切関心がなく、それどころか人間的なことや情緒的なことにまるっきり無頓着だった。

ボイルやプリーストリーやデイヴィーは、科学の秀才だったと同時に人間的な魅力にもあふれていたが、キャヴェンディッシュはまるで違っていた。彼の業績は、水素の発見や熱と電気にかんする素晴らしい研究から、地球の質量の測定という有名な成果まで（しかも実に正確だった）、驚くほど幅広い。しかし、それと同じぐらい驚かされ、存命中からすでに伝説となっていたのは、ほとんど人付き合いをせず（めったに人と話さず、使用人にもメモで会話をさせた）、富や名声に無関心で（とはいえ公爵の孫にあたり、人生の大半はイギリスでもとりわけ裕福な人間だった）、純真無垢であらゆる人間関係が理解できないことだった。キャヴェンディッシュについてさらに多くのことを知ると、私は深く感心する一方で、大きな戸惑いも覚えた。伝記作家のジョージ・ウィルソンは、一八五一年に次のように書いている。

彼は、ほかの人と違い、愛情も憎しみも、希望も不安も抱かず、何かを崇拝することもしなかった。自分を他人から遠ざけ、神からも遠ざけているようだった。情熱的なところも勇敢なところも紳士的なところもなかった代わりに、下品さやあさましさもなかった。彼にはほとんど感情と言えるものがなかった。純然たる知性以上に理解が必要なものや、空想や想像を働かせたり、愛情や信仰を見せたりする必要があるものを、キャヴェンディッシュは嫌った。彼の回想録を読んでわかるのは、聡明な頭による思考と、素晴らしく鋭い目による観察と、実に器用な手による実験や記録だけだ。その頭はどうやら精巧な計算機にすぎなかった。その目はイメージの取り入れ口であって、涙の湧く泉ではなかった。またその手は操作の道具であって、激しい感情でわななきいたり、崇拝や感謝や絶望の際に組み合わさったりはしなかった。さらにその心臓《ハート》は、血液の循環に必要な、解剖学的な器官にすぎなかった。……

だが、ウィルソンはさらにこう続けている。

キャヴェンディッシュが他人と距離を置いたのは、傲慢な気持ちで他人を自分の仲間と見なさなかったからではない。彼は、自分と他人のあいだに大きな溝があり、それはどちらの側からも埋めることができず、手を伸ばしたり言葉を交わしたりしても無駄だと思っていたのだ。そうした孤独感によって、キャヴェンディッシュは社会から引きこもり、人前に出るのを避けるようになったが、それは自分の欠点を意識してのことであって、優秀さを鼻にかけてのことではなかった。その様子は、集団から離れて座っている聾唖《ろうあ》者にも似ていた。顔つきやしぐさによって、人々がしゃべったり音楽や弁舌を聴いたりしているのはわかるが、そうして表現したり楽しんだりするのを一緒に味わうことはできなかったのだ。だからキャヴェンディッシュは、賢明にも孤独な暮らしを選び、世界に別れを告げて「科学の隠者」となる誓いを立て、昔の修道士のように自分の部屋に閉じこもった。部屋は、彼には満足のいく「王国」で、小さな窓から自分の見たいだけの宇宙をのぞくことができた。王国には玉座もあり、そこから彼は、国王の贈り物を人々に与えていた。キャヴェンディッシュは、こうした恩恵を施しても民衆からありがたがられない国王で、地道に人々を教え導き、人々のために尽くしているのに、その冷たい態度ゆえに避けられたり、風変わりなところを笑われたりした。……彼は「詩人」でも「聖職者」でも「預言者」でもなく、純白の光を投げかける冷たく澄みきった「知性」にほかならなかった。その光は、当たったものすべてを明るく照らし出しながら、何も温めはしない。一等ではないにしても、少なくとも二等級の星として、「知の天空」に輝いていた。

何年もあとにウィルソンの著わした素晴らしい伝記を読み返したとき、私はキャヴェンディッシュが（臨床的に見て）何に「罹っていた」のだろうと考えた。ニュートンの偏屈さ――嫉妬深く、疑い深く、敵愾心《てきがいしん》やライバル意識が強い――は、重度の神経症を示唆していたが、キャヴェンディッシュの無垢で人と交われないところは、むしろ自閉症すなわちアスペルガー症候群をほのめかしていた。ウィルソンの伝記は、希有なる自閉症の天才の人生と心の状態について、現在手に入るかぎり最も詳細に語られたものではないかと思う。

（2）電気分解によって、水素と酸素が理想的な燃焼比で得られたので、まもなく酸水素吹管（バーナー）が発明された。この吹管は、それまでにない高温の炎を作り出せたので、白金を溶かしたり、石灰（ライム）を加熱してかつてない明るい持続的な光を出せたりするようになった。

（3）六〇年後、メンデレーエフは、デイヴィーによるナトリウムとカリウムの単離を「科学史上最大の発見のひとつ」と褒め称えている。化学に新しい強力なアプローチをもたらし、金属の本質的な性質を明らかにし、元素の類似性を示して基本的なグループの存在を示唆したという点で、偉大な発見と言ったわけだ。

（4）カリウムは、おそろしく反応性が高いので、ほかの元素を単離する強力なツールになった。デイヴィー自身も、発見した翌年にそれを使い、ホウ酸からホウ素を取り出し、同じやり方でケイ素も得ようとした。ただし、こちらに成功したのはベルセリウスで、一八二四年のことだ。さらにその数年後には、やはりカリウムを使ってアルミニウムとベリリウムも単離されている。

（5）メアリー・シェリーは、子どものころ、デイヴィーの王立研究所就任記念講演を聴いて心を奪われた。それから何年もあと、彼女は小説『フランケンシュタイン』のなかで、ヴァルトマン教授による化学の講義の内容を、デイヴィーがガルヴァーニ電気（直流電流）について話したことをもとに、かなり綿密にこしらえている。デイヴィーはそのときこう語っていた。「新しい力が発見された。この力により人は、これまでは動物の器官でしか起こせなかった現象を、死せるもの《デッド・マター》（ここでは無機物の意味だが、文字どおりの意味がフランケンシュタインのアイデアのヒントになったのではないか）の組み合わせで起こせるようになった」

（6）デイヴィッド・ナイトは、デイヴィーについて記した素晴らしい伝記のなかで、コールリッジとデイヴィーが抱いた熱烈な共感、あるいは神秘的とも言えるほどの親近感について語り、またふたりが一時期、共同で化学の研究所を建てようとしていたことも明かしている。コールリッジも、著書『友人』でこう記している。

水と火、ダイヤモンド、木炭、……は、化学者の理論によって近しい間柄になった。……それはある意味で、人間によって与えられ、自然の同意を得た、結合の原理と言える。……シェイクスピアのような人間のなかに、深遠で鋭い思考の創造力によって詩に理想化された自然を見つけられるとしたら、ディヴィーのような人間の思索的な観察によって……いわば自然のなかに実体化した詩を見つけることもできる。さよう、自然そのものが、詩人として、なおかつ詩として、……その姿を現わすのである！

化学の概念によって「比喩のストックを増やした」著作家は、コールリッジばかりではない。ゲーテは「選択親和力」という化学用語に官能的な意味をもたせている。かつて医学を学んでいたキーツも、化学の比喩を使って楽しんだ。またエリオットは、『伝統と個人の才能』において、徹頭徹尾、化学の比喩を駆使し、ついには詩人の精神に対して華々しいディヴィー的な比喩を披露している。「たとえるとしたら触媒だ。……詩人の精神は、白金のかけらなのである」

(7) 偉大な化学者ユストゥス・フォン・リービッヒも、この感性について自伝で強調している。

「化学のおかげで」私は、現象を思い描くという、ほかの自然哲学者以上に化学者に必要な能力が鍛えられた。詩人や芸術家などは、自分が見聞きしたものを頭のなかでよみがえらせられるが、それができない人には、現象を明確に思い描くのは容易ではない。……化学者には、どんな概念であれ、脳裏に浮かんだ楽曲の旋律のようにはっきり認識できるような考え方が備わっている。

……

現象を思い描く能力は、訓練を続けることによって初めて養われる。私の場合、これはさまざまな本に記されている実験を、資力の許すかぎり全部おこなおうとする努力によって身についた。……さらにそうした実験を……生じる現象のあらゆる特徴が完全に頭にたたきこまれるまで……数限りなく繰り返した。……こうして目で見て感じたことを記憶し、物や現象の類似や相違をはっきり認識できたことは、のちに大いに役立った。

（8）デイヴィーは炎の研究をさらに進め、安全灯を発明した翌年に『火についての理学的研究（*Some Philosophical Researches on Flame*）』を出版した。さらに四〇年以上経って、ファラデーが、「蠟燭にかんする化学的解説」と題した有名な王立研究所での講義でこのテーマに立ち返っている（講義内容は本として刊行された。邦訳は『ロウソクの科学』〔吉田光邦訳、講談社刊〕など）。

（9）ドイツの化学者デーベライナーは、一八二二年、触媒反応にかんするデイヴィーの知見を踏まえ、白金の細かいかけらを水素の気流にさらすと白熱して発火することを見出した。この発見をもとに彼は、密閉したびんなどからなるランプを発明した。びんのなかにある亜鉛のかけらを下ろして硫酸に浸けると、水素が発生する。ここでびんのコックを開け、噴き出した水素がスポンジ状の白金を収めた小さな容器に入ると、とたんに炎が上がるのだ（ただし少々危険な炎だ。というのも、ほとんど目に見えないからで、やけどをしないように注意する必要があった）。それから五年と経たないうちに、デーベライナーのランプは、ドイツとイギリスで二万個も使われるようになっていた。デイヴィーは、触媒反応が実用化され、多くの家庭で必需品となるのを目の当たりにして喜んでいた。

12 写　真

——二度と戻らぬ過去への愛着

私は写真にものめりこんだ。すでに満杯だった小さな実験室は、よく暗室にもなった。写真のどこに惹きつけられたのか思い起こしてみると、まず考えつくのは使った薬品だ。私の手はピロガロールのしみだらけで、いつでも「ハイポ」（チオ硫酸ナトリウム）のにおいをさせていた気がする。特殊なライトにも惹かれた。たとえば暗赤色の安全灯。また、大きなフラッシュバルブには、きらきらした可燃性の金属箔（たいていはマグネシウムかアルミニウムで、たまにジルコニウムのもあった）がしわくちゃの状態で詰まっていた。光学的な効果も面白かった。すりガラスの焦点板に小さく映し出された、世界の平板なイメージ。いろいろなレンズであれこれ絞りを試す楽しみ。感光乳剤も好奇心をくすぐった。私を魅了したのは、何よりも写真ができあがるプロセスだったのだ。

だがもちろん、いっとき自分だけが見たものを客観的・恒久的な形で残せるという良さも感じていた。自分に絵心がなかったからなおさらだ。この思いは、すでに戦前から家族のアルバムを見てかき立てられていた。なかでも私が生まれる前の写真が印象深く、一九二〇年代の浜辺の風景や移動更衣車（小屋に車が付いた形のもので、なかで水着に着替え、水辺まで行くのに使われた）、一九〇〇年ごろのロンドンの街並み、一八七〇年代のぎこちないポーズをとった祖父母や大おじや大おばなどを撮ったものがあった。さらに、特別貴重なものとして、一八五〇年代にまでさかのぼる銀板写真が数枚あって、特別なフレームに収められていた。写真は細部まではっきり見え、のちの紙の写真よりもずっと見事な出来映えだった。母はそのなかの一枚をとりわけ大事にしていた。母の母方の祖母ユディト・ヴァイスコプフの写真で、一八五三年にライプチヒで撮影されていた。

家族以外の広い世界についても、本や新聞に印刷された写真があった。あまりの臨場感に圧倒されたものもある。たとえば、燃える水晶宮を撮った衝撃的な写真（幼いころ実際にこの光景を目にした記憶は、おかげではっきり残っている――あるいはこれが記憶に影響したのかもしれない）。飛行船が悠然と空に浮かんでいる写真もだ（また別に、ツェッペリン型飛行船が炎に包まれながら墜落している写真もあった）。遠くの土地や人々の写真にも魅了された。とくに《ナショナル・ジオグラフィック》の写真がお気に入りで、この黄色い縁取りの雑誌は、毎月うちへ届いていた。《ナショナル・ジオグラフィック》の写真は、しかもカラーだったのでとても感動した。手塗りのカラー写真なら知っていたけれども（バーディーおばさんが上手だった）、本物のカラー写真はそれまで見たことがなかった。当時読んだH・G・ウエルズの短篇小説に「未来新聞」というのがあった。この小説では、ある日、ブラウンロウという男のもとに、いつもの一九三一年の新聞ではなく、一九七一年の日付が入った新聞が届く。ブラウンロウ氏は、いきなりとんでもないものを目にしている事実に気づく。新聞にカラー写真が載っていたからだ。一九三〇年代の世界に生きていた彼には考えられないことだった。

これほど水準の高いカラー印刷を見たのは生まれてはじめてだった。おまけに、その挿画のなかの建物と風景と人々の着ているもののおかしなことといったら――。おかしいのだが、信じられる。そうだ、こいつはいまから四十年後のカラー写真なのだ。（『ヴィクトリア朝空想科学小説』〔風間賢二編、筑摩書房〕所収の「未来新聞」〔安野玲訳〕より引用）

《ナショナル・ジオグラフィック》のカラー写真を見て、私もそんな感覚を抱くことがあった。その写真も、かつてのモノクロ写真の世界から離れた、きらびやかで色彩豊かな未来の世界を提示していたのだ。

しかし、過去のうすぼんやりしたセピア色の写真には、もっと強く心を惹かれた。そうした写真は、家族の古いアルバムや、物置部屋に積んであった古い雑誌のなかに山ほど見つかった。一九四五年を迎えるころ、私は、戦前の生活がもはや永久に失われて取り戻せないことを悟っていた。それでも写真だけは昔のまま残っていた。何げなく撮った写真にも、いまや特別な価値があった。戦前の夏の休暇の写真。一九三五年から三八年ごろの、知人や隣人や身内を撮った写真。日光を浴びた彼らの顔には、やがて訪れるものの影や予兆は微塵《みじん》も感じられなかった。写真というものが、すっぱり切った時間の断面のように現実の瞬間をとらえ、銀によって永遠にとどめられるのは素晴らしいと思った。

　私は自分でも写真を撮りたくなった。物や風景、人、場所、瞬間を、記憶の変容や時間の経過によって変わったり失われたりする前に、記録しておきたかったのだ。そのような一枚が、一九四五年の七月九日、一二歳の誕生日に撮った、朝日に輝くメイプスベリー・ロードの写真だった。朝カーテンを開けて目にした光景を、永久にとどめておけたらと思ったのである(今もその写真は手元にある。正確には二枚あって、当時は並べて赤と緑の眼鏡で立体視しようと考えていた。半世紀以上経った今、写真はほとんど現実の記憶と置き換わっている。目を閉じて少年時代のメイプスベリー・ロードを想像しようとすると、その写真しか思い浮かばないほどだ)。

　そんなふうに記録に残す欲求に駆られた一因は、戦争にあった。戦争が、それまで永久不変に見えたものを、片っ端から破壊したりなくしたりしてしまったからだ。戦前のわが家には、前庭を囲むようにして、頑丈で美しい錬鉄製の柵があった。けれども、一九四三年に私が家へ戻ったとき、それはもうなくなっていた。私はとても落ち着かない気分になって、自分自身の記憶を疑いすらした。戦前、本当にそんな柵があったのだろうか？　頭で勝手にイメージしていただけなのではないか？　その後、柵の前でポーズをとっている幼い自分の写真を見つけ、柵が本当にあったことがわかるとほっとした。また、クリックルウッドには大きな時計があった。私の記憶では、いや少なくともそれらしき記憶では、時計は文字盤が金色で、高さが六メートルあって、チチェリ・ロードに立っていた。――これも一九四三年にはなくなっていた。ウィルズデン・グリーンにもそんな時計があったので、私は頭のなかでふたつに増やしてしまい、近所のクリックルウッドにも似た時計があったと勘違いしていたのではないかと考えた。しかし、やはり数年後にこの時計の写真を見つけ、想像の産物でなかったとわかってほっとした（鉄の柵も大時計も、戦争のために国じゅうの鉄がかき集められたときに撤去されていたのだった）。

ウィルズデン劇場がなくなったときも、本当にあったのかわからなくなった。人に尋ねてもこう言われるのではないかと不安だった。「ウィルズデン劇場だと！　何を言い出すんだ、この子は？　ウィルズデンに劇場なんてあったわけがない！」あとで昔の写真を見て、ようやく疑念から解放された。そういう劇場がかつて本当にあったのだが、戦時中に爆弾で吹き飛ばされてしまったとわかったのである。

一九四九年にジョージ・オーウェルの『一九八四年』が出版されたとき、私は過去の事実を抹殺してしまう「記憶口《メモリー・ホール》」のくだりを読んで、空恐ろしさを覚えた。自分の記憶についての疑念と重なるところがあったのだ。この本を読んでから、私はますます日記をつけ、写真を撮り、過去の証拠を調べようとするようになった。そうした欲求は、さまざまな形をとって現われた。古書をはじめあらゆる古い事物に興味がわき、系統学や考古学、またとくに古生物学に関心をもった。子どものころ、レンおばさんの手ほどきで化石のことを知ったが、今は、現実を保証してくれるものとしてそれを眺めていた。

そんなわけで私は、うちの近所やロンドンを写した昔の写真に愛着を覚えていた。写真は、自分の存在や記憶の延長線上にあるように見え、時間と空間の海のなかで、私を一九三〇年代にロンドンという場所に生まれたイギリス人の少年としてつなぎ止める錨《いかり》の役目を果たしてくれた。私が生まれたロンドンも、両親やおじやおばが育ったロンドンと同じ香りを漂わせていた。おそらくウエルズやチェスタトン、ディケンズ、コナン・ドイルが見ても、やはりそこはロンドンだとわかったはずだ。私は、昔の近所を撮った写真や歴史的な写真、さらには古い家族の写真を食い入るように見つめた。そうして、自分の出自を知り、自分が何者なのか知ろうとしたのである。

写真術を知覚と記憶と存在のメタファーだと言うのなら、それはまた実用科学の雛型《ひながた》や縮図とも言えた。じっさい写真術はとても魅力的な科学だった。化学と光学と知覚を一個の不可分のものにまとめ上げていたからだ。写真を撮り、写真屋に現像に出すのはもちろん楽しいことだった。だがそれは限られた楽しみ方にすぎない。私は、写真にまつわるすべてのプロセスを理解し、マスターして、自分で工夫しながら操作してみたいと思った。

写真術の歴史とそれに貢献した化学の発見には、とくに魅了された。たとえば、早くも一七二五年には、銀の塩《えん》に光を当てると黒くなる現象がわかっていた。その後ハンフリー・デイヴィーが（友人のトマス・ウェッジウッドとともに）、硝酸銀に浸した紙や白いなめし革に植物の葉や昆虫の羽の絵を貼り、カメラルシダ（物体の虚像を平面上に投影し、像の外形をトレースできるようにする写生用具）を使って写真を撮った。しかしふたりは、そうしてできた像を定着させられず、赤い光か弱い蠟燭の光のもとで見ないと全体が真っ黒になってしまった。デイヴィーは、化学のエキスパートで、シェーレの研究成果についてもよく知っていたはずだ。なのになぜ、アンモニアによって（余分な銀塩が取り除かれ）像が「定着」できるというシェーレの知見を利用しなかったのだろう、と私はいぶかった。もし利用していれば、デイヴィーは、最後の突破口を先取りして写真術の父と呼ばれるようになっていたかもしれない。その突破口は、実際には一八三〇年代に切り開かれている。フォックス・トールボットやダゲールなどが、薬品を使って現像・定着をおこない、恒久的な像を生み出すことに成功したのだ。

うちのすぐ近くに、いとこのウォルター・アレグザンダーが住んでいた。ロンドン大空襲で隣家に爆弾が落ちたとき、私たち一家の避難した先が彼のアパートだ。ウォルターとは、ものすごく年の差があったのに（実のいとこなのだが私より三〇歳も年上だった）、とても仲良くしていた。というのも、彼はプロのマジシャンで写真家でもあり、いくつになっても茶目っ気があって、とにかくトリックや錯覚と名のつくものが大好きだったからだ。私を写真の世界に誘い込んだのも、ウォルターだった。赤い明かりのついた暗室でフィルムを現像し、魔法のように像が浮かび上がるのを見せてくれたのである。その不思議な現象を、私は飽きることなく眺めていた。まず最初に像のかすかな兆候が現われる。本当にあるのか、そんな気がするだけなのかはわからない。ところが、ウォルターが現像液のトレーのなかでフィルムを前後に傾けると、像はだんだん濃くなりはっきり姿を現わしてくる。やがてすっかり現像が終わると、小さいが完璧に複製された風景ができあがっていた。

ウォルターの母ローズ・ランダウは、一八七〇年代に男きょうだいと一緒に南アフリカへ渡った。そこで彼女は、ダイヤモンド・ラッシュやゴールド・ラッシュが始まったころの、鉱山やそこの労働者、居酒屋や景気づいた町を写真に収めた。当時そうした写真を撮るためには、大胆さとともに相当な体力が要った。大きなカメラと撮影に要るだけのガラス板を全部持ち歩かないといけなかったのである。ローズは一九四〇年ごろも存命中で、祖父が初婚の妻とのあいだにもうけた子のなかでは、私が実際に会ったことのある唯一の人だった。ウォルターは、相当な数に及ぶ自分のカメラやステレオスコープとともに、母が使っていたカメラも大事に保管していた。

ウォルターのコレクションには、ダゲールが発明した黎明期《れいめいき》のカメラもあって、銀板をヨウ素処理する箱と水銀の蒸気にさらす箱もそろっていた。そのほかにも彼は、アオリ機構と蛇腹《じゃばら》のついた、八×一〇インチフィルムを使う巨大なビューカメラ（当時もときどきスタジオ撮影に使っていた）、立体写真用のステレオカメラ、それに小ぶりの美しいライカをもっていた。F3・5のレンズがついたこのライカは、私が初めて目にした三五ミリ判の小型カメラだった。ウォルターは、このライカをハイキングのお供にしていて、ふだんは二眼レフのローライフレックスを使っていた。さらに、二〇世紀初頭のトリック・カメラもいくつかもっていた。そのひとつは探偵用に作られたもので、見かけは懐中時計のようで、一六ミリフィルムに撮影することができた。

当初、私の撮った写真は白黒だった。そうでないと、自分で現像して焼き付けることができなかったのだ。しかし、白黒でも、色が「足りない」とは感じなかった。最初に使ったカメラはピンホールカメラだ。これは、焦点深度の非常に深い、驚くほどいい写真が撮れた。その後、固定焦点のシンプルな箱形カメラを手に入れた。ウールワース（アメリカに本社を置く雑貨店チェーン）で二シリングだった。次に買ったのは、620ロールフィルムを使うコダックの折り畳みカメラだ。乳剤の感度や粒度にも興味をもった。感度が低くて粒子の細かい乳剤は、細部まで見事に再現してくれた。一方、最高感度の乳剤は、低感度の乳剤のほぼ五〇倍も感度が高く、夜でも写真を撮影できた（ただし、粒子が粗くなって引き伸ばしに耐えられない）。私は、こうした乳剤のいくつかを顕微鏡でのぞき、銀の粒子がどんな姿をしているのか観察した。そして、銀の粒子を徹底的に細かくして、ほとんど粒のない乳剤も作れるのだろうかと考えた。

既製品に比べてとんでもなく出来が悪く、感度も低かったが、自分で感光乳剤を作ることもした。まず、硝酸銀の一〇パーセント水溶液を作り、塩化カリウムとゼラチンの水溶液に、ゆっくりと、たえずかき混ぜながら加える。懸濁《けんだく》してゼラチンのなかに散らばった結晶は、とても細かくて感光性が低い。だから赤い光のもとでなら、ここまでは問題なくやれた。この乳剤を何時間か温めると、結晶が大きくなり感度が高まった。温めることによって、小さな結晶が溶解し、大きな結晶の上で再び析出するようになるのだ。この「熟成」のあとでさらに少量のゼラチンを加え、硬めのゼリーのようにすると、それを紙に塗った。

ゼラチンを使わず、紙に塩化銀を直接しみ込ませる手もあった。まず紙を塩水に、続いて硝酸銀に浸すのだ。できた塩化銀は紙の繊維によって保持される。どちらの方法でも、焼き出し印画紙というものが作れ、これを使ってネガ（陰画）から密着印画が得られた。ネガの代わりにレースの布地やシダの葉などのシルエットでもよかったが、密着印画を得るには、数分間、直射日光に露出する必要があった。

露出の直後にハイポで印画紙を定着すると、画像はたいてい汚い茶色になる。そこでさまざまな調色を試すようになった。一番簡単にできたのは、セピア調色だ。最初、セピアがイカの墨という意味なので実際にそれを使うのかと思ったが、残念ながらそうではなく、像を構成している銀をセピア色の硫化銀に化学変化させるのだった。金調色というのもあった。これは塩化金の水溶液に浸す処理で、金属の金が銀の粒子の上に析出して、像は青紫色になった。また、これをセピア調色のあとに続けてやると、見惚れるような赤い色になる。金の硫化物の色だった。

すぐにほかの調色にも手を広げた。セレン調色をすると濃い赤みがかった色になり、パラジウムや白金で調色した印画紙は上品で落ち着いた感じになり、ふつうの銀板写真よりも美しいと思った。もちろん、どんな調色をするにも、最初は銀の像から始めないといけない。銀塩だけが感光性を備えているからだ。けれどもそのあとは、ほとんどどんな金属にも置き換えられた。銀を銅やウランやバナジウムに置き換えるのは簡単にできた。とくに素晴らしかったのは、あるバナジウムの塩と、シュウ酸鉄のような鉄の塩との組み合わせだった。フェロシアン化バナジウムの黄色とフェロシアン化鉄の青が混じり合って、鮮やかな緑になったのだ。私は、夕焼けや人の顔、さらには消防車や二階建てバスまで緑にした写真を見せて、両親を面食らわせた。私がもっていた写真の手引書には、スズやコバルト、ニッケル、鉛、カドミウム、テルル、モリブデンで調色する方法も載っていた。しかし、もうそのあたりでやめておく必要があった。調色に夢中になりすぎ、暗室で自分の知るすべての金属を試そうとして、写真術の何たるかを忘れてしまいそうだったからである。この種のやりすぎの傾向は、学校でも現われていたにちがいない。当時もらった通知表には、こんなことが書かれていた。「サックス君は、やりすぎる癖をなくせば伸びるはずです」

ウォルターのコレクションのなかには、どっしりした妙に大きなカメラもあった。カラーカメラというんだ、と彼は言った。このカメラには二枚のハーフミラーが組み込まれていて、それによって入射光は三本のビームに分かれた。ビームはおのおの違った色のフィルターを通過して、三枚の別個の板に当たるようになっていた。ウォルターのカラーカメラは、クラーク・マクスウェルが王立研究所でおこなった有名な実験の成果をそのまま受け継いだものだった。一八六一年にマクスウェルは、色のついたリボンの写真を、赤、緑、紫の三原色のフィルターを通して白黒の感光板に写し、できた三枚の白黒のポジ（陽画）を、おのおのに使ったフィルターをかけたランタンの光で投影した。そして、投影した三つの画像をぴったり重ね合わせたところ、白黒だった写真は一挙にフルカラーの写真となったのである。こうしてマクスウェルは、人間の目に見える色はすべてこれら三「原色」だけで構成できることを示した。そのためには、目そのものに、三原色に「チューニングされた」色の受容体があればよく、ありとあらゆる色調や波長に合わせて無数の色の受容体を用意する必要はなかった。

この実験を、ウォルターは三つのランタンを使って見せてくれたが、私は色が突然に立ち現われる奇跡をもっと簡単に起こせないものかと思った。手軽に色をつける手段としてなにより心を奪われたのが、フィンレーカラーという手法だ。端的に言えば、赤と緑と紫の微細な線で構成された格子を使って撮影し、一枚のネガのなかに三色の分色ネガを実現するのである。このネガからポジのスライドを作り、先ほどの格子に寸分の狂いもなく合わせる。これは細心の注意を要する難しい仕事だが、完璧に重なると、それまで白黒だったスライドが突然フルカラーになった。微細な線の格子はただの灰色にしか見えないので、スライドに重ねて、今まで何もないように見えたところへ不意に色が出現するのは、なんとも不思議に思えた（《ナショナル・ジオグラフィック》の写真は当初このフィンレーカラーを使っていたので、虫眼鏡でのぞくと細かい線がたくさん入っているのが見えた）。

カラー写真を得るには、補色の関係にある三色――シアン（青緑）、マゼンタ（赤紫）、イエロー（黄）――で三枚のポジ画像を焼き付け、それらを重ね合わせる必要があった。これを自動的にやってくれるコダクロームのようなフィルムもあったが、私は古き良きやり方でするのが好きだった。分色ネガからシアンとマゼンタとイエローの透明ポジを別個に作り、一枚ずつそっと上にのせてぴったり重ね合わせるという方法だ。こうすると、三枚のモノクロ画のなかにいわば暗号化されていた元の色が、突然魔法のように立ち現われるのである。

こうした分色ネガを、私は延々といじくって遊んだ。三色ではなく二色だけ重ねたらどうなるかやってみたり、スライドに間違ったフィルターをかけてみたりした。そんな実験は、面白いと同時に勉強にもなった。いろいろと奇妙な色ずれが生じたけれども、私たちの目や脳が素晴らしく能率的に働いていて、その働きを三色写真法で見事なほどうまく再現できることがわかったのだ。

わが家には、「風景」の立体写真もたくさんあった。多くは長方形の厚紙に貼ってあったが、ガラス板に貼られているのもあった。どれも二枚組の色あせたセピア色の写真で、アルプスの景色、エッフェル塔、一八七〇年代のミュンヘン（母方の祖母の生まれ故郷が、ミュンヘンにほど近いグンツェンハウゼンという小村だった）、ヴィクトリア朝時代の海辺や街頭の風景、それに各種工業の生産現場などが写っていた（わけても印象的だったのはヴィクトリア朝時代の工場の風景で、蒸気機関で駆動する長いペダルの群れがそこにあった。ディケンズの『ハード・タイムズ』（邦訳は山村元彦・竹村義和・田中孝信訳、英宝社刊）でコークタウンの話を読んだとき、まず頭に浮かんだのがこのイメージだ）。こうした二枚組の写真を、よく応接間のステレオスコープに入れてはのぞいていた。ステレオスコープは台にのった木製の大きな器械で、焦点を合わせたり左右のレンズの距離を変えたりする真鍮のつまみが付いていた。その手のステレオスコープは、当時もまだたくさん残っていたけれども、二〇世紀初頭のようにどこにでもあるわけではなくなっていた。ぼんやりした平板な写真が、不意に新たな次元を獲得して、奥行きがはっきり見えるようになると、写真に特別なリアリティーが与えられ、そこだけの奇妙な臨場感が生まれた。そんな立体視には、どこかロマンチックで秘密めいたところもあった。接眼レンズをのぞいているときに、まるでどこかのクレッシュ（キリストが馬小屋で生まれたシーンを人形などで再現した模型で、クリスマスのころに教会や家庭などに飾られる）を自分だけこっそり見ている気分になったからだ。そのシーンを独り占めにできたのである。私は、まるで博物館のジオラマを見ているみたいに、風景にほとんど入り込んでいる自分を感じていた。

立体視に使う二枚の写真のあいだには、わずかだが決定的な意味をもつ視差（視点の違い）があった。奥行きの感覚は、まさにこれが生み出していたのだ。人は、左右の目が見ている景色を別々に意識することはない。そのふたつの景色は不思議なことに合体し、ひとつのまとまった景色になるからだ。

奥行きが脳のこしらえた「虚構」だという事実は、人間がさまざまな幻覚や錯覚を経験する可能性を示していた。私はステレオカメラはもっていなかったが、よくカメラを二、三インチ（約五〜七・五センチ）横へ動かして、移動の前後で写真を撮った。移動距離をこれ以上長くすると、視差が誇張され、二枚の写真が一体化したときに奥行き感が出すぎてしまった。そこで私は、二本の厚紙の筒のなかに鏡を斜めに設置して、目と目のあいだの距離を六〇センチ以上にまで広げた効果を出すハイパーステレオスコープも作ってみた。これは、遠くの建物や丘にふつうとは違った奥行きを与えて驚かせてくれたが、近距離でも奇妙な効果をもたらした。一例がピノキオ効果で、人の顔を見ると鼻が何センチも前に突き出て見えた。二枚の写真を入れ替えてみても面白かった。ステレオスコープで簡単にできたけれども、シュードスコープを作っても同じ効果が得られた。シュードスコープは、厚紙の短い筒と鏡によって、両目の見かけ上の位置関係を逆転してみせる装置だ。これを使うと、遠くのものが近くのものより手前になって見えた。たとえば、人の顔は反対にくぼんだ仮面のように見えた。しかし、このとき奇妙に拮抗《きっこう》したパラドックスも生まれた。常識やほかの視覚的な手がかりから言えそうなことと、シュードスコープのイメージから言えそうなことが違って、見え方がくるくる変わるのだ。脳が二種類の知覚を仮定し、そのあいだを右往左往しているのだった。(1)

一方で私は、片頭痛に襲われると、分解や解体とも言える現象が起きることに気づいていた。そのときよく視覚に奇妙な変化が現われたのである。色の感覚が一時的に失われたり変化したりするかと思えば、物体が切り絵のように平板に見えることもあり、あるいはまた、動いているものがふつうに見えないで、ウォルターが映写機をゆっくり回したときみたいに静止画がぱらぱらめくれているように見えることもあった。さらに、視野の半分が失われて、物体の片側が消えたり顔が半分になったりもした。初めてこの発作に襲われたころはぞっとしたものだ（戦前の四、五歳ごろに始まった）。だが、その話をすると、母は、自分も同じ発作に襲われるけれども、何も害はないしいつも数分で収まるから大丈夫と言った。以来、私はときおり訪れる発作を心待ちにするようになった。今度は何が起きるのだろう（毎回何かが違った）、創意にあふれた脳が何をたくらんでいるのだろう、と思いをめぐらせたのだ。片頭痛と写真術は、あいまって、何年もあとに向かう進路へと私を引き寄せたのかもしれない。

兄のマイケルは、H・G・ウエルズが大好きで、ブレイフィールドにいたとき私に『月世界最初の人間』（児童書の邦訳として『月世界探検』〔塩谷太郎訳、岩崎書店〕がある）を貸してくれた。装丁がモロッコ革の小ぶりな本だったが、本文はもちろんイラストにまで心を動かされた。一列になって歩いているほっそりした月人《セレナイト》たち。キノコの明かりに照らされた月の洞窟に住む、頭の大きな支配者グランド・ルーナー。私は、宇宙旅行という楽天的で刺激的なシナリオに心躍らせ、重力を断ち切る材料（「ケイヴァーリット」）というアイデアのとりこになった。この本に「無辺の宇宙に浮かぶベドフォード」という章があって、ベドフォード氏とケイヴァー氏が小さな球体のなかに入るくだりが大好きだった（球体は、昔写真で見たことのある、ビービという探検家が海底へもぐった潜水球に似ていた）。入ってからケイヴァーリットの鎧戸《よろいど》をおろし、地球の重力を遮断するのである。月人《セレナイト》は、私が本を読んで知った最初の異星人で、以後ときどき夢にまで登場した。一方で悲しみも味わった。最後にケイヴァーが、言い知れぬ孤独感とともに、人間でなく昆虫に似た月人《セレナイト》しかいない月に取り残されてしまったのだ。

ブレイフィールドを離れてから、『宇宙戦争』にもはまった。とくに、火星人の戦闘マシンからとてつもなく重たい真っ黒な蒸気が放たれ（「それは空気のなかを沈んでいき、気体というよりもむしろ液体のように地面に注がれた」）、それにはアルゴンと化合した未知の元素が含まれていたからだ。私は、アルゴンが不活性ガスで、地球で知られているどんな手段でも化合物にできないことを知っていた。[2]

サイクリングも私の大好きな趣味で、とくにロンドンのまわりの小さな町や村を抜ける田舎道が気に入っていた。だから『宇宙戦争』を読んで、最初に火星人の円筒が落下したホーセル公有地から出発して、火星人侵攻の足跡をたどってみることにした。ウエルズの描写はあまりにもリアルだったので、ウォーキングに着くころには、一八九八年に火星人の熱線でめちゃめちゃになったにしてはずいぶんきれいなものだ、と思うようになっていた。シェパートンという小さな村では、まだ教会の尖塔《せんとう》が立っているのを見てびっくりした。ほとんど歴史的な出来事として、よろめき歩いてきた火星人の三本脚のマシンが破壊してしまったと思い込んでいたのである。自然史博物館に行くときも、ウエルズがそこにあると書いていた「アルコール漬けになった、素晴らしい、ほぼ完璧な［火星人の］標本」のことを考えずにはいられなかった（頭足類の陳列室で探してしまった。火星人はタコに似ていたものだから）。

博物館そのものにも、連想させられるイメージがあった。ウエルズの『タイム・マシン』に出てくるタイム・トラベラーが紀元八〇万年に訪れたとき、廃墟となった建物の陳列室は、クモの巣だらけで雨ざらしになっていた。それを読んでからは、博物館へ行くと必ず、荒れ果てた未来の姿がまるで夢の記憶のように現在の姿に重なって見えた。それどころか、ロンドンという町の平凡な景色までもが、ウエルズの短篇小説に出てくる、ある種の雰囲気や状況でしか見えない場所――塀のなかの扉や魔法の店――が潜む刺激的で神秘的なロンドンのおかげで、がらりと変わって見えた。

少年時代の私は、ウエルズの小説でも後期の「社会小説」にはほとんど興味がなく、見事なSF的未来予測をしながら、人間が弱い心をもちいつかは死ぬ運命にあることを叙情的に強く訴えかける初期の小説のほうが好きだった。たとえば透明人間は、はじめ勝手放題に振る舞うけれどもひどく惨めな最期を遂げ、悪魔に魂を売ったあのファウストのようなモロー博士は、自分の生み出したものによって殺される羽目になる。

一方で、ウエルズの小説には、ふつうの人が異常な視覚体験をする話もたくさんあった。小柄な店主が不思議な水晶の卵をのぞき、うっとりするような火星の景色を目にするとか、嵐の日に電磁石の両極のあいだにいた若者が、突然目に奇妙な変化をきたし、視界だけが南極近くの無人の岩山へ飛ばされるといった話だ。そうしたウエルズの空想的な話に、少年のころの私は夢中になった（多くは五〇年後の今も強く印象に残っている）。戦争が終わって一九四六年にウエルズがまだ生きていると知ると、失礼もわきまえず、すぐに会いたいと思った。そして、リージェンツ・パークの外のハノーヴァー・テラスというこぢんまりした住宅街に住んでいると耳にしてからは、その老人をひと目見ようと、放課後や週末に足しげくそこへ通《かよ》った。

(1)私は映写技術にも興味をもった(自分で手がけはしなかったが)。ここでもやはりウォルターが、フィルム上で実際に動きがあるのではなく、連続した静止画を脳が合成し、動いているように感じさせているのだと教えてくれた。実際に映写機を使い、スピードを落としてフィルムがただの静止画にすぎないことを示してから、今度はスピードを上げ、あるところで突然動いているような錯覚が生まれるのを見せてくれたのだ。ウォルターは、ほかにもゾーイトロープやソーマトロープをもっていた。ゾーイトロープは、回転する筒の内側に絵が描かれ、筒のまわりにいくつも入った切れ込みを通して中をのぞくと絵が動いて見えた。ソーマトロープは、絵の描かれたカードを裏側同士貼り合わせたもので、それが回転する——つまりすばやくめくられる——ことによってやはり錯覚を生み出した。こうして私は、動きもまた、色や奥行きと同じように脳によってこしらえられると気づいた。

(2)火星人が使った未知の元素については、のちにスペクトルを習ったときにも、ウエルズの説明が気にかかった。ウエルズは、その本の前半で「スペクトルの青の領域にまとまった四本の線が生じる」としておきながら、その後——自分の書いたものをちゃんと読みなおしたのだろうか?——「緑の領域に明るい三本の線」が生じると書いていたのだ。

13　ドルトン氏の丸い木片
——原子の目で物質をながめる

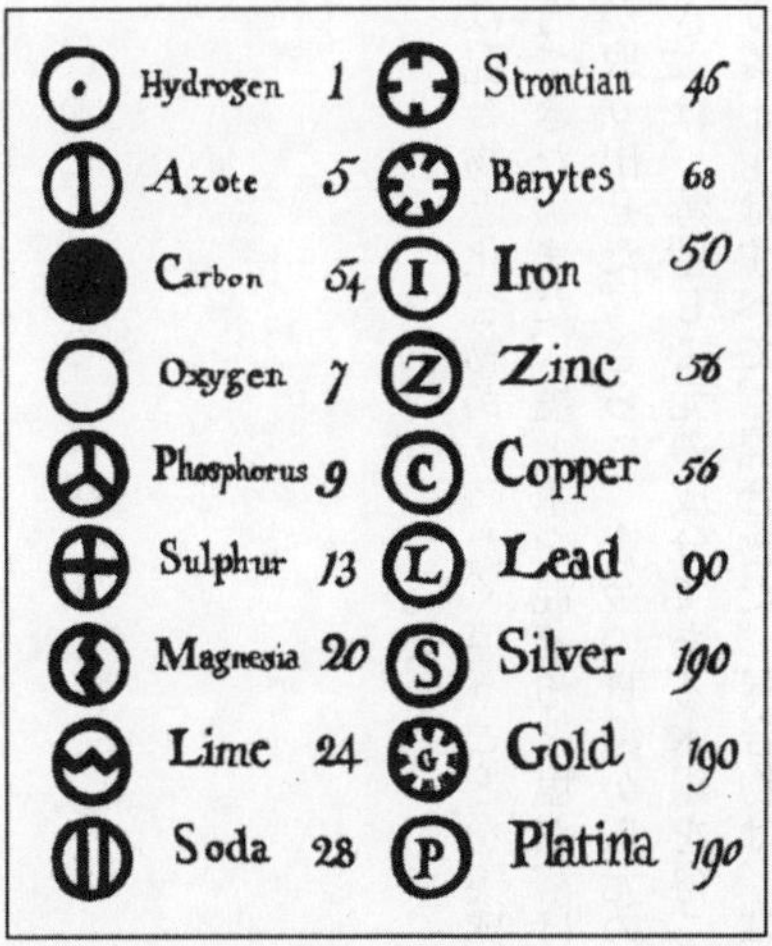

⊙	Hydrogen	1	✤ Strontian	46
⦶	Azote	5	✱ Barytes	68
●	Carbon	54	Ⓘ Iron	50
○	Oxygen	7	Ⓩ Zinc	56
⊘	Phosphorus	9	Ⓒ Copper	56
⊕	Sulphur	13	Ⓛ Lead	90
⊙	Magnesia	20	Ⓢ Silver	190
⊖	Lime	24	Ⓖ Gold	190
⦀	Soda	28	Ⓟ Platina	190

自分の実験室であれこれ実験するなかで、私は混合物と化合物がまったく違うことを実感した。たとえば、塩と砂糖はどんな比率でも混合できた。また、塩と水を混ぜると塩が溶けて食塩水になるが、それを蒸発させると元の塩が取り出せた。さらに、合金の真鍮から元の銅と亜鉛も取り出せた。歯の詰め物がとれたときには、蒸留して元の成分である水銀を得ることもできた。これら――溶液、合金、アマルガム――はすべて、混合物だ。混合物は、基本的にその成分の性質を保持していた（ひとつかふたつ「特別な」性質が加わることもあった――たとえば真鍮は元の金属よりも硬く、食塩水は水よりも凝固点が低い）。けれども化合物は、独自のまったく新しい性質をもっていた。

化合物は組成が一定で、構成する元素は厳密に決まった比率で化合しているということは、一八世紀にはたいていの化学者が暗に認めていた。でないと、実用化学はほとんど進歩のしようがなかったのだ。しかし、スペインで研究していたフランス人化学者ジョゼフ＝ルイ・

プルーストが綿密な分析に乗り出すまで、そのことをはっきりさせた研究結果はなく、それが明言されたためしもなかった。プルーストは、世界じゅうから集めたさまざまな酸化物や硫化物を比較して、すぐに、純粋な化合物はどれも実際に組成が一定で、化合物の作られ方や見つかった場所によって変わらないことを確かめた。たとえば、赤い硫化水銀は、実験室で作られたものでも、鉱物として見つかったものでも、水銀と硫黄の構成比に変わりはなかったのである。[1] プルーストはこう書いている。

> 北極から南極に至るまで、化合物の組成にまったく違いはない。凝集のしかたによって外見が異なることはあるが、性質は何ひとつ……。日本の辰砂《しんしゃ》はスペインの辰砂と同じ組成であるし、塩化銀はペルーで採れたものでもシベリアで採れたものでもまったく変わらない。世界には、塩化ナトリウムも、硝石も、硫酸カルシウムも、硫酸バリウムも、ただひとつしかない。このことは、分析によってあらゆるレベルで確かめられている。

一七九九年までに、プルーストは自分の考えを法則に一般化していた。世に言う定比例の法則である。プルーストの分析結果と神秘的な法則は、世界じゅうの化学者に注目された。とくにイギリスでは、マンチェスターで学校の教師を務め、慎み深いクエーカー教徒だったジョン・ドルトンに、深遠な洞察をもたらすこととなる。数学の才能に恵まれ、早くからニュートンとその「粒子哲学」に魅せられていたドルトンは、気体の物理的性質――気体が及ぼす圧力や、気体の拡散や溶解――を粒子すなわち「原子」の観点から把握しようとしていた。つまりドルトンは、プルーストの成果を初めて耳にしたとき、純粋に物理的な意味ではあったが、すでに「究極の粒子」とその重さについて考えていたのだ。そして、突然のひらめきによって、そうした究極の粒子によってプルーストの法則が説明でき、ひいては化学現象のすべてが説明できることに気づいた。

ニュートンやボイルの見方によれば、物質にはさまざまな形態があるが、構成する粒子すなわち原子はどれも同一だった（だから、非金属が金になるといった錬金術の可能性はつねに存在した。それを実現するためには、同じ基本物質の状態が変わって、形態が変化しさえすればよかったのである）[2]。ところが、いまやラヴォアジエによって元素の概念が明らかにされていた。そこでドルトンは、元素と同じだけ多くの種類の原子があると考えた。どの原子にも一定かつ固有の「原子量」があり、それが、ほかの元素と結合する相対的な比を決定しているのだ、と。したがって、二三グラムのナトリウムがつねに三五・五グラムの塩素と結合するとすれば、それはナトリウムと塩素の原子量がそれぞれ二三と三五・五だからなのだった（もちろん、これらの原子量は原子の実際の重さではなく、ある基準――たとえば水素原子――に対する相対的な重さだ）。

ドルトンの原子についての考えを本で読んで、私は陶然とした気分を味わった。実験室ではっきりわかる規模の不思議な比例関係や数量が、見えない極微《ごくび》の世界で原子が跳ねまわり、触れ合い、引きつけ合って結合する様子を見事に映し出しているように思えたのだ。まるで、イマジネーションという顕微鏡が、われわれの世界の何億、いや何兆分の一にあたる究極の微小世界——すなわち物質の構成要素そのもの——を見させてくれているかのようだった。デイヴおじさんから、ものすごく薄い金箔を見せてもらったことがある。ほとんど透明になるまでたたいて延ばされ、光を当てると美しい青緑色の光が通り抜けた。この金箔の厚みは一〇〇万分の一インチで、原子数十個分しかないんだ、とおじは言った。また父から、ストリキニーネ（中枢神経を麻痺させる猛毒だが、少量なら神経刺激剤となる）のようなとても苦い物質を一〇〇万倍に薄めてもまだ味がするのを教わったこともあった。私は薄膜の実験も好きで、風呂のなかで石鹸の泡をふくらませたり——少量の石鹸水に静かに息を吹きこんで大きなシャボン玉を作った——濡れた路面に広がった油膜が虹色に輝くのを眺めたりした。こうしたことのおかげで、私にはどうにか極微のものをイメージする心構えができていた。一〇〇万分の一インチの厚みの金箔やシャボン玉や油膜を構成する粒子がいかに小さいものか、想像できたのである。

しかしドルトンが示唆したのは、はるかに胸躍らされるものだった。というのも、それはニュートンの言った意味での原子を超えて、元素と同じぐらい個性豊かな原子だったからだ。いやむしろ、原子が元素にその個性を与えていたのである。

のちにドルトンは、木で原子模型も作っている。私は少年時代に、その本物を科学博物館で見たことがある。お粗末で大雑把なものだったが、イマジネーションを刺激し、原子が本当に存在するのだという気にさせてくれた。ところが、だれもがそう感じたわけではないようで、それを見てドルトンの模型は原子説の滑稽さを示す縮図だと思った化学者もいた。高名な化学者H・E・ロスコーは、八〇年後にこう書いている。「原子はドルトン氏がこしらえた丸い木片にすぎない」

じっさいドルトンの時代には、原子のアイデアはまったくのナンセンスと言わないまでも現実的でないと見なされることがあった。原子の存在を示す確かな証拠が挙がったのは、一世紀以上もあとだった。ヴィルヘルム・オストヴァルトも原子の実在を信じていなかったひとりで、一九〇二年に出版された著書『無機化学原論（*Principles of Inorganic Chemistry*）』でこのように記している。

> 化学のプロセスは、あたかも物質が原子で構成されているかのようにして進行する。……それから言えるのは、せいぜい現実にそうだという可能性であって、確信ではない。……イメージと現実の符合に惑わされてこのふたつを混同してはいけない。……仮説はあくまでも説明の手助けにすぎないのだ。

もちろん、現在では原子間力顕微鏡によって、一個一個の原子を「見て」操作することまでできる。しかし一九世紀の初頭に、当時の実証能力をはるかに超えた実体を想定するには、途方もない洞察力と勇気を必要とした。(3)

ドルトンの化学的な原子の理論は、一八〇三年九月六日、彼の三七歳の誕生日にノートに記されている。当初ドルトンは、謙虚だったのか自信がなかったのか、その理論を論文として出版しなかった（だが、六つの元素――水素、窒素、炭素、酸素、リン、硫黄――の原子量を算出し、ノートに書き留めていた）。それでも、ドルトンが何かすごい考えを生み出したという噂が流れ、著名な化学者トマス・トムソンがマンチェスターまで彼に会いに行った。そうして一八〇四年にドルトンとした、ただ一度の短い会話が、トムソンの「考えを変え」、人生まで変えてしまった。のちにトムソンは言っている。「不意に私の心を襲った新しい見方にすっかり魅了されてしまった。一見して、その理論の途方もない重要性に気づいたのである」

ドルトンは、マンチェスター文芸哲学協会で自分の考えの一部を発表していたが、トムソンが記すまで、その考えは広く知れわたらなかった。トムソンの説明は、ドルトンが一八〇八年に出版した著書『化学哲学の新体系』（まず第一部だけこの年に出版された）の最後の数ページに不器用に押し込んだ解説よりも、はるかに素晴らしく説得力にあふれていた。

しかし、ドルトン自身、みずからの理論の根本的な問題に気づいていた。化合量すなわち当量（化学反応をする元素や化合物の相当量）から原子量を弾き出すには、化合物の組成式を正確に知らなければならなかった。同じ元素でも、ときとして、複数の化合のしかたがありえたためである（窒素の酸化物が三通りあるように）。そこでドルトンは、ふたつの元素でひとつの化合物しかできない場合（水素と酸素からなる水や、窒素と水素からなるアンモニアなど）、考えられる最も単純な比――一対一――で化合するものと仮定した。この比が一番安定にちがいないと思ったのだ。こうしてドルトンは、水の組成式を（現代の表記法で言えば）HOと見なし、酸素の原子量をその当量と同じ8と考えた。同様に、アンモニアの組成式はNHと見なし、そこから窒素の原子量は5と算出した。

ところが、ドルトンが『化学哲学の新体系』を出版したその年に、フランスの化学者ゲイ=リュサックが、重量の代わりに体積をはかり、（体積1ではなく）体積2の水素が体積1の酸素と化合して体積2の水蒸気が生じることを明らかにした。ドルトンにはこの結果が信じられなかった（自分でも簡単に確認できたのだが）。それだと原子をふたつに割って、酸素原子の半分ずつを水素原子一個一個と化合させなければならない、と思ったからだ。

ドルトンは、原子の「化合物」について議論しながら、「分子」――元素や化合物が自然の状態で存在しうる最小の量――と「原子」――化学結合をする単位――とを（先達たち以上には）はっきり区別していなかった。ところが、イタリアの化学者アヴォガドロは、ゲイ=リュサックの結果を吟味して、気体同士の体積が等しければ含まれる分子の数も等しいという仮説を立てた。これが成り立つには、水素と酸素の分子はどちらも二原子でないといけなかった。それなら、両者が化合して水になる現象は、$2H_2+1O_2 \rightarrow 2H_2O$と表わせるのだ。

だが奇妙なことに（少なくとも今から振り返るとそう思える）、アヴォガドロの二原子分子の提案は、ドルトンを含めほとんどの人に無視されるか反対された。まだ原子と分子がひどく混同されていて、同種の原子が結合できるとは考えられていなかったのだ。化合物である水をH_2Oと見なすのは構わなかった。しかし、純粋な水素の分子をH_2と認めるわけにはいかないようだった。そのため、一九世紀の初め、多くの原子量は単に係数のぶんだけ間違っていた。本来の値の半分になっていたものもあれば、二倍になっていたものもあり、三分の一、四分の一などになっていたものもあった。

私が最初に実験の手引きとしたグリフィンの本は、一九世紀前半に書かれていたので、多くの組成式は――したがって多くの原子量は――ドルトンのと同じように誤っていた。だが、実際問題としてさほど問題はなく、それどころか、グリフィンの多くの素晴らしい長所を損なってもいなかった。確かに組成式や原子量には間違いもあったが、そこに示された反応物やその量は正確に合っていた。解釈、それも形式上の解釈が歪《ゆが》んでいただけなのだ。

このように、多くの化合物の組成式が不確かだったのに加え、元素の分子についての見方が混乱していたため、原子量の概念そのものが、一八三〇年代から疑問視されるようになった。一八三七年には、フランスの大化学者デュマがこんな発言までしている。「私に全権限が与えられているとしたら、科学から原子という言葉を抹消するだろう」

やがて一八五八年、アヴォガドロと同じイタリアの化学者スタニスラオ・カニッツァーロは、一八一一年に提起されたアヴォガドロの仮説が、原子と分子、原子量と当量にからんで数十年続いていた混乱を見事に解決してくれることに気づいた。カニッツァーロが公表した最初の論文は、アヴォガドロの場合と同じく無視された。だが、一八六〇年の末にカールスルーエで史上初めての化学者の国際会議が開かれたとき、カニッツァーロの発表が一挙に注目を浴び、長年にわたり人々を悩ませてきた問題についに決着がついたのである。

こうした歴史を私は、実験室を飛び出し、一九四五年に科学博物館の図書館へ通いだしてから、知るようになった。科学の歴史は、決して筋の通った直線的な流れに沿ったものではなかった。あちこち飛躍したり、枝分かれしたり、収束したり、脇道へそれたり、繰り返されたり、袋小路に迷い込んだりするものだったのだ。理論家のなかには、歴史にほとんど関心を払わない人もいた（ただ、先例を知らなかったがゆえに成功した独創的な理論家もいたようだ。ドルトンは、それまで二〇〇〇年の長きにわたる錯綜《さくそう》した原子論の歴史を知っていたら、自分の原子説をなかなか提唱できなかったかもしれない）。一方で、自分の研究テーマの歴史をひたすら考察し、その考察があったからこそ科学に貢献できた人もいる。カニッツァーロは明らかにこちらの一員だった。彼は、アヴォガドロの仮説を徹底的に考察し、だれも見つけていなかった意味を見出し、それとみずからの創造性によって化学に革命を起こした。

カニッツァーロは、自分の教え子たちの頭に化学史をたたきこむ必要性を猛烈に感じていた。じっさい、化学の教授法を説いた素晴らしい論文のなかで、「ラヴォアジエの時代の人と同じレベルに……身を置かせて」生徒を化学の研究へと導く方法が語られている。そうすれば、ラヴォアジエの時代の人のように、その革命の威力がそのまま感じられ、何年かのちには、ドルトンのようなまばゆいばかりの啓示が突然訪れるかもしれなかった。

カニッツァーロはこう結論づけている。「新しい科学を学びとるには、たいていの場合、科学が歴史的な進化の過程で示した全段階を頭のなかでたどる必要がある」カニッツァーロの言葉に、私は強く共感した。私もまた、みずから化学史をたどり、途中の段階をひととおり自分の目で再発見していたようなものだったからである。

(1) ところが、このプルーストの見方にクロード＝ルイ・ベルトレが異議を唱えた。ベルトレは、プルーストより年かさの高名な化学者で、ラヴォアジエを熱烈に支持していた(命名法の革命にも協力した)。そして、化学的な漂白作用の発見者でもあり、一七九八年にナポレオンがエジプトへ遠征したときには科学者として同行している。彼は、さまざまな合金やガラスの化学組成に明らかに大きなばらつきがあることに気づいていて、そのため化合物の組成は連続的に変化しうると主張した。さらにベルトレは、実験室で鉛を熱すると次々と鮮やかな色の変化を見せると指摘した。これは次々と無限に酸素を吸収することを意味しているのではないか、と言ったのだ。するとプルーストは、鉛を熱したときに酸素を次々と取り込んで色が変わるのは確かだが、色の違う三種類の酸化物が形成されるためだと思う、と答えた。まず黄色い一酸化鉛ができ、続いて赤い鉛丹(現在ではPb_3O_4とわかっている)ができて、さらにチョコレート色の二酸化鉛が生じ、酸化の程度に応じてそれらの比率が変化するから、絵の具のように色が混じり合って見える。それらの酸化物はどんな比率でも混じり合うが、それぞれの酸化物については組成が一定だと考えたのである。

ベルトレは、含まれている鉄と硫黄の比率が厳密に一定でない硫化鉄(硫化第一鉄)のような化合物があることも怪訝《けげん》に思った。これについては、プルーストも明確な答えを示せなかった(じっさい、このちに結晶格子とその欠陥や置換のことがわかって、初めて答えが明らかになった。たとえば、硫化第一鉄［FeS］の格子のなかではさまざまな程度で鉄が硫黄に置換されるので、実際の組成式は Fe_7S_8 から Fe_8S_9 まで変化する。こうした不定比化合物はベルトライド化合物と呼ばれるようになった）。

　結局、プルーストもベルトレもある意味で正しかったわけだが、大多数の化合物は、プルーストが主張したように組成が一定だった（プルーストの見方が広く支持される必要はあったかもしれない。というのも、ドルトンの深遠な洞察を導いたのはプルーストの定比例の法則だったからだ）。

（2）ただし、ニュートンは著書『光学』（邦訳は島尾永康訳、岩波書店刊など）の最終章「疑問（Querie）」のなかで、ドルトンのものに近い概念をすでに提示していたようにも思える。

　神は物質の粒子を、さまざまな大きさや形をもち、空間のなかでさまざまな割合を占めるものとして作り出すことができる。またひょっとしたら、異なる密度や力をもつものにもできるのかもしれない。

（3）ドルトンは、元素の原子を、なかにデザインのある円として表わした。それは錬金術で使われたシンボルや惑星の記号を彷彿とさせた。また、化合した原子（今では「分子」と呼ばれているもの）は、原子が増えるにつれ複雑になる幾何学的配置によって示した。これは構造化学の登場を初めて予感させるものだが、その後五〇年あまり発展を見なかった。

原子「説」と控えめに言いながら、ドルトンは原子の実在を固く信じていた。だから、ベルセリウスがドルトンの図形的なシンボルでなく一、二文字の略称で元素を表わすことを提唱すると、ドルトンは猛反対した。ドルトンは、ベルセリウスの記号化に死ぬまで強く反対しつづけた（原子の実在性がぼかされると思ったのだ）。死ぬまでというのはまさに本当で、一八四四年に彼は、原子の実在を激しく主張したあとで突然卒中に襲われて亡くなった。

14　力　線
――見えない力のとりこになる

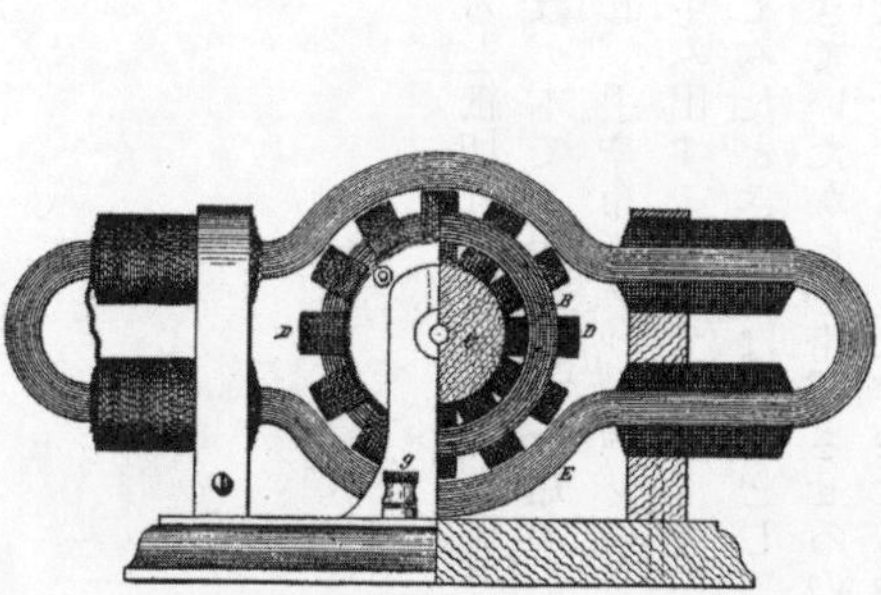

幼いころ、「摩擦」電気に夢中になった。琥珀《こはく》の表面をこすると紙切れがくっつくというあれだ。その後、ブレイフィールドからわが家へ戻ったころには、本で「起電機」を知った。それは、電気を通さない材料でできた円盤や球をハンドルで回し、手や布やクッションのようなものにこすりつける機械で、強烈な静電気の火花や衝撃を生み出すことができた。そのように単純な機械なら簡単に作れそうな気がした。最初に作ってみたとき、私は円盤として古いレコード盤を使った。当時のレコード盤はエボナイトでできていたから、帯電させるのは簡単だった。唯一の難点は、薄くてもろく、割れやすいことだった。二度目に作ったもっと頑丈な機械では、厚いガラス板と、亜鉛アマルガムを塗った革張りのクッションを使った。空気が乾燥した日には、これで二センチ以上にもなる立派な火花が飛んだ（湿気の多い日には電気が通ってしまうので何も起きなかった）。

そうした起電機をライデンびんにつなぐこともできた。ライデンびんは、一般に、ガラスびんの内面と外面をスズ箔《はく》で覆い、てっぺんの金属球と内面の箔を金属の鎖でつないだものだ。そのようなびんをいくつか連結すると、大量の電荷をためられた。ものの本によれば、一八世紀には、ライデンびんの「電池」を使った実験で、横一列に手をつないだ八〇〇人の兵士に体が麻痺するほどのショックを与えられたらしい。

私は、小型のウィムズハースト起電機も手に入れた。これは回転するガラスの円盤と放射状に配置された扇形の金属板からなる優美な機械で、長さ一〇センチにおよぶ巨大な火花を作り出せた。円盤が高速で回転すると、まわりにあるものは何でも強く帯電した。房飾りが帯電すると、ばらばらの糸に分かれて突っ立った。木髄（樹木の心材部分）の球は斥けられ、人がいれば肌に電気を感じた。そばに先のとがったものがあれば、電気が光の刷毛《はけ》となって流れ、小さなセント・エルモの火（雷雲が近づいたときに船のマストなどのとがったものに見られる放電現象）が生まれた。さらに、流れ出る「電気風」（対流放電）で、蠟燭の火を吹き消したり、軸に付けた小さな羽根車を回したりもできた。簡単な絶縁スツール——木の板の四隅をガラスコップで支えた腰掛け——を使って、兄たちを帯電させ、髪を逆立たせることもできた。こういう実験は、同種の電荷の反発力を示していた。房飾りのどの糸も、髪の毛の一本一本も、同じ電荷を帯びていたのだ。一方、幼いころ琥珀をこすって紙切れをくっつけたあの最初の体験は、帯電した物体が引きつけ合う力を示していた。反対のもの同士は引きつけ合い、同種のもの同士は反発するのだ。

あるとき、ウィムズハースト起電機の静電気で、デイヴおじさんの電球を点《つ》けられないかと考えた。おじは何も言わずに、太さが一〇〇分の三インチ（〇・八ミリ弱）しかない銀と金の線をくれた。私は、ウィムズハースト起電機につながったふたつの真鍮球を、紙に貼った長さ三インチ（八センチ弱）の銀線で結んでみた。発電機のハンドルを回すと、銀線がはじけ飛んで紙に奇妙な模様が残った。同じことを金線でやってみると、たちまち蒸発して赤い蒸気が立ちのぼった。ガス状の金になったのだ。こうした実験から、摩擦電気は相当強力なように思えたが、激しすぎ、扱いにくすぎて、あまり役に立ちそうになかった。

デイヴィーは、電気化学的な引力を、反対のもの同士の引力と見なした。たとえば、ナトリウムイオンのように強力な「陽」イオン（カチオン）は、塩素イオンのような強力な「陰」イオン（アニオン）に引きつけられる。しかし大半の元素は、この両者のあいだに並ぶ電気陽性度あるいは電気陰性度をもつ、とも考えた。金属の電気陽性度は、化学反応性の指標でもあった。つまり、陽性度の高い元素は陽性度の低い元素を還元し、それと置き換わることができたのである。

この種の置換反応は、すでに錬金術師たちが、原理をはっきりとは知らないまま、金属のメッキを施したり「樹状結晶」を作ったりするなかで検討していた。樹状結晶は、たとえば亜鉛の棒を別の金属塩（銀塩など）の水溶液に挿入して作れた。こうすると、亜鉛が溶液から銀を追い出して、金属の銀が、きらきらしたフラクタル（一部を拡大しても元の全体と同じ形を備えている自己相似構造の図形）に近い樹枝状の結晶として析出し成長するのだった（錬金術師は、この樹状結晶に神秘的な名をつけていた。銀の樹状結晶をアルボル・ディアナイ〔月の樹〕、鉛の樹状結晶をアルボル・サトゥルニ〔土星の樹〕、スズの樹状結晶をアルボル・ジョヴィス〔木星の樹〕と呼んだのだ[1]。

一時期、私はすべての金属元素でそんな樹状結晶を作ってみたいと思っていた。鉄やコバルト、ビスマス、ニッケル、金、白金、その他の白金族元素、クロム、モリブデン、それに(もちろん!)タングステンもだ。けれども、さまざまな理由から(とくに貴金属の塩は値が張りすぎた)、試したのは十数種の基本的な元素にとどまった。だがほどなく、そんな純粋に美的な楽しみ——ひとつとしてほかのどれかと同じ樹状結晶はなく、同じ金属でさえも雪片や氷晶のように個々に異なり、金属が違えば析出のしかたも違った——から、より体系的な研究へと関心が移っていった。どんなときに、ある金属が別の金属を析出させるのだろう? またそれはなぜなのか? 私は亜鉛の棒を使い、まず硫酸銅の水溶液に突っ込んで、華やかな銅の被覆《ひふく》を施した。続いて、スズの塩、鉛の塩、銀の塩でも実験をおこない、亜鉛の棒をそれらの水溶液に入れて、スズや鉛や銀のきらびやかな樹状結晶を作った。ところが、銅の棒を硫酸亜鉛の水溶液に突っ込んで亜鉛の樹状結晶を作ろうとしても、何も起きなかった。亜鉛は明らかに銅よりも反応性が高い金属なので、亜鉛が銅に置き換わりこそすれ、銅が亜鉛に置き換わることはなかったのだ。亜鉛の樹状結晶を作るには、亜鉛よりも反応性の高い金属を使う必要があった。私はマグネシウムの棒でうまくいくことに気づいた。これらの金属のあいだに、順序のようなものが存在するのは間違いなかった。

電気化学的な置換反応を、海水による銅の船底の腐食を防ぐために初めて利用したのは、デイヴィーだった。銅よりも電気陽性度の高い金属(鉄や亜鉛など)の板を貼りつけ、その板を代わりに腐食させるようにしたのだ。「陰極防食」という手法である（これは実験室ではうまくいくように見えたが、海ではそうでもなかった。貼りつけた金属の板がフジツボをおびき寄せてしまったのだ。そのためデイヴィーの提案は人々にばかにされたが、陰極防食の原理は素晴らしかったので、彼の死後、結局は外洋を渡る船の船底を保護する一般的な手だてとなった）。

デイヴィーと彼の実験について本で読んだ私は、いろいろな電気化学実験をしてみたくなった。たとえば、鉄釘の腐食を防ぐために、それに亜鉛のかけらを貼りつけ、水に入れてみた。また、母の銀のスプーンをアルミニウムの皿と一緒に温かい重炭酸ナトリウム（重曹《じゅうそう》）の水溶液に浸け、銀のくすみを取ってあげた。それで母がとても喜んだのに気をよくした私は、陽極にクロムを、陰極に家にあるいろいろな品物を使って、電気メッキにも挑戦した。とにかく手当たり次第にクロムメッキを施し、鉄釘や銅片、ハサミのほか、前にくすみを取った銀のスプーンにまで手を出した（今度は母を怒らせてしまったが）。

私は当初、これらの実験と、そのころいじっていた電池とのあいだに関連があることに気づいていなかった。それでも、最初に使った亜鉛と銅というペアが、あるときは樹状結晶を生み出し、またあるときは電池として電流を生み出すのは、不思議な符合だと感じていた。その後、高い電圧を得るには銀や白金のような反応性の低い貴金属を電池に使うという話を何かで読んだ。このときに初めて、私は「樹状結晶」にかかわる順序とヴォルタ電池にかかわる順序が同じものにちがいなく、化学的な反応性と電位がどこかしら同じ現象を指していると気づきだしたように思う。

わが家の台所には、大きな旧式の湿電池があって、ベルにつながっていた。ベルの仕組みは難しく、最初は理解できなかった。一方、電池はたちまち私を魅了した。なかには素焼きの筒があり、そこに入っている青みを帯びた液体にきらきらした太い銅の円柱が浸かっていた。そのすべてを収めた外側のガラス容器にも液体が満たされ、細い亜鉛の棒が挿《さ》してあった。それはまるでミニチュアの化学工場のようで、ときどき亜鉛から小さな気泡が出ているのが見えた。このダニエル電池（という名で呼ばれていた）は、一九世紀のヴィクトリア朝時代らしいごてごてした外見で、しかもこの風変わりなものは完全に自動で電気を生み出していた。摩擦をしなくても、それ自体の化学反応によって発電できたのだ。これが摩擦電気（静電気）ではなく、根っから種類の違う電気であるという事実は、その種の電気を一八〇〇年にヴォルタが発見した当時、大変な驚きで、自然界の新しい力が見つかったと思えたにちがいない。それまでは、摩擦電気による火花や閃光のように、つかのまの放電しか見られなかった。それが今、一定不変の電流が自由に生み出せるようになったのだ。必要なのは、二種類の金属だけだった。銅と亜鉛でも、銅と銀でもかまわない（ヴォルタは「電圧」すなわち電位差が異なる金属の組み合わせをひととおり見つけ出している）。それらを導電性の溶媒に突っ込めばよかった。

初めて自分で電池を作ったときは果物や野菜を使った。銅と亜鉛の電極をレモンやジャガイモに突き刺せば、小さな一ボルト電球が点くぐらいの電流を流せた。そうしたレモンやジャガイモを半ダースほどつなげると（直列にすれば高い電圧が得られ、並列にすれば大きな電力が得られた）、生物的な「電池」ができた。果物や野菜のあとは、コインで電池を作った。銅貨と銀貨（銀貨は一九二〇年以前のものでないといけなかった。それ以後のは質が落ちるからだ）を交互に重ね、あいだに湿った吸い取り紙（たいていは唾《つば》で湿らせた）をはさんだのである。ファージング銅貨と六ペンス銀貨のような小さなコインを使い、そのペアを五、六層重ねると、二センチ半ほどの厚みになった。また、筒のなかにそのペアを六〇〜七〇層も重ねると、高さが三〇センチにもなり、一〇〇ボルトの強烈な電気ショックを与えられた。さらに、コインよりずっと薄い銅箔と亜鉛箔のペアを筒に詰めて電気棒も作れると思った。そうした棒は、銅と亜鉛のペアが五〇〇層以上にもなれば、一〇〇〇ボルトぐらいの電圧が生み出せそうだった。一〇〇〇ボルトと言えば、電気ウナギよりも高く、どんな暴漢も恐れをなして逃げ出すほどの電圧だ。けれども、それを作るところまでは至らなかった。

一九世紀に開発されたさまざまな電池は、私をとりこにした。一部は科学博物館で見ることができた。たとえば「単液」電池として、ヴォルタが最初に作った電池や、スミーの電池、グレネの電池、どっしりしたルクランシェ電池、デ・ラ・ルーのスリムな銀電池などがあった。また二液電池としては、うちにあったダニエル電池のほか、ブンゼンの電池、グローヴの電池（白金電極を使っていた）などが挙げられる。その数は枚挙にいとまがないほどだったが、どれもそれぞれ違ったやり方で、安定した電流を流し、電極を金属の析出や気泡の付着から守り、（一部の電池で見られた）有毒ガスや可燃性ガスの発生がないように工夫されていた。

こうした湿電池は、ときどき水を補給してやらないといけなかった。だが、懐中電灯に入っていた小さな乾電池はまるで違っていた。マーカスは、私が興味をもったのに気づくと、ボーイスカウトで使っていた切れ味抜群のナイフで乾電池を割って見せてくれた。外側は亜鉛の筒で、真ん中に炭素棒があって、そのあいだに腐食性が強く、変なにおいのする導電性のペーストが詰まっていた。マーカスは、携帯用ラジオのなかの大きな一二〇ボルト電池も見せてくれた（携帯用ラジオは、電力供給が不安定だった戦時中の必需品だった）。その電池は八〇個の乾電池をつなげたもので、重さが数キロもあった。またあるときは、車のボンネットを開けて――当時うちには旧式のウーズレーがあった――鉛の板と酸を使った蓄電池を見せ、この電池は充電が必要で、何度も充電できるが自然に充電はされない、と教えてくれた。私は電池に惚れ込んでしまった。電池でさえあれば、使えなくなったものでもかまわなかった。そのことが親戚に知れわたると、いろいろな形やサイズの使い古しの電池がもらえるようになり、たちまち膨大な（しかしまったく役に立たない）コレクションができあがった。その多くを私は切ったり開けたりした。

それでも、お気に入りはあくまでもあの古いダニエル電池だった。わが家の近代化が進み、ベルを鳴らす電池がスマートな乾電池になると、ダニエル電池は私のものになった。もらった電池は、電圧こそ一〜一・五ボルトと低かったが、電流は数アンペアと、サイズのわりにかなり大きかった。これは、実験で物を温めたり照らしたりするのにうってつけだった。そんなとき、電流はかなり大きくないといけないけれども、電圧はどうでもよかったのだ。

このようにして私は、簡単に金属線を熱することができた。ディヴおじさんは、いろいろな太さの純粋なタングステンの線材をくれた。一番太いのは径《けい》が二ミリの線で、これを電池の端子のあいだにつなぐと生暖かくなった。一番細いのだと、白熱して閃光とともに灰になった。中間にしばらく赤熱状態を保てるちょうどよい太さのものがあったが、その温度でもやがて酸化して、ふわふわした黄白色の酸化物に分解してしまった（このときに初めて、電球から空気を抜く必要があり、電球を真空にするか不活性ガスで満たすかしないかぎり白熱光にできないわけがわかった）。

ダニエル電池を電源として使い、塩分や酸性を帯びた水を分解することもできた。卵立てに入れた少量の水がみるみる構成元素に分かれる様子を見て、大喜びしたのを覚えている。一方の電極から酸素が、もう一方の電極から水素が発生したのだ。一ボルト電池から流れる電気などずいぶん弱いように見えたものだが、それでも化合物を引き裂くだけの力があった。水を分解し、さらには塩を猛烈に反応性の高い構成要素に分解することまでできた。

電気分解という現象は、ヴォルタの電堆《でんつい》が登場するまでは見つかっていなかった。それ以前、どんなに強力な発電機やライデンびんでも、化学的な分解は起こせなかったのだ。のちにファラデーは、一滴の水を分解するのに、ライデンびん八〇万個分の電荷か、ことによると雷撃まる一回分の電力が必要かもしれないと見積もっている。同じことをちっぽけな一ボルト電池でできるのに、である。一方、私の一ボルト電池や、マーカスが見せてくれた八〇個の乾電池からなる携帯用ラジオの電池でも、木髄の球や検電器はぴくりとも動かなかった。静電気は強烈な火花や高電圧を生み出せたが(ウィムズハースト発電機では一〇万ボルトの電気を発生させられた)、少なくとも電気分解をするには電力が足りなかった。電力は大きいのに電圧は低い化学電池では、これと反対のことが言えた。

電池が電気と化学の分かちがたい関係について教えてくれたとしたら、ベルは電気と磁気のそうした関係について教えてくれた。こちらの関係は決して明白なものではなく、一八二〇年になって初めて発見された。

電流がどのように導線を温め、電気ショックを与え、水溶液を電気分解するのかは、私にも理解できていた。だが、どうやってベルに振動運動を起こし、音を立てさせているのかは謎だった。ベルと玄関のあいだは導線で結ばれていて、玄関の外のボタンを押すと回路が完成するようになっていた。ある晩、父と母が外出したとき、この回路にバイパスを設け、ベルを直接作動させられるように線をつなげてみた。そうして電流を流すと、ハンマー(打ち子)が飛び跳ねてベルを鳴らした。電流が流れるとどうしてハンマーが飛び跳ねるのだろう? ハンマーは鉄でできていて、まわりに銅線が巻きついていた。そのコイルに電流が流れると、ハンマーが鉄のベースに引きつけられた(当たってベルが鳴ると、回路が遮断されてハンマーは元の位置に戻った)。とても不思議な現象だった。私はU字形の永久磁石をもっていた。だが、それと違ってこの磁石は、コイルに電流が流れたときだけ磁性をもち、電流が止まったとたんに磁性がなくなってしまったのだ。

　電気と磁気との結びつきを最初にほのめかしたのは、磁針の敏感な反応だった。雷雨のときに、磁針が動いたり、さらには磁性を失ったりすることまであるのは、昔からよく知られていた。やがて一八二〇年に、方位磁石のそばで導線に電流を流すと磁針が急に動くことが見出された。電流が強ければ、磁針の向きは九〇度それることもあった。さらに、導線の下に置いた方位磁石を導線の上に置きなおすと、磁針は正反対に向きを変えた。磁力が導線のまわりで円を描いているようだった。[2]

　磁力がもたらす円運動は、水銀をためたボウルに垂直に磁石を立て、導線を水銀の液面に浮かせたもの（①）や、逆に導線を固定して磁石が自由に動けるようにしたボウル（②）を使えば、ひと目でわかるようになった。導線に電流を流すと、①の浮いていた導線は液面を走るようにして磁石のまわりをくるくる回り、②の磁石は固定した導線のまわりを①とは反対の方向に回転するのだ。

　ファラデーは、一八二一年にこの装置――事実上、世界で最初の電動機（モーター）――を考案したが、すぐに逆の原理も考えはじめた。電気がそんなに簡単に磁力を生み出せるのなら、磁力が電気を生み出すこともできるのではないか？　意外にも、彼がこの疑問の答えを出すまでには、それから何年もかかった。答えは単純ではなかったのである。[3]ただ永久磁石を導線のコイルのなかに入れても、電気は発生しなかった。磁石を出し入れする運動が必要で、そうすることによって初めて電流が生じたのだ。今では発電機やその仕組みが知られているので、そんなことは当たり前に見える。しかし当時は、運動が必要だとは予想だにできなかった。なにしろ、ライデンびんやボルタ電池は机の上でじっとしていたのだ。ファラデーほどの天才でさえ、考えを飛躍させ、その時代の思い込みから脱却して新たな領域へ踏みこみ、電気を発生させるのに磁石を動かす必要があると気づくまでには、一〇年の歳月を要した（ファラデーは、運動の際に磁力線が断ち切られ、電気が発生すると考えた）。磁石を出し入れするファラデーの装置は、世界初の発電機となった――つまり電動機の逆の装置である。

不思議なことに、電動機と発電機のアイデアは、同じ時代にファラデーが見出したのに、影響のしかたは大きく異なっている。電動機はすぐに関心を集め、実用化されたため、一八三九年までには電池を動力源とする川船が登場していた。一方、発電機は実用化までにずいぶん時間がかかり、一八八〇年代になってようやく普及した。このころに電灯や電車が登場し、それらの点灯や走行を維持するために大量の電気や配電システムが必要になったのである。うなりを上げ、何もないところから見えない神秘的な力を生み出す巨大な発電機――そんなものは、それまで何ひとつ知られていなかった。だから、大きな発電機があった初期の発電所は、人々に畏怖の念を起こさせた（この感情は、H・G・ウエルズの初期の小説「発電機の神様」で生き生きと描かれている。小説のなかである未開人は、自分がお守《も》りをしている巨大な発電機を、人身御供《ひとみごくう》を求める神と見なすようになる）。

ファラデーと同じで、私もいたるところで「力線」を見つけるようになった。私は自転車に電池式の前照灯と尾灯を付けていたけれども、新たに発電機で光るライトも手に入れた。後輪に付いた小さな発電機がブンブン回っていると、回転で磁力線が断ち切られることや、その運動が果たしている謎めいた重要な役割に、ときどき思いを馳せたものだ。

磁気と電気とは、最初はまったく別物に見えたが、いまや理由はわからないが運動を介して結びついていると思えるようになっていた。ここへきて私は、「物理」に詳しいエイブおじさんに助けを求めた。するとエイブおじさんは、スコットランドの偉大な物理学者クラーク・マクスウェル[4]が電気と磁気の関係（およびそれらと光の関係）を明らかにしたことを教えてくれた。電場の移動によってそばに磁場が誘導され、その磁場によって第二の電場が誘導され、さらにその電場によって別の磁場が誘導され……といった関係である。このようなほぼ瞬時に起こる相互誘導をもとに、マクスウェルは、電場と磁場が組み合わさり、非常にすばやく振動している電磁場の存在を想定し、それが四方八方に広がって空間を波動として伝わっていくと考えた。一八六五年、彼は、そうした場の波動が光の速度にほぼ等しい秒速三〇万キロで伝わることを計算ではじき出した。実に驚くべき成果だった。それまでだれひとりとして、磁気と光のあいだに何らかの結びつきがあるのではないかと考えた人はいなかった。それどころか、光の何たるかを知る人さえいなかった――波として伝わることはよく知られていたのだが。そこへマクスウェルが現われ、光と磁気は「同じ物質が及ぼす作用であり、光は電磁気の擾乱《じょうらん》として場を伝わり、電磁気の法則にしたがう」と提唱したのである。

これを知ってから、私は光を違ったふうにとらえるようになった。電場と磁場が、目にもとまらぬ速さで抜きつ抜かれつしながら、互いに絡み合って光線になっているのだ、と。

したがって、電場や磁場が変化すれば、必ず四方八方へ伝わる電磁波が生まれるはずだった。これに触発されてハインリッヒ・ヘルツは光と同じような電磁波を探したのだ、とエイブおじさんは言った。そうした波は、目に見える光よりずっと長い波長をもっているかもしれなかった。じっさいヘルツは、一八八六年に、単純な誘導コイルを「送信機」、わずかな火花ギャップ（一〇〇分の一ミリ）のある小さな導線のコイルを「受信機」として使い、電磁波を見つけ出した。暗闇の実験室で誘導コイルに火花を起こさせると、小さなコイルのほうにもかすかな火花が生じたのだ。「今じゃラジオをつけても、どんな不思議なことが起きているのかなんて考えたりしないだろう」とエイブおじさんは言った。「でも、一八八六年のその日がどんなだったか考えてみろ。ヘルツは暗闇のなかでふたつの火花を見た。そして、マクスウェルの考えが正しくて、電磁波という光みたいなやつが誘導コイルから四方八方へ放射されていると悟ったんだ」

ヘルツは、自分の発見が世界をがらりと変えることになるとは知らぬまま、若くして亡くなった。エイブおじさんは、マルコーニが初めて英仏海峡を越えて無線信号を飛ばしたとき、まだ一八歳だった。それでもおじは、その二年前にX線が発見されたときよりも興奮したらしい。無線信号は、ある種の結晶でとらえることができた（とくに方鉛鉱の結晶がよかった）。そのためには、「猫ひげ線」と呼ばれるタングステンの線で表面を探り、とらえられる場所を見つけないといけない。エイブおじさんは、若いころの発明のひとつで、方鉛鉱よりも性能のいい結晶を合成した。当時まだ電波は「ヘルツ波」と呼ばれていたので、エイブおじさんはこの結晶をヘルツァイトと名づけた。

しかし、マクスウェルがなし遂げた最高の偉業と言えば、あらゆる電磁理論をひとつに束ね、記号化し、圧縮して、わずか四つの方程式に仕立て上げたことだ。エイブおじさんは、本に載っている方程式を見せながら、この半ページの記号の群れにマクスウェルの理論のすべてが集約されていると語った。わかる人にはそれがわかるのだ、と。ヘルツにとって、マクスウェルの方程式は「魅惑的なおとぎの国のような……新しい物理学」の輪郭を明らかにしていた。電波を発生させられる可能性はもちろん、全宇宙にさまざまな電磁場が交錯し、それらが宇宙の果てまで行きわたっているという事実をも示していたのだ。

(1) こうした金属の樹状結晶の名は、太陽、月、および(当時知られていた)五惑星と、古代の七金属とを対応づける錬金術の考えにもとづいている。つまり、金は太陽を、銀は月(および月の女神ディアナ)を、水銀は水星を、銅は金星を、鉄は火星を、スズは木星を、鉛は土星を、それぞれ象徴していたのである。

(2) なぜだかとくに私の興味を引いた発見は、一八四五年のファラデーによる反磁性の発見だ。ファラデーは、非常に強力な電磁石を使った実験で、電磁石の両極のあいだにさまざまな透明な物質を置き、偏光が磁気の影響を受けるのかどうか確かめた。結果はイエスで、さらにファラデーは、比重のとても大きな鉛ガラスをいくつかの実験で使い、電磁石のスイッチを入れるとその鉛ガラスが動き、磁場に対して直角の配置をとることも見出した(このとき初めて彼は「場」という言葉を使った)。それまで知られていた磁性体――鉄、ニッケル、磁鉄鉱など――は、磁場に対して直角ではなく平行の配置をとるものばかりだった。興味をそそられたファラデーは、手当たり次第に磁気による影響の受けやすさを調べた――金属や鉱物のみならず、ガラス、炎、肉や果物に至るまで。

このことをエイブおじさんに話すと、おじの家の屋根裏にあったおそろしく強力な電磁石で実験をさせてくれた。おかげで私は、ファラデーがした多くの発見を再現でき、彼と同じように、ビスマスがとりわけ大きな反磁性効果を示し、磁石の両極から強く斥けられることを見出せた。ビスマスの細かいかけら(もろい金属からはげ落ちる針状のかけらに似ていた)が乱暴なほどの勢いで磁場と直角の方向を向く様子には、目を奪われたものだ。私は、そっとバランスを取ったら、東西を指すビスマスの方位磁石が作れるのではないかと思った。さらに、肉や魚の切り身でも実験をおこない、それなら生きている動物でやったらどうなるだろうと考えた。ファラデーはこう書いている。「人間をマホメットの棺のように磁場のなかに置いたら、回転して磁場を横切る状態になるだろう」(メディナにあるマホメットの棺は宙に浮いているという伝説があった)私は、エイブおじさんの電磁石が作る磁場のなかに小さなカエルや昆虫を置いてみようかと思ったが、それで血流が止まったり神経系がいかれたりして、手の込んだ殺し方をしてしまうことにならないかと不安になった(その心配は要らなかった。カエルは、磁場のなかに数分間浮かせておいても平気に見える。また今日存在する莫大な量の磁石を集めれば、一個連隊の兵士を浮かせることさえできそうだ)。

(3) そのあいだ、ファラデーはほかのさまざまな研究にも関心や熱意を注ぎ、成果を出していた。鋼鉄の研究、屈折率の高い特殊な光学ガラスの製造、気体の液化(彼が初めてなし遂げた)、ベンゼンの発見、王立研究所で数多くおこなった化学その他の講演などがそうで、また一八二七年には『化学的操作(*Chemical Manipulation*)』を出版している。

(4) エイブおじさんと違って高度な数学の知識がなかった私には、マクスウェルの成果の多くは理解できなかった。それでも私は、少なくともファラデーの書いたものを読み、そこに数式が使われていなくても本質的なアイデアをつかめた気になれた。マクスウェルは、ファラデーに感謝しながら、自分のアイデアの基本的なところは数学を使わなくても説明できると言っている。

ファラデーが、空間の本質をすっかり認識していながら、本職の数学者でなかったことは、科学に利益をもたらしたのかもしれない。……彼は、みずからの結果を当時の数学的嗜好に合った形にする……必要を感じなかった。それゆえ彼は、しかるべき研究をじっくりとおこない、自分のアイデアを事実と結びつけ、専門的でない自然な言葉で表現することができた。……「一方でマクスウェルはこうも言っている。」私は、ファラデーのした研究をさらに進めるうちに、彼が現象をとらえた手法が、従来の数学的記号で表わされてはいないものの、数学的な手法でもあることに気づかされた。

15　家庭生活
——身内の死と発狂した兄

シオニズム（ユダヤ人がパレスチナに戻って国家を建設することを目指した運動。イスラエル建国後は、イスラエルを支持する運動となる）は、父方の家族にも母方の家族にも大きな影響を及ぼした。父の姉アリダは、第一次大戦中、イギリスでシオニズムを主導していたネイハム・ソコロフとハイム・ワイツマンのアシスタントを務めていた。語学の才能に恵まれた彼女は、一九一七年のバルフォア宣言をフランス語とロシア語に翻訳する仕事を任され、また息子のオーブリーも、子どものころから学識ある能弁なシオニストだった（のちにアバ・エバンとしてイスラエルの初代国連大使になった）。私の両親は、医者で広い屋敷をもっていたので、シオニストの会合の場を提供するように求められた。だから私が子どものころ、家はよくそんな会合に使われた。二階の寝室にまで、激昂した声や、果てしない議論や、激しく机をたたく音が聞こえ、怒りと興奮で顔を真っ赤にしたシオニストが、トイレを探して、ノックもせずに私の部屋に入ってくることもあった。

会合は、父と母をくたくたに疲れさせたようだ。ふたりとも、終わるといつも顔色が悪く、ぐったりしていたが、それでも義務感から会合の世話役を務めていた。父と母がパレスチナやシオニズムについて語り合うのを耳にしたことは、ただの一度もなかった。だから私は、この問題についてふたりが強い信念をもっていないのではないかと思っていた。少なくとも戦後、ホロコーストの恐怖がふたりに「民族の郷土」の必要性を感じさせたときまでは。たぶん両親は、会合の主催者だとか、うちの玄関の扉を荒々しくたたき、イェシバ（ユダヤ教のラビを養成する神学校）や「イスラエルの学校」を建てる名目で多額の寄付を要求するギャングのような活動家だとかにおどされているのだろう、と私は思った。ほかの多くの点では頭脳明晰で自主性の強いふたりも、そうした要求を前にすると、義務感や不安感のためか弱腰になり、何も言えなくなってしまうようだった。私自身は、（両親と話し合うことはなかったけれども）強い反対の感情を抱いていた。シオニズムや布教活動や政治運動を一切嫌い、それらを鬱陶《うっとう》しく威嚇的なものと見なした。そして、科学の静かな議論や合理性への憧れを強くしていったのである。

父と母は、ユダヤ教徒として実際のところ穏健な正統派だったが（とはいえ、だれが本当に何を信じているという議論はほとんどした覚えがない）、一族のなかには急進的な正統派もいた。母の父は夜中にヤムルカ（敬虔な男性ユダヤ教徒がかぶる小さな帽子）が脱げたら目を覚ましたというし、父の父は泳ぐときにもヤムルカを脱がなかったらしい。おばのなかには「シェイテル」――かつら――をかぶっていた人もいて、変に若々しく、マネキンみたいに見えることもあった。アイダおばさんのは鮮やかな黄色で、ギゼラおばさんのは真っ黒で、どちらも、ずいぶん経って私の髪に白いものが混じりだしても昔のままだった。

母の一番上の姉アニーは、一八九〇年代にパレスチナへ行き、エルサレムに学校——「モーセ信仰のイギリス人淑女」のための学校——を創設していた。アニーは威風堂々たる女性で、極端なまでの正統派でもあった。自分が——エルサレムのラビ長や委任統治政府やムフティー（大都市におけるイスラム法学の最高権威）とだけでなく——神とも個人的に親密な関係にあると思っていた（のではないかと思う）[1]。ときどきイギリスに来るときは、船旅用のトランクをたくさんもってきて、それを運ぶのにポーターが六人も要るほどだった。アニーがやってくると、わが家におそろしく厳格な宗教の空気が漂った。そこまで正統派でなかった父と母は、彼女の鋭い視線にどこかおびえているようでもあった。

あるとき——一九三九年の、緊迫した空気が漂う夏の蒸し暑い土曜日のこと——私は三輪車で家の近くのエクセター・ロードをうろうろしていた。すると突然どしゃ降りの雨に見舞われ、全身ずぶぬれになってしまった。アニーは私の鼻先で人差し指を動かし、重たげな頭を振って叱りつけた。「安息日に乗るなんて！　ばちが当たったのね。神様はなんでもお見通しなの。いつでもどこでもご覧になってるのよ！」このときから私は土曜日が嫌いになり、神様も嫌いになり（少なくともアニーの警告で思い浮かんだ、制裁と懲罰を科す神様は嫌だった）、土曜日というと不安で居心地が悪く、だれかに見られている感じが付きまとった（今でもその感覚が少し残っている）。

あの土曜日は別にして、ふだんは家族みんなでウォーム・レーン・シナゴーグへ行った。

そこは広々として、当時二〇〇〇人を超える信徒を集めていた。私たち兄弟は、ごしごし洗われてきれいすぎるぐらい体を清められ、晴れ着を着て、子ガモの群れのように父と母のあとについてエクセター・ロードを歩いていった。母は、おばたちと一緒に女性用の二階席へのぼった。私は、まだ幼い三歳ぐらいまではいつも母と一緒にいたが、大きくなって六歳になると、一階の男性席にいないといけなくなった（それでも女性席のほうをちらちらと盗み見て、絶対にだめと言われていたのにときどき手を振ろうとまでした）。

父は会衆によく知られていて（半数は父か母の患者だった）、共同体の忠実な支持者で、学識ある人物だとの評判を得ていた。それでも父は、自分の学識など、通路の向こう側にいるウィレンスキーに比べれば屁でもない、と言った。ウィレンスキーは、タルムードの一言一句を完璧に暗記していて、どれかの巻にピンを刺したとしたら、全部のページでピンが貫いたところの文を言ってのけることまでできた。彼はみんなと違う、なにか自分なりの順序で連禱《れんとう》（先唱者の祈りに応えて会衆が唱和する形式の祈禱）を選んで、いつも体を前後に揺すりながら祈りの言葉を唱えていた。髪は長い巻き毛で、顔の両側にペイーズ（耳の前に垂らす細長い髪の房）が垂れていた。そんな彼を、私はなにか超人でも見るように、畏怖の念に打たれて眺めていた。

土曜日の朝には、ひどく長い礼拝があった。それは、大急ぎで祈っても最低三時間はかかり、ときどき祈禱はとんでもない速さになった。アミダーという祈禱は、エルサレムの方角を向いて、立って唱えなければならなかった。長さは一万語ぐらいだと思うが、そこのシナゴーグで一番速い人は、きっかり三分で唱えることができた。私もできるだけたくさん読もうとしたけれども（隣のページの英訳をちらちら見て意味を知ろうとしながらだ）、一段落か二段落読めたところで必ずと言っていいほど時間切れになり、礼拝は次の祈禱に進んでしまっていた。だからたいていは、みんなに付いて行こうとはせず、自分勝手に祈禱書のあちこちを読んでいた。ミルラや乳香について知ったのも、三〇〇〇年前にイスラエル王国で使われていた重さや長さの単位を知ったのも、このときだ。私は、供物に加える香料やスパイスを説明するくだりをあれこれ読んで、その豊かな言葉や美しい響き、詩や神話の香りに惹きつけられた。神様は鋭い嗅覚の持ち主に違いなかった。(2)

私は、聖歌隊——いとこのデニスが歌っていて、モスおじさんが演奏者を務めていた——の歌声や、素晴らしいハザン（先唱者）の朗詠を聞くのが好きだった。気難しいラビの話のなかにも魅力的なものがあったし、ときどきみんなが本当に一個の共同体を形作っているという気分になれてうれしかった。それでも、全体にシナゴーグには重苦しさを感じた。それに比べ、家での礼拝は、実生活に根付いていてはるかに楽しかった。過ぎ越しの祭りとその準備（ハメツというパン種入りのパンを家から一掃して燃やし、それを近隣の人たちと共同でやることもあった）は大好きだった。祭りの八日間に使う特別な美しい食器類やテーブルクロスも好きで、庭に生えていたワサビダイコンを引き抜くのも、それを細かくおろしたときに洪水のように涙が出るのも楽しかった。

セデル（過ぎ越しの祭りの晩餐でおこなう出エジプトを物語る儀式）の晩には、わが家では一五人、ときには二〇人が食卓についた。両親と、独身のおばたち（バーディーとレン、また戦前はドーラもいて、ときにはアニーも加わった)。それに、フランスやスイスからいとこやまたいとこがやってきて、ほかにもひとりかふたり、よその人が訪れた。テーブルには、美しい刺繍《ししゅう》入りのテーブルクロスが敷かれた。アニーがエルサレムからもってきたもので、白と金の輝きを放っていた。母は、いずれアクシデントは起きるのだからと思い、いつでも真っ先に自分で「しみ」をつけていた。その晩、早いうちに、赤ワインのびんを倒してしまうのだ。そうすればもう客は、グラスをひっくり返しても気まずい思いをしなくて済んだ。私には、母がわざとやっているのだとわかっていたけれども、いつどうやってその「アクシデント」を起こすのかは予測がつかなかった。それはいつも、本当にたまたましでかしたように、まったく自然な出来事に見えた(母はすぐにワインのしみの上に塩をまいた。するととたんにしみの色が薄くなって、ほとんど消えてしまった。どうして塩にそんな力があるのか、私にはわからなかった)。

シナゴーグでの礼拝は、あまりにも早口で、ほとんどちんぷんかんぷんだったが、それと違ってセデルの儀式では、たっぷり時間をかけて、いろいろな料理――卵、塩水、苦菜《にがな》(ワサビダイコンなど)、ハロセット(ワイン、リンゴ、木の実、シナモンなどを混ぜて作った赤茶色のペースト)――の象徴的な意味について議論や説明や問答がなされた。儀式で語られる「四人の息子」――賢い息子、悪い息子、無知な息子、幼すぎて質問のできない息子――を、いつも私は自分たち四人兄弟と重ね合わせた。だがそれではとくにデイヴィッドには不公平な話で、彼はほかの一五歳の子と比べて良くもなかったが悪くもなかった。この儀式で手を洗うのと、四杯のワインと、十の災いの物語を聞くのが好きだった(物語のなかで災いが登場するたびに人差し指をワインに浸け、十番目の災い──初子《ういご》の死（イスラエルの民を奴隷にしていたエジプト人たちの長男が死んだ出来事のことで、旧約聖書の出エジプト記に詳しい）──が終わると、指先につけたワインを肩越しに飛ばした）。末っ子の私は、かん高い声を震わせて「四つの質問」をし、それから父が隠した「真ん中のマッツァ（マッツァは種なしパンのことで、ここでは三枚のうちの真ん中のもの）」──アフィコーメン──を探した（しかし、父が隠す瞬間を目ざとく見つけるのは、母が巧みにワインのしみをつくる瞬間を目にするのと同じぐらい難しかった）。

セデルの歌や朗誦は大好きだった。それは、はるか昔から続けられてきた、過去を追体験する儀式だった。エジプトでの奴隷時代。葦《あし》の茂みに捨てられ、ファラオの娘に救われた赤ん坊のモーセ。乳と蜜の流れる「約束の地」──。それらの物語を通して、私は、いや私たちは皆、神話の世界へとのめりこんでいった。

セデルの儀式はたいてい真夜中過ぎまで、ときには午前一時か二時まで続いたので、五、六歳のころは途中でうたた寝していた。やっとお開きになると、もう一杯の──五杯めの──ワインが預言者「エリヤ」のために残された（エリヤは夜に来てその残されたワインを飲むという話だった）。私は、ヘブライ名をエリアフ、つまりエリヤといったので、そのワインを飲む権利があると思い、戦争が近づいたころのセデルが終わってから、夜中に寝室からこっそり階下へおりて飲み干してしまった。その後、問いただされもしなかったし、自分から白状もしなかったが、翌朝二日酔いになった私と空っぽのグラスを見れば、だれの仕業かは一目瞭然だった。

ユダヤの祭りは、どれもそれぞれに楽しめたが、わけても仮庵《かりいお》の祭り（スコット）という収穫祭が楽しかった。この祭りでは、庭に木の葉と枝でスカーという小屋を建て、屋根から野菜や果物を吊した。天気が良ければ、スカーで寝て、果物のぶら下がった屋根のすき間から夜空の星座を仰ぐことができた。

しかし、もっと厳粛な祭りや断食は、シナゴーグの重苦しい雰囲気へと私を連れ戻し、その雰囲気は、贖罪《しょくざい》の日（ヨム・キプール）に、恐怖の域にまで達した。この日、ユダヤ教徒はみんな裁きを受けることになっていたからだ。ユダヤの新年から贖罪の日までは一〇日あって、そのあいだに人々は悔い改め、みずからの不品行や罪の償いをする。この悔い改めが、共同体全体で最高潮に達するのが、ヨム・キプールだった。ヨム・キプールの日は、断食の日で、二五時間にわたって、食べ物や飲み物を一切口にしてはいけない。そして私たちは、自分の胸をたたきながら、「これをしてしまいました。あれもしてしまいました」と泣き叫んだ。このとき、犯した罪も怠慢の罪も、故意の罪もうっかりしでかした罪も、とにかく罪になりそうなものはなんでも告白した（それまで考えてもみなかったものも多かった）。恐ろしかったのは、そうやって胸をたたいても神に聞き入れられる保証はなく、それどころかそもそも罪が許されうるものなのかどうかもわからないことだった。神がある人を「命の書」（天国へ行ける人の名を記した書のこと）に載せなおしてくれるのか、それともその人は死んで外の暗闇に追い出されてしまうのかは、知るよしもなかったのだ。シナゴーグに集《つど》った会衆の激しく乱れた思いは、そのころハザンを務めていたシェクターという老人のびっくりするほど大きな声に表われていた。シェクターは、若いころオペラで歌いたかったそうだが、結局シナゴーグ以外で歌うことはなかった。礼拝の最後に、シェクターはショファール（雄羊の角笛）を吹いた。それは贖罪の終わりを告げていた。

　私が一四か一五だった年――正確にはわからない――に迎えたヨム・キプールの礼拝の終わりは、忘れることができない。いつも顔が真っ赤になるほど必死にショファールを吹いていたシェクターが、果てしなく長い、この世のものとは思えない美しい音を鳴らしたあと、よく歌っていたビマーという高い演壇の上で急死してしまったのだ。私は、神様がいかずちを落としてシェクターを死なせてしまったのかと思った。これにはだれもがショックを受けた。けれども、人の魂が清らかで、許しを得られ、あらゆる罪から救われる瞬間があるとすれば、断食の最後にショファールが吹き鳴らされるまさにこの瞬間だったし、シェクターの魂はそのときにきっと体から離れ、まっすぐ神のもとへ向かったにちがいなかった。そう考えるとみんなのショックも和らいだ。あれは聖なる死に方だったのだ、とくちぐちに人々は言った。神様、自分のときもこんなふうに死なせてください、と。

　不思議なことに、実は私の祖父は、父方と母方の両方とも、ヨム・キプールに亡くなっている（死に方はシェクターほど劇的ではないが）。だからヨム・キプールが始まると、両親は彼らを弔うずん胴の蠟燭に火をつけた。蠟燭は、断食をしているあいだゆっくりとちびていった。

　一九三九年、母の姉にあたるヴァイオレットおばさんが、家族を連れてハンブルクからやってきた。夫のモーリッツは化学の教師で、第一次世界大戦では兵士としてたくさん勲章をもらっていたが、砲弾のかけらで負った怪我がもとで、片足をひどく引きずって歩いていた。モーリッツは愛国心の強いドイツ人をもって自任し、よもや自分が母国から逃げ出す羽目になるとは思ってもいなかった。しかし、「水晶の夜《クリスタルナハト》」という事件（一九三八年一一月に、ナチの突撃隊などの暴徒がユダヤ人の店や住居を襲って破壊や略奪をした事件）が起きると、逃げないと自分や家族がどんな目に遭うかをようやく思い知り、一九三九年の春にやっとのことでイギリスへ逃れてきた（財産はすべてナチに没収されてしまっていた）。彼らはまずディヴおじさんのところに滞在し、少しのあいだわが家にいたあと、マンチェスターへ行って、そこで疎開児童のための学校と寄宿舎を開いた。

当時私は、自分自身の境遇について考えるので精一杯で、広い世界の出来事はあまりわかっていなかった。たとえば、一九四〇年のダンケルク撤退についてはほとんど知らなかった。フランスがドイツに敗れ、最後の避難民がすし詰めの船で必死に大陸から逃げ出した出来事だ。けれども私は、一九四〇年の一二月に休暇でブレイフィールドからわが家へ戻ったとき、ヒューバーフェルトというフラマン人の夫妻が屋敷の空き部屋に住んでいるのを知った。ドイツ軍が到着する数時間前に小船に乗って逃げ、海で遭難しかけたらしい。夫妻の両親がどうなったかはわからないといい、私は彼らによって初めて、ヨーロッパを襲った混乱と恐怖についておおかた知ることとなった。

戦時中、シナゴーグの会衆は散りぢりになった。若い男たちは志願兵になったり徴兵されたりし、またマイケルや私のような子どもが何百人もロンドンから疎開したからだ。戦争が終わっても、すっかり元どおりにはならなかった。多くの会衆が、ヨーロッパでの戦闘やロンドンの空襲で命を落としたうえに、戦前はほとんど中産階級のユダヤ人だけが住んでいたその郊外の宅地から、引っ越していく人々もいたのである。戦争が始まる前、父と母は（そして私も）、クリックルウッドにあったほぼすべての店と店主を知っていた。薬局のシルヴァーさん、食料雑貨店のブラムソンさん、八百屋のギンズバーグさん、パン屋のグロジンスキーさん、（ユダヤの掟にかなった）肉屋のウォーターマンさんなどで、みんなシナゴーグでいつもの指定席に座っていた。ところが、そうした日常は、戦争の打撃と、戦後ロンドンのこの一帯に急速に訪れた社会的変化によって、粉みじんになった。私自身、ブレイフィールドで心に傷を負ったせいで、幼いころの信仰心を失ってしまった。こんなにも早く突然に失うことになったのを、私は悔しく思った。その悲しみやノスタルジーは、奇妙なことに激しい無神論と結びついた。神は存在しない、私たちを気遣ってくれてなどいない、戦争を防がずに、戦争とそれにともなうあらゆる惨事を許してしまっている——そんなふうに思い、そのことに一種の憤りを覚えたのだ。

バーディーはヘブライ名をツィポラ（「鳥《バード》」）といったが、私たち一族にとって、いつも彼女はバーディーおばさんだった。バーディーに昔何があったのか、私にはわからなかった（だれにもわからなかったのかもしれない）。幼いころ頭を怪我したのだという話もあれば、甲状腺欠陥という先天性の障害があって、大量の甲状腺剤を一生飲みつづけないといけないという話もあった。バーディーは、若いころから肌にしわが多く、背が低くてあまり賢いとも言えず、祖父の才能豊かで健康な子のなかでは唯一障害を負っていた。しかし私は、バーディーを「障害者」と見なしていたかどうかわからない。私にとって、彼女はあくまでも、わが家に欠かせない存在で、いつも一緒に住んでいるバーディーおばさんにすぎなかった。バーディーの部屋は両親の部屋の隣で、そこには写真や絵葉書、色つきの砂の入った筒、小さな置物など、二〇世紀の初めにまでさかのぼる家族の休暇の思い出がいっぱい詰まっていた。その部屋は、さわやかな、子犬のようなにおいがし、ときどき家が大騒ぎになっているときなど、静かなオアシスのように感じられた。バーディーは、太くて黄色いパーカーの万年筆をもっていて（母はオレンジのをもっていた）、子どもが書くような不格好な字をゆっくりと書いた。もちろん私も、バーディーが「どこか変」で、どこか医学的に問題があることには気づいていた。彼女は体が弱く、頭もあまりよくなかった。けれども、そんなことは私たちにはどうでもよかった。バーディーはいつも一緒にいて、親切で、何のためらいも留保もなく私たちを愛してくれているらしい。私たちが意識していたのは、ただそれだけだった。

私が化学や鉱物学に興味をもつようになると、バーディーおばさんは、よく外へ出かけ、小さな鉱物の標本を手に入れてきてくれた。いつどこで手に入れているのかはわからなかった（私がバル・ミツバー〔ユダヤ教で宗教上の成人となった一三歳の男子のことで、それを祝う儀式も指す〕を迎えたとき、おばは私の気に入りそうな本をマイケルに訊いて、一四世紀の歴史家フロワサールの『年代記』を買ってくれたが、このときもどうやって入手したのかわからなかった)。バーディーは若いころ、カレンダーや絵葉書を発行していたラファエル・タックという会社に、カードに絵を描いたり色をつけたりする大勢の女性のひとりとして雇われていた。そうして細かく色づけされたカードは大変な人気を呼び、何十年も収集家の興味を引いて、人々の暮らしのなかにすっかり定着していたようだ。ところが一九三〇年代になると、カラー写真やカラー印刷のものに駆逐されだして、タック社の女性たちは人員過剰となった。一九三六年のある日、バーディーは三〇年近くも働いたその会社を解雇された。いきなりで、ほとんどねぎらいの言葉すらなく、恩給や退職手当もなしだった。その晩帰ってきたおばは、(何年もあとにマイケルから聞いた話では)すっかり「打ちひしがれた」顔をしていた。以後、このショックから完全には立ち直れなかった。

バーディーおばさんは、物静かで、控えめで、いつもそばにいた。だから私たちは彼女の存在を忘れてしまいがちで、自分の人生でおばが大事な役割を果たしていることもよく見過ごしていた。一九五一年に私がオックスフォードへ進学する奨学金を手に入れたとき、決定を知らせる電報を渡してくれ、抱きしめて「おめでとう」と言ってくれたのは、ほかならぬバーディーおばさんだった。おばは涙も流していた。それで私が家を出ていくことになると知っていたからだ。

バーディーは、夜中によく急性心不全による「心臓性喘息」の発作に見舞われた。発作が起きると、息が切れ、ひどい不安に襲われて、症状を和らげるのに半身を起こさないといけなかった。当初は発作が軽かったので、それで十分に対処できたが、だんだん重くなると、父と母はバーディーのベッドの脇に小さな真鍮のベルを置き、ちょっとでも苦しくなったら鳴らすようにとおばに言った。私は、どんどん間隔が短くなるベルの音を聞いて、重態なんだとわかるようになった。両親は、ベルが鳴るとすぐに起きてバーディーの処置にあたった。発作をやり過ごすには、酸素とモルヒネが必要になっていた。私はベッドのなかでびくびくしながら聞き耳を立て、騒ぎが静まるとまた眠りに就いた。一九五一年のある晩、またベルが鳴って父と母が部屋に駆け込んだ。今度の発作はとても重かった。バーディーは口からピンクの泡を吹き、肺のなかに液体がたまって溺れ死にかけていた。酸素やモルヒネも効かなかった。追い詰められた母は、最後の救命手段として、バーディーの腕をメスで切って瀉血《しゃけつ》をおこなった。心圧を下げようとしたのである。しかしそれも効果がなく、バーディーは母の腕のなかで息を引き取った。私が部屋へ入ったとき、あたりは血だらけだった。おばの寝間着や腕ばかりか、おばを抱いている母までも血で真っ赤に染まっていた。一瞬、母がおばを殺してしまったのかとさえ思った。目の前の恐ろしい光景の意味を把握するまでは。

それが、初めて接した近親者の死だった。初めて、私の人生でかけがえのない存在となっていた人間が亡くなったのだ。その経験は、自分が思っていたよりもはるかにつらいしこりを残した。

子どものころ、わが家には音楽が満ちあふれていた。ベヒシュタイン（同名のピアノメーカー製のピアノのこと）

は二台あり、一台はアップライトピアノ、もう一台はグランドピアノで、両方ともだれかが弾《ひ》いているときもあった。さらに、デイヴィッドがフルートを、マーカスがクラリネットを吹いた。そんなとき家はまさに音の水族館で、私は歩きまわりながら次々と楽器の音を耳にした（違う楽器の音は不思議とかち合わなかった。私の耳や意識は、いつでもどれかひとつを選び出していたのだ）。

母は、ほかの家族ほど音楽好きではなかったが、ブラームスやシューベルトの歌曲は大好きだった。ときどき、父のピアノに合わせて歌っていた。とくにお気に入りだったのはシューベルトの『夜の歌』で、母は穏やかな、ちょっぴり調子はずれの声でそれを歌った。これは私の一番古い記憶のひとつだ（歌詞の意味はわからなかったが、不思議と心を動かされた）。今でもこの歌を聴くと、戦前のわが家の応接間と、ピアノにもたれながら歌う母の姿や歌声が、耐えがたいほど鮮明に胸の内によみがえる。

一方、父は大変な音楽好きで、コンサートから帰ってくると、演奏された曲を聞き覚えで弾き、曲の断章を別の調に変えて、違った感じに演奏した。とにかく音楽とあれば何でも好きだったようで、大衆演芸場も、室内楽演奏会も、ギルバート・アンド・サリヴァンの喜歌劇も、モンテヴェルディのバロックオペラも楽しんだ。とくに第一次大戦当時の歌が好きで、朗々たるバスを響かせて歌っていた。小曲の楽譜《ポケット・スコア》もたくさんもっていて、いつもポケットに一冊か二冊しのばせていたと思う（それどころか、たいてい寝るときもベッドへ一冊もち込んだ。のちに私が楽曲の主題をまとめた辞典を誕生日に贈ると、それをもち込むこともあった）。

かつて有名なピアニストと一緒に稽古を受けた父は、暇さえあれば二台あるピアノのどちらかを弾いていたが、指が太くて短いので鍵盤にうまくフィットせず、たいていは印象派めいた断章という程度に甘んじていた（印象派音楽は不協和音やあいまいなリズムなどを特徴とする）。それでも、自分以外の家族にはピアノが上手になってほしいと思い、フランチェスコ・ティッチャーティという優秀なピアノ教師を雇った。ティッチャーティは、マーカスとデイヴィッドにバッハやスカルラッティを厳しく情熱的に教えた（マイケルと私は、まだ小さかったのでディアベッリのデュエットだった）。ときどき、マーカスたちがうまく弾けないと、いらだった先生がピアノをたたきながら「ちがう！　ちがう！　ちがう！」と叫ぶ声が聞こえた。そのあとで、先生がみずから弾いてみせることがあったが、そんなとき「熟練の技」とはこういうものなのかと目から鱗《うろこ》の落ちる思いがした。ティッチャーティのおかげで、私たちはとくにバッハに対して、またフーガ（遁走曲）に潜む構成に対して、熱烈な関心を寄せるようになった。聞いた話によれば、私は五歳のときに世界で一番好きなものは何かと訊かれ、「スモークサーモンとバッハ」と答えたそうだ（六〇年経った今も、その答えは変わらない）。

一九四三年にロンドンへ戻ってきたとき、わが家はどこか寒々として、音楽も聞こえなくなっていた。マーカスとデイヴィッドは医学部進学課程の学生になっていて、それぞれリーズとランカスターに疎開していた。父は多忙で、患者を診察していないときも空襲監視員の仕事があった。母も忙しく、セント・オールバンズの病院で夜遅くまで救急外科医として働いていた。ときどき私が寝ずに待っていると、真夜中近くに、クリックルウッドの駅から帰ってくる母の自転車のベルの音が聞こえた。

そのころの大きな楽しみと言えば、マイラ・ヘスの演奏を聴くことだった。この有名なピアニストはほとんどただひとりで、戦時下のロンドン市民に、音楽がいつの世も珠玉の美しさを放つことを思い起こさせてくれているように思えた。私たちはよくラウンジでラジオのまわりに集まり、ランチタイムに放送される彼女のリサイタルを聴いた。

戦争が終わると、マーカスとデイヴィッドが、ロンドンで医学生を続けるために帰ってきた。フルートやクラリネットはふたりともずいぶん前にやめてしまっていたが、明らかにデイヴィッドは、父親に似て音楽的才能に恵まれていた。彼はブルースやジャズに出会い、ガーシュウィンに惚れ込んで、それまで「クラシック」一色だったわが家に新しい音楽をもたらした。デイヴィッドは、以前から即興演奏家としてもピアニストとしても一級の腕前で、とくにリストを弾かせたら素晴らしかった。だが、そんな彼が突然、それまで私が聞いたこともなかった名前をわが家にあふれさせた。デューク・エリントン、カウント・ベイシー、ジェリー・ロール・モートン、ファッツ・ウォーラーなどだ。デイヴィッドの部屋にあった手巻き式の蓄音機のらっぱから、私は初めてエラ・フィッツジェラルドやビリー・ホリデイの歌声を聴いた。デイヴィッドがピアノを弾くと、私にはそれがジャズ・ピアニストのだれかの曲なのか、即興で作った曲なのか、わからないこともあった。きっとデイヴィッドは、半分本気で作曲家になろうかどうしようかと迷っていたのではないかと思う。

　デイヴィッドもマーカスも、十分幸せそうで、医者になれる日を楽しみにしていたが、ほかに興味があるものをあきらめたという悲しみや喪失感も抱いていることに私は気づくようになった。デイヴィッドにとって、そうした興味の対象は音楽だったが、マーカスが早くから夢中になったのは言語だった。マーカスは言語の習得に並外れた才能を発揮し、言語の構造に興味をもった。一六のときにはすでに、ラテン語やギリシャ語やヘブライ語のほか、独学でアラビア語まで流暢に話せるようになっていた。次は大学でいとこのオーブリーのように東洋の言語も身につけたかもしれないが、そんなとき戦争が起きた。マーカスとデイヴィッドは、一九四一年から四二年にかけて徴兵の年齢を迎える予定だった。だからふたりとも、徴兵を先送りするためにも医学生になったのである。けれどもそれにより、ふたりはほかの野心も先送りにしたのだと思う。その野心は、彼らがロンドンへ戻ってきたころには、永久に取り戻せなくなっていた。

　私たち兄弟にピアノを教えていたティッチャーティ先生は、戦争中に亡くなった。一九四三年に私がロンドンへ戻ってくると、父と母はシルヴァーという別の先生を見つけてきた。シルヴァー先生は赤毛の婦人で、彼女にはケネスという生まれつき耳の聞こえない一〇歳の息子がいた。私にピアノを教えだしてから二、三年経ったころ、シルヴァー先生はまた身ごもった。それまで、母の診察を受けに来る妊婦たちの姿を毎日のように見ていたが、自分の近しい人の妊娠を初めから終わりまで目にするのは初めてだった。だが終わりのほうになって、いくつか問題が生じた。「妊娠中毒」という話を耳にしたし、また母は、赤ん坊が頭から出てくるように胎位の「回転」をしないといけなくなったのだと思う。やがて陣痛の始まったシルヴァー先生は、入院することになった(ふつうなら母は家で分娩させたのだが、今回は面倒な事態が予想され、帝王切開が必要かもしれなかったのだ)。私は、大変なことになるなどとは思ってもいなかったが、その日学校から帰ってくると、シルヴァー先生が出産中に「手術台の上で」亡くなったとマイケルから聞かされた。

私はショックを受け、憤慨した。なんで健康な婦人がこんなふうにして死ななくちゃいけないんだ! なんで母はそんな悲劇を止められなかったんだ! そのとき何が起きたのか、詳しいことはわからなかったけれども、母がずっとその場にいた事実を知って、母がシルヴァー先生を殺してしまったという妄想がわき起こった。もちろん、母が素晴らしい技量をもち、先生のことをとても心配していて、何か自分の力では——いや人間の力では——コントロールできない事態に遭遇してしまったにちがいないのだとは、それまでの私の知識からわかっていたのだが。

シルヴァー先生の息子ケネスのことは心配だった。耳の聞こえないケネスは、母親と彼にしかわからない自前の手話で主に意思疎通を図っていたからだ。そして私は、ピアノを弾きたいという気持ちを失ってしまい——一年間ピアノに手も触れなかった——その後、別の先生に来てもらうのも断わった。

兄弟のなかでは年が一番近く、一緒にブレイフィールドへも行ったのだが、マイケルについては、自分が本当に理解しているようには思えなかった。もちろん、六歳と一一歳（それぞれブレイフィールドへ行ったときの年齢）では大きな差がある。しかしそれだけでなく、マイケルには特別な何かがあるような気がした。その何かに私は（ひょっとしたらほかの人も）気づいてはいたが、うまく言い表わすことができず、ましてやきちんと理解できてもいなかった。マイケルには、ぼんやりと夢見がちで、非常に内観的なところがあった。そして（私たちのだれよりも）自分の世界に生きているように見えたが、つねづねじっくりと本を読み、読んだものについてはとんでもなくよく覚えていた。私とブレイフィールドにいたころは、ディケンズの『ニコラス・ニクルビー』と『デイヴィッド・コパフィールド』がお気に入りで、分厚い本の中身を全部暗記してしまっていた。とはいえ、彼は、ブレイフィールドをドゥーザボーイズ（『ニコラス・ニクルビー』に出てくる、生徒を虐待する学校）に、また校長のミスターBを恐ろしいクリークル校長（『デイヴィッド・コパフィールド』に登場する非情な校長）に、はっきりなぞらえていたわけではない。だが心のなかでは、暗に、あるいは無意識のうちに、そう考えていたにちがいない。

一九四一年、一三歳になったマイケルは、ブレイフィールドを出てクリフトン・カレッジに入ったが、そこでひどいいじめに遭った。マイケルは、ブレイフィールドにいたときと同様、一切泣き言を言わなかったが、心身に負った傷ははっきり見て取れた。一九四三年の夏、私がロンドンに帰ってまもないころ、うちに泊まりに来ていたレンおばさんが、上半身裸で風呂から上がってきたマイケルを目にした。「ちょっと、この子の背中をごらん！」おばは父と母を呼びつけて言った。「傷だらけじゃないの！　体がこんなになら、心はどうなってるのかしら」両親はショックを受けたようで、何も変だとは気づかなかったし、マイケルが「元気」に学校生活を楽しんでいるのだと思っていた、と言った。

まもなく、マイケルは精神に異常をきたした。敵意に満ちた魔法の世界が自分を取り巻いていると思いはじめたのだ（オールドウィッチ行きの六〇番のバスを目にしたとき、行き先表示が「変形」して、オールドウィッチ〔Aldwych〕が古代のルーン文字に似た「年とった魔女の〔old-witchy〕」文字になった、と私に言ったのを覚えている）。そして、自分は「鞭打ちの大好きな神様のお気に入り」で、「サディスティックな神様」から特別に目をかけられていると言って、ことさらにそう信じだした。このときも、鞭打ちが大好きだったブレイフィールドの校長の名ははっきり出なかったが、そのミスターBが誇大化され恐ろしい神様になったのだと私は思わずにいられなかった。彼にはまた、メシア（救世主）の妄想も現われた。自分が痛めつけられるのは、長く待ち望まれたメシアだから（あるいはその可能性があるから）だろうと考えたのである。至福と苦悩、夢想と現実のあいだで心が引き裂かれ、自分が狂ってしまう（いやもう狂っているのかもしれない）と思ったマイケルは、もはやじっと寝たり休んだりしていられず、興奮してどしどし音を立てながら家のなかを歩きまわり、目をぎらつかせ、幻覚を見ては叫び声を発するようになっていた。

　私はマイケルを怖がり、マイケルのことを心配し、彼にとって現実となりつつある悪夢を恐ろしく思った。その恐怖は、自分にも――心の奥処《おくか》にひそかに封印されてはいるが――似たような思考や感情があることに気づくとますます強まった。マイケルはどうなってしまうのだろう？　自分も同じようになってしまうのか？　私が家のなかに実験室を設けたのはこのころだった。そこに入り、ドアを閉め、耳をふさいでマイケルの狂気から逃れようとしたのである。私は、鉱物学や化学や物理学の世界に没頭しようとした（それはうまくいくこともあった）。科学に集中することで、混乱を目の前にして自分がめちゃめちゃになってしまわないようにしたのだ。マイケルに無関心になったわけではない。心底かわいそうに思い、彼の味わっている思いがうすうすわかっていたのだが、それと距離を置いて自然界の中立性や美しさを手本に自分自身の世界をつくり、マイケルの世界の混乱や狂気や誘惑に流されないようにしないといけなかったのである。

（1）当時エルサレムを委任統治していたイギリスの総督サー・ロナルド・ストーズは、アニーと初めて会ったときのことを、一九三七年に刊行した回顧録『方向性（*Orientations*）』でこう語っている。

その女性は、背が高くなく、色黒でも細身でもないという点で、演劇の『運命の女』とは違っていた。一九一八年の初めに彼女が、明るい、しかし意志の強そうな顔つきでオフィスに入ってきたとき、すぐに私は目の前に堂々たるきら星が現われたのを悟った。大戦のあいだ愛する……女学校から……引き離されていたミス・アニー・ランダウは、今すぐそこへ帰らせてほしいと訴えた。学校は軍の病院として使われていると私は言ったが、彼女はその哀れな弁解を突っぱねた。

それから何分も経たないうちに、私は、アビシニアン・パレスという、空き家となっていた広大な建物を彼女に貸していた。ミス・ランダウは、すぐにパレスチナで最高のユダヤ人女学校の校長以上の存在となった。彼女はイングランド人というより英国人で……シオニストというよりユダヤ教徒だった。安息日には電話にも出ず、使用人にさえも出させなかった。また大戦前は、トルコ人やアラブ人とも親しくしていた。彼女の温かい寛容さは、長いあいだ、イギリスの役人と、熱狂的なシオニストと、ムスリムの指導者と、キリスト教のインテリたちが親しい関係を結ぶための、ほぼ唯一の中立的な礎《いしずえ》となった。

(2) タルムードには、ほとんど化学量論的な言い方でこのような処方が記されている。

その香《こう》となる混合物は、次のものからなる。バルサム、オニカ、ガルバヌム、乳香がそれぞれ重さ七〇マネー、ミルラ、カッシア、カンショウ、サフランがそれぞれ一六マネー、コスタスが一二マネー、芳香性の樹皮が三マネー、シナモンが九マネー、ニラネギの一種から得られる灰汁《あく》が九カブ、キプロス・ワインが三シーアと三カブ（ただし、キプロス・ワインが手に入らなければ、古い白ワインで代用してもよい）、ソドムの塩が四分の一カブ、香草のマーレー・アシャンが微量。R・ネイサンは、これにヨルダン川の岸辺に生える香草キッパスも微量必要だと言っている。しかし、この混合物に蜂蜜を加えると、その香は神聖な用途には使えなくなる。一方、調製の際に必要な成分をひとつでも省いてしまった者は、死罪を免れない。

16　メンデレーエフの花園
——美しき元素の周期表

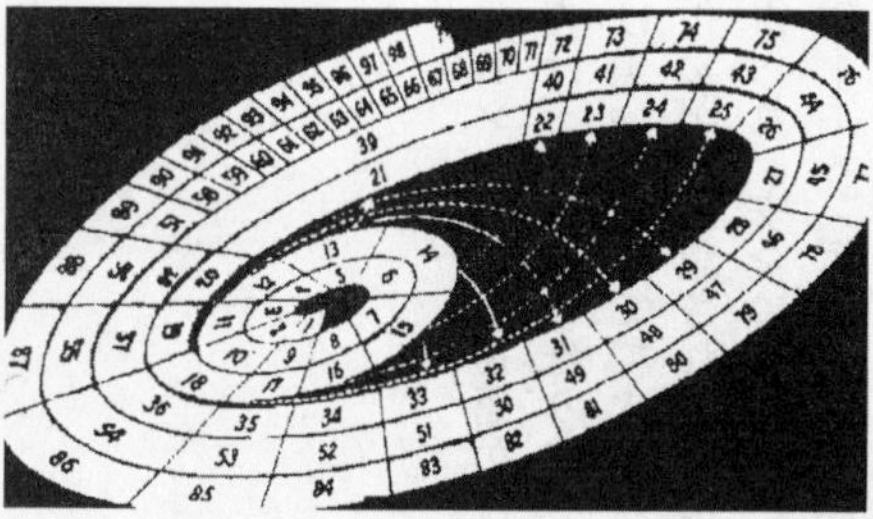

一九四五年に、戦争中長いあいだ閉鎖されていたサウス・ケンジントンの科学博物館が再び開館した。そこで、初めて巨大な周期表の展示を目にした。その表は、階段をのぼりきったところの壁一面を覆うキャビネットになっていた。キャビネットは黒っぽい木でできていて、九〇あまりの箱に仕切られ、それぞれに元素の名前と原子量と化学記号が記されていた。どの箱にも元素のサンプルが置いてあり（少なくとも、単体として得られ、安全に展示できる元素については全部だ）、全体の展示の札には「元素の周期的分類――メンデレーエフによる」と書かれていた。

最初に目に入ったのは、金属だ。棒、塊、立方体、線材、箔、円盤、結晶など、ありとあらゆる形態の金属がそれこそ何ダースもあった。大半はグレーか銀色で、なかには少し青みや赤みを帯びたものもあった。いくつかは表面に光沢があってほのかに黄色く輝き、一方で銅や金は強烈な色を放っていた。

右上の一角には非金属があった。硫黄は華やかな黄色の結晶で、セレンは半透明の赤い結晶だった。リンは白い蜜蠟のようで、水中に保管されていた。また炭素は、小さなダイヤモンドと黒光りする黒鉛が展示されていた。ホウ素は茶色っぽい粉末で、とげとげした結晶性のケイ素は黒鉛や方鉛鉱に似た黒い輝きを発していた。

左側には、アルカリ金属とアルカリ土類金属が並んでいて（ハンフリー・デイヴィーの金属だ）、どれも（マグネシウムを除いて）ナフサ（石油留分である揮発油の一種）に浸けて保護されていた。一番上のリチウムにはびっくりした。軽さのあまりナフサに浮かんでいたからだ。下のほうにあるセシウムも目を引いた。それはナフサの下にどろりとたまってきらめいていた。私はセシウムが非常に融点の低い金属だと知っていたし、その日は夏の暑い日だった。けれども、私の見たいくぶん酸化された小さな塊からは、純粋なセシウムが淡い金色をしていることまではよくわからなかった。セシウムは、一見したところ、ちらりと金の光沢を放っているだけなのだが、浅い角度から見ると完全に金で、日の光に輝く黄金の海を思わせ、金色をした水銀のようでもあるのだ。

このほか、名前しか知らなかった元素もあった（あるいは、ほとんど抽象的なことに変わりはないが、名前に加えいくつかの物理的特性や原子量を知っていただけのものもあった）。いかに多様な元素が実在するかを初めて目の当たりにしたのだ。最初に見て圧倒されたとき、その表は豪華なごちそうのように思えた。九〇品あまりの料理が並ぶ大きなテーブルに見えたのである。

このころまでに、私は多くの元素の特性を把握していて、元素が、アルカリ金属、アルカリ土類金属、ハロゲンなど、自然な群れをいくつか形成することも知っていた。こうした群れ（メンデレーエフは「族」と呼んだ）は、周期表で縦に並び、アルカリ金属やアルカリ土類金属は左に、ハロゲンや希ガス（不活性ガス）は右に位置して、そのあいだに四つの族があった。これら中間の族の「族性」は、あまり明確ではなかった。たとえばⅥ族は、硫黄とセレンとテルルがあった。この三つ（私がスティンコゲン〔悪臭元素〕と呼んだもの）がよく似ているのは知っていた。だが、一番上にある酸素はどうなのか？ そこにはもっと深遠な原理があるはずだった――そして確かに存在した。表の上にちゃんと書いてあったのだが、元素そのものを見たいと気がはやるあまり、見過ごしていたのである。深遠な原理とは、原子価（元素の結合力を一原子に結合しうる水素原子の数で表わした指標のこと）だった。「原子価」という言葉は、私がもっていたヴィクトリア朝時代の初期の本にはなかった。原子価が初めてきちんと示されたのは、一八五〇年代後半だったからだ。これに最初に目をつけて分類の基準に利用したひとりが、メンデレーエフだった。そうして彼は、それまでよくわかっていなかったものを明らかにした。いくつかの元素が、化学的・物理的に似たところのある自然な群れを形成しているように見えるという事実に、理論的根拠を与えたのである。メンデレーエフは、そのような元素の群れとして、原子価にもとづく八つの族を見出した。

たとえば、アルカリ金属であるⅠ族の元素は、原子価が1だ。その原子一個が水素原子一個と結合し、LiH, NaH, KH などの化合物になる（あるいは、塩素原子一個と結合して、

LiCl, NaCl, KCl などの化合物になる)。一方、アルカリ土類金属であるⅡ族の元素は、原子価が2なので、$CaCl_2$, $SrCl_2$, $BaCl_2$ などの化合物を形成する。そんな具合で、Ⅷ族の元素は8という最大の結合力をもっているわけだった。

しかし、メンデレーエフは元素を原子価にもとづいて整理する一方で、原子量にも魅力を感じ、原子量が各元素に固有のただひとつの値をもち、原子に記された元素のサインのようになっているところに興味を惹かれた。そこで、元素を原子価にしたがって並べながら、原子量を基準に並べてもみた。すると、原子価と原子量に不思議な共通点が現われた。ただ横の「周期」(とメンデレーエフ自身が呼んだ)を決めて元素を原子量の順に並べてやるだけで、同じ性質や原子価が一定の間隔で繰り返し現われることに気づいたのである。

このときどの元素も、真上の元素の性質を反映し、真上の元素と同じ仲間でありながら少しばかり重さが増していた。各周期には、いわば同じメロディーが流れていた。出だしはアルカリ金属、次がアルカリ土類金属、そのあとも六種類の元素の族が続いて、どれもそれぞれの族の原子価すなわち音色を奏でていたのだ。ただ、音域は周期によって違っていた(ここでオクターブや音階を思い浮かべずにはいられなかった。というのも、私は音楽好きの家で育ち、音階は周期性のあるものとして毎日耳にしていたからだ)。

目の前の周期表は、八という数に支配されていた。しかし、表の下のほうでは、基本の八個以外に元素が加わっていた。第四周期と第五周期ではそれぞれ一〇個増え、第六周期ではその一〇個に加えさらに一四個増えていたのだ。

アルカリ金属

アルカリ土類金属

遷移金属

その他の金属

非金属

ハロゲン

希ガス

C 固体

Br 液体

H 気体

注：原子量については『理科年表2003年版』（丸善）をもとに、原書に記載の数値とは変えたところがある

10	11 IB	12 IIB	13 IIIA	14 IVA	15 VA	16 VIA	17 VIIA ハロゲン	18 VIIIA
								2 He ヘリウム 4.003
			5 B ホウ素 10.81	6 C 炭素 12.011	7 N 窒素 14.007	8 O 酸素 15.999	9 F フッ素 18.998	10 Ne ネオン 20.179
			13 Al アルミニウム 26.98	14 Si ケイ素 28.086	15 P リン 30.974	16 S 硫黄 32.06	17 Cl 塩素 35.453	18 Ar アルゴン 39.948
28 Ni ニッケル 58.69	29 Cu 銅 63.546	30 Zn 亜鉛 65.39	31 Ga ガリウム 69.72	32 Ge ゲルマニウム 72.61	33 As 砒素 74.922	34 Se セレン 78.96	35 Br 臭素 79.904	36 Kr クリプトン 83.80
46 Pd パラジウム 106.42	47 Ag 銀 107.868	48 Cd カドミウム 112.41	49 In インジウム 114.82	50 Sn スズ 118.71	51 Sb アンチモン 121.75	52 Te テルル 127.60	53 I ヨウ素 126.905	54 Xe キセノン 131.29
78 Pt 白金 195.08	79 Au 金 196.967	80 Hg 水銀 200.59	81 Tl タリウム 204.383	82 Pb 鉛 207.2	83 Bi ビスマス 208.98	84 Po ポロニウム (210)	85 At アスタチン (210)	86 Rn ラドン (222)
110 (269)	111 (272)	112 (277)	113	114 (285)	115	116 (289)	117	118 (293)

63 Eu ユウロピウム 144.24	64 Gd ガドリニウム 157.25	65 Tb テルビウム 158.925	66 Dy ジスプロシウム 162.50	67 Ho ホルミウム 164.93	68 Er エルビウム 168.934	69 Tm ツリウム 168.934	70 Yb イッテルビウム 173.04	71 Lu ルテチウム 174.967

95 Am アメリシウム (243)	96 Cm キュリウム (247)	97 Bk バークリウム (247)	98 Cf カリホルニウム (251)	99 Es アインスタイニウム (252)	100 Fm フェルミウム (257)	101 Md メンデレビウム (258)	102 No ノーベリウム (259)	103 Lr ローレンシウム (260)

元素の周期表

読み方

74	原子番号
W	元素記号
タングステン	元素名
183.84	原子量

1 — 現在の族
IA — メンデレーエフにもとづく族

周期	1 IA	2 IIA	3 IIIB	4 IVB	5 VB	6 VIB	7 VIIB	8	9 VIIIB
1	1 H 水素 1.00794								
2	3 Li リチウム 6.941	4 Be ベリリウム 9.0122							
3	11 Na ナトリウム 22.990	12 Mg マグネシウム 24.305							
4	19 K カリウム 39.098	20 Ca カルシウム 40.08	21 Sc スカンジウム 44.956	22 Ti チタン 47.88	23 V バナジウム 50.94	24 Cr クロム 51.996	25 Mn マンガン 54.938	26 Fe 鉄 55.847	27 Co コバルト 58.9332
5	37 Rb ルビジウム 85.468	38 Sr ストロンチウム 87.62	39 Y イットリウム 88.9059	40 Zr ジルコニウム 91.224	41 Nb ニオブ 92.91	42 Mo モリブデン 95.94	43 Tc テクネチウム (99)	44 Ru ルテニウム 101.07	45 Rh ロジウム 102.905
6	55 Cs セシウム 132.91	56 Ba バリウム 137.33		72 Hf ハフニウム 178.49	73 Ta タンタル 180.95	74 W タングステン 183.84	75 Re レニウム 186.207	76 Os オスミウム 190.2	77 Ir イリジウム 192.22
7	87 Fr フランシウム (223)	88 Ra ラジウム (226)		104 Rf ラザホージウム (261)	105 Db ドブニウム (262)	106 Sg シーボーギウム (263)	107 Bh ボーリウム (264)	108 Hs ハッシウム (265)	109 Mt マイトネリウム (266)

周期

希土類の系列

6	57 La ランタン 138.906	58 Th セリウム 140.12	59 Pr プラセオジウム 140.908	60 Nd ネオジム 144.24	61 Pm プロメチウム (145)	62 Sm サマリウム 150.36

第二希土類の系列

7	89 Ac アクチニウム 227.028	90 Th トリウム 232.038	91 Pa プロトアクチニウム 231.036	92 U ウラン 238.029	93 Np ネプツニウム 237.048	94 Pu プルトニウム (244)

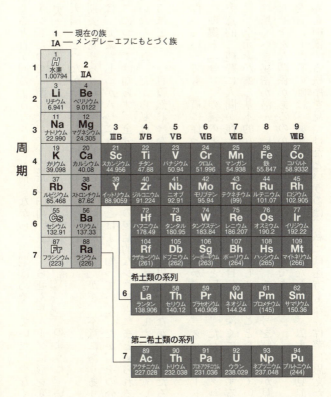

こうして、ぐるぐると目が回るようなループを描きながら、周期はめぐっていた。少なくともそう私はイメージしたので、頭のなかで、ただの四角い表は、らせんやループに形を変えた。周期表は、天まで届くヤコブのはしご（旧約聖書の創世記でヤコブが夢で見た、神の使いが昇り降りする階段のこと）のように、いわばピタゴラスの天国へとつながっていたのである。

私は、初めて周期表を見せられた化学者たちがどんなに愕然としたかを、不意にありありと実感した。彼らは、元素が七つか八つに分類できることはよく知っていた。だが、その分類の基準（原子価）については知らず、全分類がひとつの包括的なシステムにまとめられることにも気づいていなかった。だから私は、自分と同じように彼らもこう感じたのではないかと思った。「なるほど！　一目瞭然じゃないか！　なんで自分は思いつかなかったんだろう？」

周期表は、縦に作っていっても、横に作っていっても、同じものができた。クロスワードパズルが、「タテ」の鍵と「ヨコ」の鍵のどちらからでも解けるのと同じだ。ただし、クロスワードパズルは恣意的で純粋に人間が作ったものだが、周期表は自然の奥深くに存在する秩序を表わしていた。全元素がある基本的な関係にもとづいて配列していることを示していたからだ。そこには驚くべき秘密が潜んでいるように感じられたが、その暗号を解く鍵が見つからなかった。なぜそんな関係があるのかが、わからなかったのである。

博物館で周期表を目にした日の晩は、興奮のあまりほとんど眠れなかった。広大で一見混沌とした化学の世界を網羅する秩序を見つけたというのは、私には途方もない偉業に思えた。

化学の世界は主に、ラヴォアジエが元素を定義し、プルーストが元素はとびとびの比率でしか化合しないことを見出し、ドルトンが元素はユニークな原子量をもつ原子で成り立っていることに気づいて、初めて合理的に説明されるようになった。このようにして化学は成熟を迎え、元素の化学となった。しかしまだ、元素に秩序だった配列があるとは考えられていなかった。ただアルファベット順に並べるか（ペッパーが『金属よもやま話〔*Playbook of Metals*〕』のなかでおこなったように）、ばらばらのグループとして挙げられるぐらいで、それ以上のことは、メンデレーエフがあの偉業をなし遂げるまではできなかったのだ。メンデレーエフがすべての元素を結びつける全体的な機構、網羅的な原理を見つけたのは、まさに奇跡のような天才的偉業と言えた。これを知って初めて、私は人間の頭脳がとんでもない能力を秘めていることに気づき、自然の奥深くに潜む秘密を暴き、神の心を読むためにそんな能力が備わっているのではないかと思った。

興奮して寝つけなかったあの晩、ずっと周期表について空想しつづけた。空想のなかで周期表は、火花を散らして回転するねずみ花火のように見え、やがて巨大な星雲に姿を変えた。それは、ぐるぐる回りながら先頭の元素から末尾の元素に達し、さらにウランを超えて無限の空間へ広がっていた。翌日、私は博物館が開くまでほとんど待ちきれず、ドアが開くとすぐに周期表のある最上階まで駆け上がった。

二度目の訪問では、周期表が地図に見えた。さまざまな地域に分かれた王国の領土のようだったのだ。そう見ると、個々の元素を超えて、おおざっぱな傾向がつかめるようになった。金属は、特殊な部類に属する元素だと思っていたが、いま広い視点で眺めると、領土の四分の三――西側は全部、南側は大半――を占めていた。そして、主に北東に残ったわずかなエリアが非金属だった。金属と非金属は、ハドリアヌスの壁（二世紀にローマ皇帝ハドリアヌスがイギリス北部に築いた長い防壁）のようなギザギザの線で隔てられ、その壁をまたぐようにいくつかの「半金属」（メタロイド）――砒素、セレンなど――があった。酸・塩基の勾配も見て取れ、「西側」の元素の酸化物は、水と反応してアルカリになり、多くが非金属である「東側」の元素の酸化物は、水と反応して酸になった。王国の東西の国境近辺の元素――アルカリ金属とハロゲンで、たとえばナトリウムと塩素――がきわめて親和性が高く、猛烈な力で化合して結晶性の塩《えん》を生成することも、ひと目でわかった。この塩は、融点は高いが、水に溶けて電解液になった。一方、中央にある元素は、揮発性の液体や電気を通しにくい気体など、多種多様な化合物を生み出した。さらに、ヴォルタやデイヴィーやベルセリウスが元素を電気的性質にしたがって並べたのを思い出すと、電気陽性度の高い元素が左に、電気陰性度の高い元素が右に集まっていることもわかった。このように、個々の元素の配置だけでなく、さまざまな傾向までも、周期表を見て把握できたのだ。

　この表を目にし「理解した」ことで、私の人生は変わった。私は足繁く博物館へ通い、表をノートに書き写して、どこへでも持ち歩いた。やがて――見かけも概念も――すっかり頭にたたきこんでしまい、脳裏に表を思い浮かべ、どの方向へもたどれるようになった。ある族を上へのぼり、ある周期で右に折れて、どこかで止まり、ひとつ下へ降りるといった具合にたどっても、いつでもどこにいるのかがわかった。周期表はまるで庭のようで、子どものころ夢中になった「数の花園」を彷彿とさせた。けれども数の花園と違い、それは実在し、世界を読み解く鍵になっていた。私は陶然としながら、何時間もこの素敵なメンデレーエフの花園をさまよい、いろいろなものを見つけ出した。[1]

博物館には、周期表の隣にメンデレーエフの写真も飾ってあった。メンデレーエフは、フエイギン（ディケンズの『オリヴァー・トウイスト』に登場する老悪党）とスヴェンガーリ（デュ・モーリアの『トリルビー』で催眠術を悪用する音楽家）を足して二で割ったような顔をしていた。髪もひげも伸び放題で、鋭い目は吸い込まれるような妖しい魅力を湛えていた。風貌はひどく野性的だったが、憂わしげな顔のハンフリー・ディヴィーと同じぐらい、それなりにロマンチックでもあった。私は、彼のことをもっと知り、有名な著書『化学の原論』を読むべきだと思った。その本でメンデレーエフは、初めて周期表を公表したのである。

メンデレーエフの本と彼の生きざまは、期待を裏切らなかった。彼は幅広い興味をもった人物で、音楽も愛し、（作曲家でやはり化学者だった）ボロディンの親友でもあった。そのうえ、これまでに出版された化学の教科書のなかでも最高に面白くて明快な本『化学の原論』を著わしていたわけだ。[2]

私の両親と同じで、メンデレーエフも大家族に生まれた。一四人きょうだいの末っ子だったという。母親は、彼の早熟な才能に気づいていたにちがいない。メンデレーエフが一四歳になると、しかるべき教育を受けさせなければと思った彼女は、シベリアから何千キロも息子を連れて歩き、まずはモスクワ大学の門をたたいてシベリア人だからと断わられた。しかし、次に訪れたサンクトペテルブルクで、メンデレーエフは教職に就くための教育を受けられることになった(当時六〇歳にならんとしていた母親は、その大変な旅のあとで、過労のために亡くなってしまったらしい。のちに、母親を心から愛していたメンデレーエフは、『化学の原論』で亡き母親に献辞を捧げている)。

サンクトペテルブルクで学生になったころから、メンデレーエフは好奇心が旺盛で、あらゆる原理を体系化したいという欲求が強かった。一八世紀にリンネは、動物と植物の分類をおこない、(あまりうまくはいかなかったが)鉱物も分類した。その後一八三〇年代に、アメリカのデーナは、それまでの物理的な鉱物の分類に代えて、一ダースほどの大きなカテゴリー(天然の元素、酸化物、硫化物など)に分ける化学的な分類を提示した。ところが元素については、当時六〇種あまり知られていながら、まだそのような分類はされていなかった。それどころか、とうてい分類できなさそうな元素もあった。ウランは何の仲間になるのか?また、不思議な超軽量金属ベリリウムはどうなのだろう?当時見つかったばかりの元素のなかには、ずいぶん厄介なものもあった。たとえば、一八六二年に発見されたタリウムは、ある面では鉛に似ていたが、別の面では銀に近く、一方でアルミニウムに似ていたり、カリウムに似ていたりする面もあった。

　メンデレーエフが初めて分類に興味をもってから、一八六九年に周期表を発表するまで、二〇年近くもかかっている。ひょっとしたら、これほど長きにわたって思考を重ね、アイデアを温めたからこそ（ある意味で、ダーウィンが『種の起源』（渡辺政隆訳、光文社刊など）を刊行する前もそうだった）、ついに『化学の原論』を出版したとき、メンデレーエフはその時代のだれよりもはるかに広範な知識と深い洞察を提供できたのかもしれない。当時すでに、元素の周期性をはっきり見抜いていた人もいたが、彼ほど細かく整理できていた人はいなかった。

　メンデレーエフは、元素の性質と原子量をカードに書いて、ロシアを移動する長い列車の旅であれこれ考えてはカードを並べなおした、と語っている。トランプのひとり遊びをするみたいに（彼いわく「化学のソリテア」）、あらゆる元素とその性質や原子量に意味を与えてくれそうな体系、すなわち秩序を探し求めたのだ。

　周期表の発見に時間がかかったのには、もうひとつ重要な要因があった。多くの元素で、何十年ものあいだ、原子量の値に大きな誤解があったのである。一八六〇年のカールスルーエ会議でこの誤りが正されてようやく、メンデレーエフたちは元素の完全な分類に乗り出せるようになった。メンデレーエフは、ボロディンと一緒にカールスルーエへ向かった（それは化学の旅であると同時に、音楽の旅でもあった。道中でたくさんの教会に立ち寄り、オルガンを弾かせてもらったのだ）。カールスルーエ会議より前に認められていた原子量では、三つ組元素というグループの存在には気づくことができたが、そうしたグループのあいだに数量的な関係があることまではわからなかった。(3) この会議でカニッツァーロは、正確な原子量の算出法を示し、たとえばアルカリ土類金属（カルシウム、ストロンチウム、バリウム）の正しい原子量が（それまで考えられていた二〇、四四、六八ではなく）四〇、八八、一三七であることを明らかにした。それにより初めて、これらがアルカリ金属（カリウム、ルビジウム、セシウム）の原子量に近いことも判明した。この近さと、またハロゲン（塩素、臭素、ヨウ素）の原子量とも近い事実をもとに、メンデレーエフは一八六八年、三つのグループを並べた小さな表を作った。

Ca	40	Sr	88	Ba	137
K	39	Rb	85	Cs	133
Cl	35.5	Br	80	I	127

こうして三つの元素群を原子量の順に並べてみると、ハロゲン、アルカリ金属、アルカリ土類金属と続く反復的なパターンが出現した。そのことに気づいたメンデレーエフは、これはもっと広範なパターンの一部にちがいないと思い、すべての元素を周期性が支配しているという概念――「周期律」――へと考えを飛躍させた。

メンデレーエフが最初に作った小さな表はまだ不完全で、クロスワードパズルを解くように四方八方へ広げていく必要があった。だがそのためには、いくつか大胆な推測が要った。

彼は思った。化学的に見てアルカリ土類金属の仲間で、なおかつ原子量ではリチウムの次になる元素は何なのだろう？　そんな元素は存在しないように見えた——いや、ひょっとしてベリリウムという可能性はないか？　ベリリウムは、一般に原子価が三価で、原子量は一四・五と考えられていた。そうでなく、原子価が二価で、したがって原子量が一四・五でなく九だとしたらどうだろう？　それならリチウムの次になり、空いたスペースにぴったり収まった。

恣意的な計算と当て推量、直感と分析を織り交ぜながら、メンデレーエフは、数週間のうちに三〇あまりの元素を原子量の順に並べた表を作り上げた。表は、八つごとに同じ性質の元素が現われることを示していた。そして一八六九年二月一六日の晩、彼は夢のなかで、既知の元素がほとんど全部、大きな表に並んでいるのを目にしたらしい。翌朝メンデレーエフは、それを紙に書き留めた[4]。

メンデレーエフの表が示す理屈やパターンはあまりにも明快だったため、すぐに不合理な点も目につきだした。場所を間違えていそうな元素や、元素のない空席が見つかったのだ。メンデレーエフは、みずからの膨大な化学の知識をもとに、半ダースの元素をそれまで認められていた原子価や原子量に逆らって置きなおしてみた。当時の科学者のなかには、その大胆さに啞然とした人もいた（たとえばドイツのロタール・マイヤーは、ただ「フィット」しないからという理由で原子量を変えるなんてとんでもないと考えた）。
絶対の自信によるものか、メンデレーエフは、自分の作った表に「まだ知られていない」

元素を入れる空席もいくつか用意していた。そして、上下の元素の性質から――またある程度、左右の元素の性質からも――推定することで、これら未知の元素がどんなものか確実に予言できると主張したのである。じっさい、一八七一年に記した表では、Ⅲ族のアルミニウムの下にあたる新元素（「エカ＝アルミニウム」）を実に詳細に予言している。四年後、まさにそうした元素がフランスの化学者ルコック・ド・ボアボードランによって発見され、（愛国心からか〔古代の西ヨーロッパ一帯はガリアと呼ばれた〕、それともラテン語の gallus は雄鶏《コック》という意味なのでひそかに自分自身を指していたのか）ガリウムと名づけられた。

メンデレーエフの予言は、おそろしく正確だった。原子量を六八（ルコックの得た値は六九・九）、比重を五・九（ルコックの得た値は五・九四）と予言し、ほかにもたくさんのガリウムの物理的・化学的性質――融点が低いこと、酸化物や塩の性質、原子価など――を言い当てていたのだ。当初は、ルコックの得た知見とメンデレーエフの予言とのあいだにいくつか矛盾する点もあったのだが、どれもすぐにメンデレーエフを支持する形で解決された。それどころか、彼は、ガリウムという見たこともない元素の性質を、実際に発見した人間以上によく把握していたとまで言われた。

にわかにメンデレーエフは、単なる思索家や夢想家ではなく、自然の基本法則の発見者と見なされるようになった。いまや周期表は、よくできてはいるが確証のない体系から、それまでばらばらだった多くの化学的情報を結びつけるきわめて重要な手段へと変貌を遂げたのだ。周期表はまた、「欠けている」元素の組織的な探索など、その後のさまざまな研究のきっかけも与えた。二〇年近くあとになってメンデレーエフはこう言っている。「この法則を発表するまで、元素は自然界に偶然ばらばらに存在しているものにすぎなかった。新元素の発見が期待できる特別な理由など何ひとつなかったのだ」

メンデレーエフの周期表のおかげで、新元素の発見が期待できるようになったのはもちろん、そうした元素の性質まで予言できるようになった。メンデレーエフはさらにふたつ、やはり詳細な予言をおこなっている。予言の正しさは、数年後、スカンジウムとゲルマニウムの発見によって確かめられた。[5] このときも彼は、ガリウムのときと同様、類似性と線形的な変化を前提に予言し、未知の元素の化学的・物理的性質や原子量が同族の上下の元素の中間になると考えた。[6]

だが不思議なことに、表全体の要《かなめ》となるものは、メンデレーエフには予想できなかった。できなくて当然だったかもしれない。というのも、問題は欠けている元素ではなく、まるごと一個の族だったからだ。一八九四年にアルゴンが発見されたとき、表のどこにも当てはまらないように見えた。このためメンデレーエフは、当初それが元素であることを否定し、重い形態の窒素（オゾン〔O_3〕に似た形でN_3）だと考えた。ところが以後、ちょうど塩素とカリウムのあいだに、確かにその元素が収まる場所があることが明らかになり、そればかりか、すべての周期でハロゲンとアルカリ金属のあいだにまるごと一個の族が入る余地があるとわかった。これに気づいたのはルコックで、彼はさらに、ほかの未発見のガスの原子量を予言した。まもなく実際にヘリウムとネオンとクリプトンとキセノンが発見されると、それらのガスが完璧に周期的な族を形成することが判明した。この族はあまりにも不活性で地味な存在だったため、一世紀ものあいだ化学者に見逃されていたのである。[7] これら不活性なガス（希ガス）は、化合物を作らないという点で共通していた。原子価がゼロに見えたのだ。[8]

周期表は、途方もなく美しかった。それまで私が見たどんなものより美しかった。けれども、自分が何をもって美しいと感じているのか、私にはちゃんと確かめられなかった。単純さ？　統一性？　リズム？　必然性？　あるいは、全部の元素がきっちり居場所に収まり、空席はなく、例外もなく、すべてがほかのすべてを示唆しているという対称性や全体性かもしれなかった。

そのころ私は、J・W・メラーというおそろしく博識な化学者が無機化学について書いた大部の本を読みだしていた。だが、その本でメラーが、周期表は「表面的」で、「まやかし」で、ほかの場当たり的な分類と比べて真理や根本原理に迫っているわけではない、と述べているのを知ると、愕然とした。私はちょっとしたパニックに陥り、化学的性質と原子価以外にも周期性の概念を支持する証拠がないか確かめないといけないと思った。

その調査のために、実験室を離れ、新しい本に手を出した。たちまち私のバイブルになった『CRC物理・化学便覧（*CRC Handbook of Physics and Chemistry*）』は、三〇〇〇ページ近くもあるほとんど立方体をした分厚い本で、ありとあらゆる物理的・化学的性質の表が載っていた。そんな表の多くを、取り憑かれたように頭にたたき込んでいった。

私は、すべての元素と何百もの化合物について、密度、融点、沸点、屈折率、溶解度、結晶の形を把握した。そして、思いつくかぎりの物理的性質と原子量の関係をグラフにするのに没頭した。そうして調べていくうちに、どんどん興奮してきた。密度や融点、沸点ばかりか、熱や電気の伝導度、結晶の形、硬度、融解時の体積変化、熱膨張、電極電位など、ほとんど何を見ても周期性が現われていたからだ。したがって、原子価だけでなく、さまざまな物理的性質も周期性を支持していた。この裏付けによって、周期表は私にとってますます威力と普遍性を増したのである。

周期表に見られる傾向には例外もあり、なかには非常に大きな変則性もあった。たとえば、マンガンの両側の元素はよく電気を通すのに、マンガン自体はあまり電気を通さないのは不思議だった。鉄だけがとくに強い磁性をもつわけもわからなかった。そんな例外があっても、私はなぜだかほかに特殊なメカニズムが働いていると確信し、決して全体のシステムがだめだとは見なさなかった(9)。

周期表を使って、自分でも予言に挑戦した。メンデレーエフがガリウムなどでやったように、まだ知られていないいくつかの元素の性質を予言しようとしたのだ。初めて博物館で周期表を目にしたとき、私は空席が四つあるのに気づいた。アルカリ金属の最後、八七番元素がまだ見つかっておらず、ハロゲンの最後、八五番元素もそうだった。マンガンの下の四三番元素も欠けていたが、その場所には「マスリウム？」と書かれ、原子量は表示されていなかった⑽。最後にもうひとつ、希土類の六一番元素も欠けていた。

未知のアルカリ金属の性質は、予言しやすかった。アルカリ金属はどれもとてもよく似ていて、同じ族にあるほかの元素の延長線上にあると考えるだけでよかったのだ。私の推定では、八七番元素は族全体で最も重く、融解しやすく、反応性が高いはずだった。また、室温では液体で、セシウムのように金色の光沢をもっているだろうと思った。いや、溶融状態の銅みたいにサーモンピンクをしているかもしれなかった。そしてセシウムよりさらに電気陽性度が高く、さらに強力な光電効果を示し、ほかのアルカリ金属と同様、炎に鮮やかな色がつくことも予想できた。炎の色は、リチウムからセシウムへとだんだん青みを帯びていく傾向があったので、青っぽい色になるはずだった。

未知のハロゲンの性質も、やはり簡単に予言できた。ハロゲンもすべて似かよっていて、族全体が単純で直線的な傾向を示していたためだ。

ところが、四三番元素と六一番元素は、（メンデレーエフの名づけた）「典型」元素ではなかったので、性質の予言が難しかった。じっさい、まさに非典型元素によって、メンデレーエフは問題に直面し、当初の表の改訂を迫られたのである。それら「遷移金属」には、ある種の同質性があった。どれも金属で、全部で三〇個あり、たいていは鉄のように硬く頑丈で、密度が高く、融点も高い。白金族元素や、ディヴおじさんからフィラメントにするのだと教わった金属のように、重い遷移元素ではとくにそうだった。さらに、色に興味をもった私は、もうひとつの事実に気づいた。典型元素の化合物は一般に食塩のように無色だが、遷移金属の化合物はたいてい鮮やかな色をしている、ということだ。マンガンやコバルトの鉱物や塩はピンクで、ニッケルや銅の塩は緑で、バナジウムの場合はさまざまな色がある。多くの色は、多くの原子価の存在も意味していた。このような性質はすべて、遷移元素が特別な種類のもので、典型元素とは本質的に違うことを示していた。

それでも、四三番元素には同じ族のマンガンやレニウムの性質がいくらか備わっている、とあえて推測することもできた（たとえば、最大の原子価が七で、色のついた塩を生成するといった具合に）。一方で、同じ周期にある両脇の遷移金属――左にはニオブとモリブデンがあり、右には軽い白金族元素が並んでいる――と似ている可能性もあった。つまり、銀色に光る硬い金属で、両脇の元素と同じぐらいの密度や融点をもつとも予言できたのだ。それなら、まさにタングステンおじさんが大好きで、一七七〇年代にシェーレが見つけたたぐいの金属になるはずだった――少なくとも、かなりの量が存在していれば。

一番予言が難しそうなのは、希土類金属でまだ見つかっていない六一番元素だった。希土類はいろいろな意味で最も不可解な元素群だったからだ。

希土類のことは、母から最初に聞いた気がする。母はチェーンスモーカーで、小さなロンソンのライターでそれこそ次から次にタバコに火をつけていた。ある日母は、ライターの「石」を取り出して見せ、本当は石ではなく、引っかくと火花が出る金属なのだと教えてくれた。この「ミッシュメタル」――成分の多くがセリウム――は、半ダースもの金属を混ぜ合わせてできており、どの金属もよく似た性質の希土類だった。希土類《レア・アース》という奇妙な名前には、神秘的な響きがあった。だから私は、希少なうえに、ほかにはない知られざる特別な性質をもっているように思った。

のちにディヴおじさんから、化学者が希土類——一ダース以上あった——の分離にものすごく苦労したという話を聞いた。希土類は、どれもおそろしくよく似ていて、物理的性質や化学的性質で見分けがつかない場合もあったのだ。希土類の鉱石（なぜかスウェーデン産のものばかりのようだった）には、希土類元素がひとつだけ含まれていることはなく、一緒くたに混じり合っていた。まるで、自然そのものが区別できなかったかのように。その分析は、化学史の大河小説と言えるほど長い道のりで、ひたむきな研究（と挫折）を一〇〇年以上も続けた結果、ついに個々の元素が見分けられるようになった。事実、最後に残ったいくつかの元素は、一九世紀の化学では歯が立たず、分光分析や分別晶出といった物理的手法でようやく分離できた。最後のふたつ——イッテルビウムとルテチウム——を分離するには、それぞれの塩の溶解度のわずかな違いを利用して、分別晶出を一万五〇〇〇回も繰り返さなければならず、何年もかかる大仕事となった。

それでも、そんな頑固な希土類元素に魅せられて、全生涯をかけて単離に挑んだ化学者たちがいた。彼らは、自分の研究が、すべての元素や周期性の謎を解明する思わぬ糸口になるかもしれない、と思ったのである。イギリスの化学者・物理学者ウィリアム・クルックスはこう書いている。

希土類は、われわれの研究をまごつかせ、推測を裏切り、夢にまで出てきてわれわれを悩ます。それは、未知なる大海のように眼前に広がり、人を欺き、惑わしながら、意外な事実や可能性をささやいているのだ。

希土類元素が化学者たちを裏切り、欺き、悩ませたとすれば、メンデレーエフも、それを自分の周期表にはめ込もうとして困り果てた。一八六九年に彼が最初の周期表を作った当時、希土類元素はまだ五つしか知られていなかった。だが、その後の数十年で次々と発見され、見つかるたびに問題は明白になっていった。希土類は数珠つなぎになった原子量をもち、どれも表のなかで、第六周期のふたつの隣り合った元素にはさまれた一カ所に押し込められているように見えたのである。彼以外にも、それらのおそろしくよく似た元素の配置決めに取り組んだ化学者はいたが、希土類元素が結局どれだけたくさんあるのかわからなかったので挫折する羽目になった。

一九世紀の終わりを迎えるころには、多くの化学者が、遷移元素と希土類元素のためにそれぞれ別の「ブロック」を用意しようという気になっていた。こうした「余分な」元素は、八つの基本的な族のあいだに割って入りそうだったので、きちんと収めてやるにはもっと多くの空席と次元をもつ周期表が必要だったのだ。私は、自分でもこれらのブロックをうまく収めてやろうと考え、らせん状の周期表や三次元の周期表を作って試してみた。あとで知ったのだが、すでに多くの人が同じことをしていたらしい。メンデレーエフが生きていたあいだだけで、一〇〇種類以上の周期表が登場していた。

私が作った表も、目にした表も、すべて最後は不確かで、「最終」元素ウランのあたりで謎のまま終わっていた。それが私には気になって仕方がなかった。第七周期は、まだ知られていないアルカリ金属の八七番元素で始まっていたが、九二番元素のウランで終わっていた。そこで思った。なぜたった六つの元素で終わりなんだろう？　ウランのあとにまだ元素は続かないのだろうか？

メンデレーエフは、ウランをタングステンの下に位置づけた。化学的に見て、ウランがタングステンとよく似ていたからだ（タングステンは揮発性の六フッ化物――高密度の蒸気――を形成し、ウランも同様だ。この化合物UF_6は、第二次大戦でウランの同位体〔同じ元素のなかで、原子核に含まれる中性子の数が異なるもののこと〕を分離するのに使われた）。ウランは見たところ遷移金属のようで、見たところエカ＝タングステンのようだった。それでも私は、どこか違和感を覚え、もう少し探ってみようと、すべての遷移金属の密度と融点を調べた。するとすぐに変則性に気づいた。金属の密度が、第四周期から第六周期にかけてはだんだん増しているのに、第七周期になるといきなり減っていたのだ。じっさいウランは、タングステンより高密度と思えたのに、逆にタングステンより密度が低かった（同様にトリウムも、ハフニウムより密度が低かった）。融点も同じで、第六周期で最高値を示し、そのあといきなり落ち込んでいた。

私はどきどきした。大発見をしたと思ったのだ。ウランとタングステンはとてもよく似ているけれども、実はウランは同じ族ではなく、遷移金属ですらない可能性があるのではないか？　同じことは、トリウムやプロトアクチニウム、それにウランよりあとの（まだ架空の存在の）元素など、第七周期にあるほかの元素でも言えるのではなかろうか？　ひょっとして、これらの元素は第六周期の希土類と同じような第二の希土類の端緒なのではないか？　もしそうなら、エカ＝タングステンはウランではなく、第二の希土類が全部そろったあとで初めて明らかになる未発見の元素となるはずだった。一九四五年当時、そんな元素はまだ想像だにできない、いわばＳＦの世界の存在だった。

戦争が終わってすぐあと、私は自分の予想が正しかったとわかって大喜びした。カリフォルニア州バークリーでグレン・シーボーグのチームが超ウラン元素をいくつか——九三、九四、九五、九六番元素——合成し、実際に希土類の第二系列の一部であることが明らかになったのだ（希土類の第一系列をランタニドというのにならって、この第二系列をシーボーグはアクチニドと呼んだ）[11]。

シーボーグは、希土類の第一系列にならって、第二系列に存在する元素の数も一四だと主張した（先にランタニド、アクチニドと呼んだ分類では、ランタンやアクチニウムは除かれている）。また、一四番目（一〇三番元素）のあとも九個の遷移元素が予想でき、結局一一八番元素の希ガスで第七周期の元素は完結すると言った。さらにシーボーグは、ほかの周期と同じように、そのあとまたアルカリ金属を一一九番元素として新しい周期が始まると考えた。

このように、周期表は、ウランよりずっとあとの、自然界には存在しない新元素にまで延長できそうだった。そうした超ウラン元素に限界があるのかどうかはわからない。そんな元素の原子は、大きくなりすぎてひとつにまとまっていられない可能性もあった。しかし、周期表の規則性は根本的な原理で、どこまでも延長できるように見えた。

メンデレーエフは周期表を、第一に元素の性質を整理し予言するためのツールと見なしたが、一方で基本的な法則を具体的に表わしているのだとも考え、ときどき「原子のなかの目に見えない世界」に思いをめぐらした。要するに周期表は、ふた通りの見方ができたのだ。表面的に見れば、いろいろな元素の顕著な性質がわかり、深く掘り下げて見れば、その性質を決定している原子レベルでの未知の性質が見て取れるのだった。

科学博物館でじっと見とれたあの最初の出会いのときに、私は、周期表が恣意的なものでも表面的なものでもなく、決して覆されない真理を表わしていると確信した。いや、覆されないどころか何度も裏付けられ、新たな知識によってまた新たな深みをのぞかせる真理だと思った。周期表は、自然そのものと同じぐらい深遠で単純なものだったからだ。そしてこれに気づくことで、一二歳の私は一種の恍惚感を味わった。「巨大なベールの一角がめくられた」とアインシュタインが言った、あの感覚である。

（1）何年もあとにC・P・スノーの書いたものを読んだとき、初めて周期表を見た彼の反応が、私のと非常によく似ていることに気づいた。

そのとき初めて、雑多な事実の寄せ集めがすっきりと秩序だって見えた。少年時代に習ったばらばらの無機化学の知識がすべて、目の前で組織化されて見えたのだ。まるで、ジャングルのそばにいて、不意にそれがオランダ風の庭に姿を変えたかのように。

（2）まえがきの最初の脚注で、メンデレーエフは「科学の世界に生きることがどんなに楽しくて自由か」を語っている。じっさい、その本の文章の端ばしから、彼が本当にそう思っていることがうかがえる。『化学の原論』は、メンデレーエフの生涯を通じてまるで生き物のように成長を遂げ、版を重ねるごとに、前より分厚くなり、詳細になり、完成されていった。また同時に、脚注も多くなり、長くなっていった（脚注は、おそろしく膨大になって、最後の版では本文より多くのページを占めている。九割が脚注というページもあるほどだ。私自身、脚注をたくさん入れ、そこから話を脱線させるのが好きなのも、一部には『化学の原論』を読んだためだと思う）。

（3）元素の原子量が重要そうだと考えたのは、メンデレーエフが最初ではない。ベルセリウスによってアルカリ土類金属の原子量が確定されたとき、デーベライナーは、ストロンチウムの原子量がカルシウムとバリウムのちょうど中間だったのでびっくりした。これは、ベルセリウスが考えたように、単なる偶然なのか？　それとも何か重要な普遍的事実を示唆しているのだろうか？　ベルセリウス自身も、一八一七年にセレンを発見してすぐに、それが（化学的性質の面で）硫黄とテルルの中間に「位置する」ことに気づいていた。しかしデーベライナーは、もっと踏み込んで、量的な関係も明らかにした。原子量も中間に位置していたのである。また、同じ年にリチウムが発見されると（これもベルセリウスの台所の実験室で）、デーベライナーは、これによりリチウム、ナトリウム、カリウムという別のアルカリ金属の三つ組もできあがったと気づいた。さらに、塩素とヨウ素の原子量の差が開きすぎていると感じたデーベライナーは、（すでにデイヴィーが思っていたように）中間の原子量をもつ、よく似たハロゲン元素があるにちがいないと思った（この元素は臭素で、数年後に発見された）。デーベライナーの見つけた「三つ組元素」については、原子量と化学的性質との相関の意味も含めて、受け止め方が分かれた。ベルセリウスとデイヴィーは、そんな「数秘学」——と彼らは見なした——に何の意味があるのかと懐疑的だった。しかし一方で、興味を覚え、デーベライナーの数にはっきりわからないが何か基本的な意味が潜んでいるのではないかと考える人々もいた。

（4）少なくともこれは、のちにメンデレーエフ自身が広めた噂話であり、お互いのしっぽにかみついたヘビを夢で見てベンゼン環を発見したというケクレの話ともどこか似ている。しかし、メンデレーエフが実際に描いた表を見ると、入れ替えたり、線を引いて消したり、余白で計算したりした跡でいっぱいなのがわかる。それは、彼がなんとかして真理を把握しようと創意工夫をこらしたことを如実に物語っている。メンデレーエフは、すべての答えを手に入れて夢から目覚めたのではない。もっと不可解な話だが、啓示のような感覚を得て目覚め、それから何時間かのあいだに長年頭を支配していた問題の多くが解けたのかもしれない。

（5）一八八九年に記した脚注で――メンデレーエフは講義にまで、少なくとも出版物になった際には脚注を付していた――彼はこう述べている。「私はもういくつか新元素を予想しているが、これまでほどの確信はない」メンデレーエフは、ビスマス（原子量二〇九）とトリウム（原子量二三二）のあいだが空いていることにはっきり気づいており、そこを埋める元素がいくつか存在するはずだと考えていた。ビスマスのすぐあとの元素については確信があった――「テルルに似た元素で、ドビ＝テルルとでも呼べるだろう」。この元素ポロニウムは一八九八年にキュリー夫妻によって発見され、ついに単離されたとき、メンデレーエフが予言した性質をほぼすべて備えていた（一八九九年、メンデレーエフはパリのキュリー夫妻を訪ね、ラジウムは自分が予言した「エカ＝バリウム」だと言って喜んだ）。

『化学の原論』の最後の版で、メンデレーエフはほかにも多くの予言をおこなっている。そのなかにはマンガンに似た重い元素がふたつあり、原子量がおよそ九九の「エカ＝マンガン」と原子量が一八八の「トリ＝マンガン」としたが、残念ながら彼がそれらを目にすることはなかった。「トリ＝マンガン」――レニウム――は一九二五年にようやく発見された。自然界に産出する元素としては、最後に見つかった元素である。一方「エカ＝マンガン」すなわちテクネチウムは、一九三七年、最初の人工元素として合成された。

メンデレーエフはまた、ウランに続く元素もいくつか類推している。

（6）カールスルーエ会議のあとの一〇年間で、ひとつならず六つもの分類法が登場したことは、シンクロニシティー（共時性）の見事な一例と言える。それらの分類法はどれも独立に発見されたもので、フランスでド・シャンクルトアが、イギリスではオドリングとニューランズが、ドイツでロタール・マイヤーが、アメリカでヒンリクスが、そして最後にロシアでメンデレーエフが、それぞれ周期律の存在を示唆した。

フランスの鉱物学者ド・シャンクルトアは、その手の分類法を最初に考案し、一八六二年、カールスルーエ会議のわずか一八カ月後に、二四個の元素の記号を、直立した円柱を取り巻くらせん上の点として、おのおのの原子量に比例した高さに記した。すると、似た性質の元素が上下に並び、テルルはらせんの中間点となった。そこで彼は、このらせんを「テルルのねじ」と名づけた。ところが《コント・ランジュ》誌は、彼の論文を掲載した際、おかしなことにその大事な図版を省いてしまった。ほかにも問題はあったが、とくにこのせいでド・シャンクルトアの仕事は台無しになり、彼のアイデアは無視されてしまった。

イギリスのニューランズも同じぐらい不運だった。彼も、既知の元素を原子量の増える順に並べ、八つごとに似た元素が現われるのに気づいて次のように「オクターブ則」を提唱した。「任意の元素から数えて八番目の元素は、最初の元素の再現に近いものとなる。音楽のオクターブにおける第八音のように」(当時希ガスが知られていたら、もちろん最初の元素に似たものは九つごとに現われていたはずだ)。ニューランズが英国化学会の会合で自説を発表すると、あまりにも音楽そのままのたとえで、そうしたオクターブが「宇宙の音楽」とでもいわんばかりだったので、嘲笑を買った。アルファベット順に並べてもよかったんじゃないかと言われたほどだ。

ニューランズが、ド・シャンクルトアよりさらに周期律に近づいていたのは間違いない。メンデレーエフと同様、ニューランズも、一部の元素の原子量が自分の表のしかるべき場所にそぐわないと思ったときには、大胆にも順序を入れ替えた（しかしメンデレーエフと違って、未知の元素の予言まではしなかった）。

ロタール・マイヤーも、カールスルーエ会議に出席し、そこで改訂版として公表された原子量をいちはやく周期的分類に利用した研究者のひとりだ。そして一八六八年、細かく一六列に分けた周期表を考案した（だが、公表は遅れて、メンデレーエフの表が登場したあとになった）。ロタール・マイヤーは、元素の物理的性質と、その原子量との関係にとくに注目し、一八七〇年に、既知の元素の原子量と「原子容」（密度に対する原子量の比）の関係をプロットした有名なグラフを公表した。このグラフは、アルカリ金属で極大となり、高密度で原子が小さいⅧ族の金属（白金や鉄など）のときに極小となり、ほかの金属についてはうまいことそのあいだに収まった。これは、周期律の存在を示すなにより説得力のある証拠となり、メンデレーエフの理論の普及を大いに助けた。

しかしメンデレーエフは、その「自然の体系」を発見した当時、自分以外にも同じ努力をしている人がいることを知らなかったか、知っていることを認めようとしなかった。のちに自分の名声が確立すると、度量が広くなったのか、共同発見者や先駆者がいるという考えにあまり神経をとがらせなくなった。一八八九年にロンドンのファラデー講演に招かれたとき、彼は自分に先んじた人々へ控えめな賛辞を送っている。

（7）キャヴェンディッシュは、一七八五年に空気中の窒素と酸素を火花により結合させた際に、少量（「全体の一二〇分の一以下」）がまったく結合しようとしないことに気づいていた。しかし、一八九〇年代まで、だれひとりこれに注意を払う者はいなかった。

（8）私は、ときどき自分が希ガスだったらと思ったり、希ガスを擬人化してみたりして、彼らは孤独で結合したくて仕方ないのではないかと考えた。ほかの元素と結合するのは、絶対に不可能なのだろうか？　フッ素は、ハロゲンのなかでも一番反応性が高く、一番乱暴な元素だ。ひょっとしてそのフッ素なら、やたらと結合したがるため一世紀以上ものあいだ単離できなかったぐらいだから、チャンスさえあれば、少なくとも希ガスでもとくに重たいキセノンとは結合するのではないか？　私は物理定数の表をじっくり調べ、そのような結合が原理的に可能だと結論した。

一九六〇年代の初めに、アメリカの化学者ニール・バートレットがそんな化合物を調製したと知ると、（そのころにはほかのことに関心が移っていたけれども）私は大喜びした。白金とフッ素とキセノンの三元素化合物だった。その後、フッ化キセノンと酸化キセノンも合成された。

フリーマン・ダイソンは、私に宛てた手紙のなかで、子どものころ周期表と希ガスに惚れ込み（彼もサウス・ケンジントンの科学博物館で、びんに詰められたあれを見ていたらしい）、ずいぶんあとにキセノン酸バリウムの標本を目にしたとき、あのとらえどころのない不活性ガスが見事に結晶に封じ込められているのを見て興奮した、と語っている。

私も周期表が大好きでした。……少年のころ、何時間もあの展示の前にいて、この金属箔やらびんに入ったガスやらがみんな違う個性をもっているなんてすごい、と思っていました。……生涯で忘れられない瞬間と言えば、ひとつは、ウィラード・リビーが、キセノン酸バリウムの結晶を詰めた小びんをもって、プリンストンへやってきたときです。安定な化合物でただの塩のように見えながら、ずっと重いのです。結晶に取り込まれたキセノンが見られるなんて、まさに化学の手品でした。

（9）とくに顕著な変則性は、非金属の水素化物――厄介な一群で、おそろしく有害――に現われた。砒素やアンチモンの水素化物は、きわめて有毒で強烈な悪臭がした。ケイ素やリンの水素化物には、自然発火する性質があった。私は実験室で、硫黄とセレンとテルルの水素化物（H_2S, H_2Se, H_2Te）を作った。どれもⅥ族の元素を水素化したもので、危険でひどいにおいのするガスだった。だから、同じⅥ族の最初の元素である酸素の水素化物も、悪臭のする有毒な可燃性ガスで、摂氏マイナス一〇〇度あたりで凝縮してたちの悪い液体になるように思える。ところがそれは、H_2Oすなわち水なのだ。安定で、飲むことができ、においもなく、無害だ。そのうえユニークな特性をたくさん備えていて（凍ると膨張する、熱容量が大きい、イオン化の溶媒となる、など）、私たちの水の惑星に不可欠で、生命に欠かせない。どうしてそんな変則性が存在するのだろうか？　私には、水の性質によって周期表における酸素の位置づけが揺らぐとは思えなかったが、酸素がなぜ同族の仲間とそんなに違うのかは、とても興味深い問題だった（この問題は、当時解決を見たばかりだった。一九三〇年代に、ライナス・ポーリングが水素結合によって説明したのである）。

（10）イーダ・タッケ・ノダックは、ドイツ人科学者のチームの一員として、一九二五〜二六年に七五番元素レニウムを発見している。そのノダックは、四三番元素も見つけたと主張し、マスリウムと名づけた。しかしこの主張は裏付けが得られなかったので、信用されなかった。一九三四年に、フェルミがウランに中性子をぶつけて九三番元素を作ったと考えたとき、ノダックは、フェルミは間違っていて、実際には原子を分裂させたのではないかと言った。だが、彼女はすでに四三番元素で信用を失っていたため、だれひとり発言に耳を傾ける者はいなかった。もし傾聴されていれば、ドイツはきっと原子爆弾を手に入れ、世界の歴史は違ったものになっていただろう（この話は、グレン・シーボーグが、一九九七年の一一月に開かれた会議で昔を振り返って語ったものだ）。

（11）九三番元素のネプツニウムと九四番元素のプルトニウムは一九四〇年に作られていたが、その存在は戦後まで公にされなかった。最初に作られたとき、それらには「イクストリミウム」と「ウルティミウム」という暫定名称が付いた。これ以上重たい元素は作れないように思われたためだ（イクストリミウムは「最高〔extreme〕」、ウルティミウムは「究極〔ultimate〕」を語源とする）。ところが、一九四四年に九五番元素と九六番元素が合成された。その発見は、科学誌《ネイチャー》への投稿や化学会の会合のように、よくある形で公になったのではない。一九四五年の一一月、なんと子ども向けのラジオのクイズ番組で、一二歳の少年が「シーボーグ先生は、最近ほかに元素を作りましたか？」と尋ねて明らかになったのだ。

17　ポケットに分光器を忍ばせて

——街や夜空を彩るスペクトル

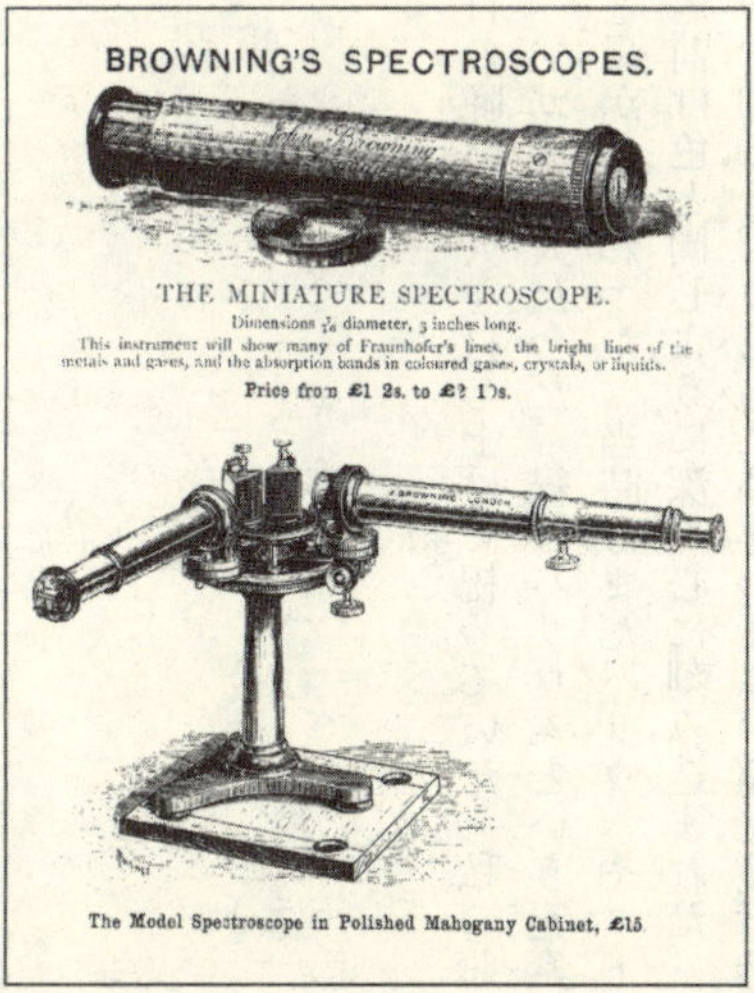

戦前、わが家では毎年ガイ・フォークスの日の晩に花火を打ち上げて祝っていた。私のお気に入りは、鮮やかな緑と赤の輝きを発するベンガル花火だった。緑はバリウムという元素による色で、赤はストロンチウムによる色だと母から教わった。当時はまだバリウムやストロンチウムが何なのか知らなかったが、その名前は色と同じように深く心に刻み込まれた。母は、私がそうした光に夢中になっているのを知ると、こんろにひとつまみの塩を投げ込み、ガスの炎が突然鮮やかな黄色になって燃え上がるところを見せてくれた。これは、また別の元素ナトリウムがあるために現われる色だった（昔のローマ人もそれで火に鮮やかな色をつけていたのよ、と母は言った）。このようにして、すでに戦前からある程度「炎色反応」を知っていたけれども、化学研究に欠かせないものだと知ったのは数年後のことだった。ディヴおじさんの実験室で、ある種の元素を、ほんのわずかしかなくても即座に検出できる手段だと教わったのである。

炎色反応を見るには、白金線のリングに元素や化合物を少量つけて、ブンゼンバーナーの無色の炎にかざすだけでよかった。私は、ありとあらゆる炎の色を調べた。塩化銅は、鮮やかな青の炎を生み出した。鉛や砒素やセレンからは、ライトブルー——「毒の」ライトブルーだと私は思った——の炎が出た。緑の炎もたくさんあった。エメラルドグリーンは塩化銅を除くほとんどの銅の化合物の色で、黄緑はバリウムの化合物の色で、ホウ素の化合物の一部もそうだった——ボラン（水素化ホウ素）はとても引火性が高く、不気味な緑の炎を上げて燃えた。赤い炎もあった。紫がかった赤の炎はリチウムの化合物で、深紅はストロンチウム、黄色っぽいレンガ色はカルシウムだった（その後、ラジウムも炎を赤く染めることを本で知ったが、もちろん目にする機会はなかった。私はまばゆいばかりの赤を想像した。究極の赤、死に至る赤とでも言おうか。そしてそれを最初に見た化学者は、直後に失明し、放射能で網膜を破壊するラジウムの赤い光が最後に目にしたものになってしまったのではないか、と思った）。

炎色反応は非常に敏感だったので（物質の分析に使う多くの化学反応——「湿式」分析〔水などの液体を使う分析という意味〕——よりはるかに敏感だった）、元素が基本的な存在で、そのユニークな性質は化合物になっても保持されるのだと強く実感できた。たとえばナトリウムは、塩素と化合して塩になると「なくなってしまう」ようにも思える。しかし、炎色反応が如実に物語る黄色の存在は、そこにまだナトリウムがあることに気づかせてくれるのだ。

私の一〇歳の誕生日に、レンおばさんはジェームズ・ジーンズの本『軌道をめぐる星』をくれた。私は、そこで語られた、太陽の中心へ向かう想像上の旅に魅せられ、ジーンズが何げなく言った、太陽には白金や銀や鉛など、地球上にある元素のほとんどがあるという言葉に心を惹かれた。

このことをエイブおじさんに話すと、おじはそろそろ分光学を教えてもいいころだと思ったらしい。そこで、一八七三年に出版されたJ・ノーマン・ロッキャーの本『分光器（*The Spectroscope*）』を私にくれ、小さな分光器も貸してくれた。ロッキャーの本には素敵なイラストが載っていて、いろいろな分光器やスペクトルのほか、髭面《ひげづら》でフロックコートを着たヴィクトリア朝時代の科学者が、そうした新型の器械で蠟燭の炎を調べている姿が描かれていた。その本はまた、ニュートンが最初にした実験から、ロッキャー自身が先駆者として手がけた太陽や恒星のスペクトルの観測まで、分光学の歴史を肌で感じさせてくれた。

分光学は、実は空から始まった。一六六六年にニュートンが、太陽光をプリズムで分解して、「いろいろな屈折率の」光線からなることを明らかにしたのだ。ニュートンは、赤から紫へ虹のように色が変わる連続的な光の帯として太陽のスペクトルを得た。一五〇年後、ドイツで光学器械を作っていた青年ヨーゼフ・フラウンホーファーが、さらに精巧なプリズムと細いスリットを使って、ニュートンの観測したスペクトルが奇妙な暗線《あんせん》──「さまざまな幅をした無数の縦の線」──で途切れているのを発見した（最終的に五〇〇本以上見つけた）。

スペクトルは明るい光でないと得られないが、なにも太陽光である必要はなかった。蠟燭の火でも、ライムライトでも、アルカリ金属やアルカリ土類金属を燃やした炎でもよかったのだ。一八三〇年代か四〇年代までには、それらの光も調べられ、まったく違うタイプのスペクトルが見つかっていた。太陽光はあらゆる分光色を含む光の帯になるのに、気化したナトリウムの発する光は、真っ黒の背景に黄色い線が一本あるだけで、それも非常に細い強烈な輝線《きせん》だった。リチウムやストロンチウムの炎のスペクトルもこれと似ていたが、ただしこちらは明るい線が複数あり、ほとんどがスペクトルの赤の領域に集中していた。

一八一四年にフラウンホーファーが見つけた暗線は何によるものなのか？　燃やした元素が放つ明るいスペクトル線と何か関係があるのだろうか？　こうした疑問は当時多くの人の頭に浮かんだが、一八五九年まで答えが出なかった。この年、ドイツの若い物理学者グスタフ・キルヒホフが、ロベルト・ブンゼンと協力して解明したのである。ブンゼンは、そのころにはすでに高名な化学者で、多彩な発明もしていた。光度計や熱量計、炭素亜鉛電池（私が一九四〇年代に分解した電池にもほとんど変わらないまま、まだ使われていた）、それにもちろんブンゼンバーナーも彼の発明だった。ブンゼンバーナーは、炎色反応をより詳しく調べるために開発されたのである。ブンゼンとキルヒホフは、理想的なペアだった。ブンゼンは素晴らしい実験家で（実践面に優れ、見事な技量をもち、発明の才があった）、一方キルヒホフには、ブンゼンには不足していたかもしれない理論構築の能力と数学の才能があった。

一八五九年、キルヒホフは単純だがうまく考えられた実験をおこなった。これにより、輝線と暗線――発光スペクトルと吸収スペクトル――が実は同じもので、同じ現象を正反対の視点で見たものであることが明らかになった。それぞれ、元素が気化したときに固有の波長の光を発することと、光を当てたときにまったく同じ波長の光を吸収することを示していたのだ。だから、ナトリウムのスペクトル線は、発光スペクトルでは黄色い輝線として見え、吸収スペクトルでは同じ位置に暗線として見えるわけだった。

それから分光器を太陽に向けてみたキルヒホフは、太陽のスペクトルに無数に入っているフラウンホーファー線(暗線)の一本が、ナトリウムの黄色い輝線とまったく同じ位置にあるのに気づき、太陽にはナトリウムが含まれているにちがいないと確信した。一九世紀の前半まで、星々については、望遠鏡でわかること以外は何も知りようがない、と一般に考えられていた。とくに組成や化学的性質は永久にわからないというのが共通の認識だった。そのためキルヒホフの発見は、大変な驚きをもって迎えられたのである(1)。

キルヒホフたちは(とくにロッキャーは)さらに研究を進め、ほかにも二〇種ほど地球上にある元素が太陽に含まれていることを明らかにした。おかげでフラウンホーファーの謎――太陽のスペクトルに何百本も入った黒い線――は、太陽の最外層にある元素の吸収スペクトルとして説明できるようになった。内部から発した光が最外層を通過する際に、存在する元素に固有の波長の光が吸収されたのだ、と。一方、日食では太陽の中心から発した光は覆い隠されて、まばゆいコロナだけが見えるようになるが、このときは逆に暗線のところにきらびやかな発光スペクトルが現われるのだった。

さっそく私は、エイブおじさんの助けを借りて――彼は自宅の屋上に小さな観測所をもっていて、一台の望遠鏡には分光器がつないであった――自分の目で天体のスペクトルを観測した。目に見える宇宙はすべて――惑星も恒星も遠くの銀河も――分光分析によって正体が明らかになった。なじみ深い地球上の元素が遠くの宇宙にもあるのを知って、私は恍惚とし、めまいがするほどの満足感を味わった。元素は地球上だけでなく宇宙全体に散らばり、それどころかそもそも宇宙の構成要素なのだという、それまで頭でしか理解していなかったことを、そのとき実感したのである。

ブンゼンとキルヒホフは、このあたりで空から目をそらし、その新しいテクニックで地球上の新元素を発見できないかと考えた。すでにブンゼンは、分光器で複雑な混合物が分析できる――要するに、化合物を光学的に分析できる――ことに気づいていた。たとえば、ナトリウムと一緒にリチウムが少量存在する場合、従来の化学分析では検出できなかった。炎色反応も役に立たない。ナトリウムの強烈な黄色い炎は、えてしてほかの炎の色を覆い隠してしまうからだ。しかし分光器を使えば、たとえ一万倍の重さのナトリウムと混じっていたとしても、リチウムの特性スペクトルがはっきり見て取れた。

こうしてブンゼンは、ナトリウムとカリウムを豊富に含んだミネラルウォーターに、時としてリチウムも含まれていることを明らかにした（まったく予想外の事実だった。それまでリチウムは、一部の珍しい鉱物でしか見つかっていなかったのだ）。では、ほかにもアルカリ金属が含まれている可能性はないだろうか？　ブンゼンは、六〇〇キンタル（約四四トン）のミネラルウォーターを数リットルにまで濃縮してみた。すると、さまざまな元素のスペクトル線に混じって、見たこともないくっきりした青い線が二本、互いに寄り添うようにして現われた。これは新元素の存在を示すサインにちがいない、とブンゼンは思った。「この美しい青のスペクトル線ゆえに、セシウムと名づけよう」（セシウムの語源 caesius はラテン語で「青みがかった」という意味）一八六〇年の一一月に発見を報じた彼は、そう記している。

三カ月後、ブンゼンとキルヒホフはもうひとつ新しいアルカリ金属を発見した。ふたりは、「その線が絢爛《けんらん》たる暗赤色をしている」ことから、ルビジウムという名をつけた（ルビーからの連想）。

ブンゼンとキルヒホフがこれらの新元素を見つけてから二、三〇年のうちに、さらに二〇種におよぶ元素が分光学の助けを借りて発見された。インジウムとタリウム（これらも鮮やかなスペクトル線の色にちなんで名づけられた〔前者はインジゴ、後者は緑色の茎を語源とする〕）、ガリウム、スカンジウム、ゲルマニウム（メンデレーエフが予言した三元素）、残り全部の希土類元素、それに、一八九〇年代には希ガスも見つかった。

だが、そんななかで何よりドラマチックだったのは、ヘリウム発見の逸話かもしれない。少なくとも、少年時代の私を一番とりこにしたのは確かだ。一八六八年に日食が起きた際、太陽コロナのスペクトルに明るい黄色の線を見つけたのは、ほかならぬロッキャーだった。この線は、ナトリウムの黄色い線のそばにあったが、明らかにナトリウムの線とは違っていた。ロッキャーは、地球上で知られていない元素のものにちがいないと考え、ヘリウム（ヘリオスがギリシャ語で太陽を表わすところからきている）と名づけた（金属の接尾語 -ium を付けたのは、金属だと思っていたからである)。この発見は、人々に大変な驚きと興奮をもたらした。なかには、ひとつひとつの星に固有の元素があるのではないかと考えた人までいた。それから二五年経ってようやく、地球上のある種の鉱物(ウラン鉱)に、すぐに放出されてしまう不思議な軽いガスが含まれていることがわかり、これを分光分析したところ、ヘリウムそのものだと判明した。

スペクトル分析ではるか遠くのものを調べられるという驚異は、文学にも共鳴を呼んだ。私は『我らが共通の友』(邦訳は同題の間二郎訳、筑摩書房刊など)(一八六四年、ブンゼンとキルヒホフが分光学を創始してわずか四年後に書かれている)を読んだことがあるが、この本でディケンズは「モラルの分光学」というものを思い描いている。それによって、遠くの銀河や星々の住民が地球の発している光を分析し、地球の住民の善悪をモラル・スペクトルで評価できるというわけだった。

ロッキャーは、著書の末尾にこう記している。「そのうちに……われわれのだれもが……分光器をポケットに入れて持ち歩く[時代がくる]」と私はほぼ確信している」じっさい私は、小さな分光器を常時携帯し、いつでもどこでもさっと取り出しては、一瞬で世界を分析していた。ロンドンの地下鉄の駅に登場しだしていた蛍光灯を見たり、実験室で溶液や炎をのぞいたり、家のなかで石炭やガスの炎を眺めたりしたのである。

ただの無機物の水溶液から、血液、葉、尿、ワインに至るまで、いろいろな化合物の吸収スペクトルも調べてみた。そして、血液はどんなに干からびていても固有のスペクトルが現われ、分析にほんのわずかな量しか要らないことに気づき、興味深く思った。五〇年以上も前のかすかな血痕まで同定でき、錆のしみと見分けられたのだ。これは犯罪捜査に使えるかもしれない――その可能性に私は夢中になり、シャーロック・ホームズも化学的手法に加えて分光器を使っていたのではないか、と思った（シャーロック・ホームズの小説も好きだったが、その後コナン・ドイルが書いたチャレンジャー教授の話はもっと好きだった。本を読みながら、自分がチャレンジャー教授になった気になれたが、ホームズにはなりきれなかったのだ。とくに『毒ガス帯』〔邦訳は竜口直太郎訳、東京創元社刊〕では、分光分析が重要な役割を演じている。太陽スペクトルのフラウンホーファー線の変化によって、チャレンジャー教授は毒ガスの雲が近づいているのを察知するのだ）。

けれども、いつも頭から離れなかったのは、鮮やかな色をした輝線が並ぶ発光スペクトルだ。私はよく、ポケットに分光器を忍ばせてピカデリー・サーカスやレスター・スクエアへ行き、当時街灯に使われだしていたナトリウム灯や、真っ赤なネオンの広告灯など、さまざまなガス放電管を分光器でのぞいてみた。ガス放電管は、注入するガスによって黄色や青や緑の光を発し、戦争で長いこと灯火管制下にあったウエスト・エンドは、いまや色とりどりの光にあふれていた。どのガスにも、どの物質にも、固有のスペクトルがあり、固有のサインがあった。

ブンゼンとキルヒホフは、スペクトル線の位置が各元素に固有のサインになっているのはもちろん、その元素の究極的な本質をも表わしていると考えた。スペクトル線は、「原子量と同じように不変の本質を示す特性」に見え、それどころか元素の構造を――まだ解読できてはいなかったものの——明らかにしていそうだったのである。

多くのスペクトルが複雑なこと自体も（たとえば鉄のスペクトルは数百本の線からなる）、原子が、原子量のほかにほとんど見分ける手だてのない、ドルトンの考えたような小さくて密度の高い塊ではまずありえないことをほのめかしていた。

化学者のW・K・クリフォードは、一八七〇年に、音楽のたとえを使ってこの複雑さを表現している。

……グランドピアノも、鉄原子に比べればきわめて単純な構造と言えるにちがいない。鉄のスペクトルには数え切れないほどの輝線があり、その一本一本が鉄原子の振動のある正確な周期に対応しているからだ。グランドピアノが発することのできる音の振動は一〇〇種あまりだが、鉄原子は一個で何千種類もの一定の光の振動を発しているように見える。

当時、このような音楽のイメージやたとえはいろいろあり、どれもスペクトルに潜んでいそうな比例関係（調和比）や、それを式に表わせる可能性と結びついていた。そうした「調和比」の本質は、一八八五年にようやく明らかになった。スイスのバルマーが、水素の可視スペクトルに現われる四本の線の位置を関連づける式を見出したのだ。この式で彼は、紫外や赤外の領域にも線があることと、線の位置までも正しく予言できた。バルマーもやはり、音楽になぞらえて考え、「個々のスペクトル線の振動をいわば特定の主音の倍音として解釈できる」のではないかと思った。バルマーが、数秘学めいたたわごとではなく、根本的に重要な何かに気づいていたことは、すぐに人々に認知された。しかし、彼の式の本質的な意味はなお完全に謎だった。元素の発光スペクトルの線と吸収スペクトルの線が同じものだというキルヒホフの発見した事実が謎だったように。

（1）フランスの哲学者オーギュスト・コントは、一八三五年に刊行された『実証哲学講義（*Cours de la Philosophie Positive*）』にこのように記している。

星々の問題については、結局のところ視覚的な観測に還元できない調査は……一切不可能である。星々の形や大きさや動きは明らかにできるかもしれない。しかし、その化学的組成や含有する鉱物を調べることは、決してできないだろう。

18　冷たい火
——光の秘密へ

私には、書庫や図書館の代わりになるおじやおばやいとこが大勢いた。しかも、問題に応じて違う相談相手がいた。なかでも頼りにしたのが、(ブレイフィールドでのつらい日々に私を救ってくれた)植物に詳しいレンおばさんと、化学と鉱物学に詳しいデイヴおじさんだった。だが、物理に詳しくて、私を分光学に目覚めさせたエイブおじさんも忘れてはいけない。エイブおじさんには、初めはめったに相談に行かなかった。年輩のおじで、デイヴおじさんより六つ上、母よりは一五歳も年上だったからだ。エイブおじさんは、一八人きょうだいのなかで一番頭がいいと言われていた。そして、ものすごく優秀でありながら、その知識は、正規の教育によってではなく、自然に身につけたものだった。デイヴおじさんと同じように、彼も自然科学を愛して育ち、若くして南アフリカへ渡り、地質調査に携わっていた。X線、放射能、電子、量子論といった大発見は、すべてエイブおじさんの人格形成期になし遂げられた。このため、以後おじは、それらに大きな関心をもちつづけ、ほかに天文学や数論にも夢中になった。それでいておじは、実用的・商業的な方面にも才能を発揮できた。二〇世紀の初頭に登場し、ビタミンが豊富なイーストエキスとして普及したマーマイト（母は大好きだったが、私は大嫌いだった）の開発の一端を担い、第二次世界大戦中に石鹼が入手しづらくなると、無脂肪でも汚れの落ちる石鹼の開発を支援した。

エイブおじさんとデイヴおじさんは、似ているところもあったが（ふたりともランダウ家の一員らしく、広い額をもち、左右の目が離れ、朗々たる声の持ち主だった――この特徴は、今も祖父の曾孫《ひまご》の子にはっきり現われている）、まったく違うところもあった。デイヴは背が高く、たくましく、軍人のように背筋がぴんとして（第一次大戦とその前のボーア戦争に従軍していた）、いつも身だしなみがきちんとしていた。実験室で働くときにまで、ウィングカラーのシャツを着て、ぴかぴかに磨いた靴を履いていた。一方、エイブは彼ほど上背がなく、（私の見たころは）ややしわが多くて腰が曲がっており、年老いたインドの猟師のように浅黒い肌と白い髪をしていた。それに、声がしわがれ、いつも咳をしていて、服装には無頓着でたいていしわくちゃの白衣を着ていた。

ふたりは名目上は共同でタングスタライト社を経営していたが、エイブはビジネスのほうはデイヴに任せ、研究に専念していた。一九二〇年代の初めに、フッ化水素酸による電球の「つや消し処理」を安全かつ効果的におこなう手法を開発したのは、ほかならぬエイブだった――そしてホクストンの工場でその処理をする機械まで設計した。彼はまた、真空管における「ゲッター」――反応性が高くて酸素をよく取り込む、セシウムやバリウムなどの金属で、これにより管内にわずかに残っている空気を取り除くことができる——の利用にも取り組み、その前には、みずから合成したヘルツァイトという結晶を使った鉱石ラジオで特許も取得した。

エイブおじさんは、夜光塗料も開発して特許を取っていた。これは、第一次世界大戦で射撃用の照準器に使われ(ユトランド沖海戦で決定的な役目を果たしたんじゃないか、とおじは言っていた)、さらにインガーソルというブランドで知られる時計の文字盤も、この塗料で光らせていた。デイヴおじさんと同じように、エイブおじさんも大きくて器用な手をしていた。しかし、デイヴの手にタングステンがすり込まれていたのと違って、エイブの手には、放射性物質をうっかり触りつづけてきたせいで、ラジウムによるやけどの痕や悪性のいぼが一面にできていた。

デイヴおじさんとエイブおじさんは、父親譲りでどちらも明かりに熱烈な興味をもっていた。だが同じ明かりでも、デイヴおじさんの場合は「温かい」明かりで、エイブおじさんの場合は「冷たい」明かりだった。デイヴおじさんは、白熱光の歴史に私をいざなった。熱するとあかあかと白熱光を発する、希土類と金属フィラメントの歴史である。そして私に、化学反応のエネルギー論を手ほどきしてくれた。つまり、反応の過程でどのようにして熱が吸収・放出されるのかを教わったわけで、その熱が時として火や炎として見えるのだった。

一方エイブおじさんは、私を「冷たい」明かり——ルミネセンス(冷光)——の歴史へといざなった。こちらの歴史は、そもそも出来事を記録する言語がなかったころにまでさかのぼれそうだった。昔から人は、ホタルやツチボタル、燐光を発する海、きつね火——旅人を道に迷わせるという言い伝えのある、ふらふらとさまようぼうっとした光の球——を目にしていた。それに、セント・エルモの火もだ。この神秘的な放電現象は、嵐が近づいたときに船のマストなどで起きて、船乗りたちをうっとりさせた。北極と南極の上空で色のカーテンをゆらめかせる、オーロラという現象もあった。

　これら冷たい明かりの現象には、不気味だとか神秘的だとかの感覚が付きまとった——火などの温かい明かりにほっとするなじみ深さがあるのとは正反対だった。


　自然に発光する元素もあった。リンだ。リンは、不思議と、危険なほど、その光輝で私を魅了した。ときどき、夜中にこっそり階下の実験室へ行き、リンの実験をした。換気フード付きの実験装置を設置してすぐのころ、黄リンのかけらを水に入れ、沸騰させてみた。部屋の明かりを暗くすると、フラスコから立ちのぼる蒸気がほのかな青緑色に輝いていた。もうひとつ、とても美しい実験があった。レトルトのなかでリンを苛性《かせい》カリ（水酸化カリウム）と一緒にして沸騰させるというものだ——そんな毒性の強い物質を沸騰させるというのに、私はとんでもなく無頓着だった。これにより、リン化水素（古い呼び名）つまりホスフィンが生成する。ホスフィンの泡が液面ではじけると、自然に火がついて美しい白煙の輪ができた。

　ベルジャー（釣り鐘形をした実験用のガラス器）のなかに置いたリンに（虫眼鏡で）火をつけたこともある。

そうするとベルジャーのなかは五酸化リンの「雪」でいっぱいになった。これを水の上でやると、五酸化リンは赤熱した鉄のようにシューシュー音を立て、水に触れると溶けて、リン酸ができた。あるいはまた、黄リンを熱して、同素体の赤リン——マッチ箱に使われているリン——に変えることもできた。(1) 私はもっと小さいころ、ダイヤモンドと黒鉛は同じ元素が違う形をとった同素体なのだと教わっていた。それが今、実験室で、自分でそんな変化を起こせるようになっていた。黄リンを赤リンに変え、それからまた(その蒸気を凝縮して)黄リンに戻すことができたのだ。この変化は、私をマジシャンになった気分にさせてくれた。(2)

けれども、私を何度となく夢中にしたのは、リンの発光現象だった。リンは、少しなら丁子油《ちょうじあぶら》や桂皮油、あるいは(ボイルがやったように)アルコールにあっさり溶けた。こうすると、ニンニクのようなにおいをなくせたばかりか、発光現象の実験を安全におこなえた。そうした溶液は、リンを一〇〇万分の一しか含んでいなくても、光を発するからだ。この溶液を少し顔や手に塗れば、暗闇のなかで幽霊みたいに光って見えた。光は一定ではなく、(ボイルが言ったように)「ひどく変動し、ときには……不意に閃光を発して燃え上がる」ように見えた。

この驚くべき元素を初めて見つけたのは、ハンブルクのヘニヒ・ブラントで、一六六九年のことだ。ブラントは尿を蒸留してそれを取り出した(何か錬金術の企図があったらしい)。そして自分が単離したその奇妙な発光物質を賛美し、「冷たい火(kaltes Feuer)」と名づけた。あるいはもっと愛情を込めて「私の火（mein Feuer）」とも呼んだ。

ブラントは、その新元素をかなりぞんざいに扱っていて、致命的な力が潜んでいることに気づくと肝をつぶしたようだ。一六七九年四月三〇日付けのライプニッツへ宛てた手紙には、こう書かれている。

> 最近、その「火」（リンのこと）を少量手に取り、息を吹きかけてみたところ、誓ってもいいのですが、それだけでひとりでに火がつきました。私の手の皮は燃えて硬い石のようになってしまったので、子どもたちは泣き叫び、見ていて怖いと言いました。

しかし、初期の研究者は皆、リンでひどいやけどを負いながら、リンを魔法の物質とも見ていた。それ自身のなかに、ホタルやひょっとしたら月の光輝が――説明のつかない神秘の放射が――備わっているように見えたのだ。ブラントと手紙を交わしていたライプニッツは、リンの発光を夜に部屋の明かりに使えないだろうかと考えた（冷光を照明に利用するという最初の提案かもしれない、とエイブおじさんは言った）。

これにだれよりも興味をもったのがボイルで、彼はリンの発光を詳しく観察した。物が燃えるのと同じように空気が必要なことや、奇妙に明るさが変わる様子を調べたのである。すでにボイルは、ツチボタルから、光る木材や傷んだ肉に至るまで、さまざまな「発光」現象を調査して、そうした「冷たい」光と赤熱した石炭の光を丹念に比べていた（このとき、どちらも空気がないと維持できないことに気づいた)。

あるとき、寝室にいたボイルは、使用人の呼ぶ声に目覚めた。使用人は、驚きと恐怖に怯えながら、真っ暗な食料庫で肉が光っていると言った。興味をそそられたボイルは、すぐに跳ね起きると研究に取りかかり、ついには「子牛と若い雌鶏《めんどり》の肉が光り、しかも目立った腐敗がない現象にかんするいくつかの知見」という素晴らしい論文を書き上げた(この光はおそらく発光細菌によるものだが、ボイルの時代にはそんな生物は知られていなかったし、考えられてもいなかった)。

エイブおじさんも、化学発光に魅せられて、若いころ、発光生物がもつルシフェリンという光を生み出す物質でいろいろ実験をおこなった。さらに、これを実用化して非常に明るい夜光塗料ができないかとも考えた。化学発光は、確かにまぶしいほど明るくなりえた。ただ、本質的に長持ちせず、反応物が使い尽くされると消えてしまうのが唯一の問題点だった。発光物質を(ホタルのように)つねに生産しつづけられないかぎり、はかない光にしかならないのである。化学現象では無理だというのなら、何かほかの形態で、可視光に変換できるエネルギーが必要だった。

エイブおじさんは、少年時代、レマン・ストリートにあった古い家に使われていた夜光塗料のおかげで、発光現象に興味をもった。その塗料は「バルマンの夜光塗料」といい、鍵穴やガス栓や電気器具など、暗がりのなかで探すことの多いいろいろなものに塗られていた。鍵穴おじは光る鍵穴やスイッチを見て驚き、明かりを消したあと何時間もほのかに光るのを不思議に思った。この種の燐光は、一七世紀にボローニャの靴職人が発見したらしい。彼は、小石を集めて木炭と一緒に焼成してやると、日光にさらしたあと暗闇で何時間も光ることに気づいた。この「ボローニャのリン」は、重晶石という鉱物を還元してできる硫化バリウムだった。もっと手に入れやすいのは硫化カルシウムで、カキの殻を硫黄とともに熱するとできた。これにさまざまな金属を「ドープ（添加）した」ものが「バルマンの夜光塗料」のベースになっていた（エイブおじさんによれば、そのように微量の金属を添加すると硫化カルシウムが「活性化され」、さまざまな色も加わるという話だった。不思議なことに、一〇〇パーセント純粋な硫化カルシウムは光らない）。

日光にさらしたあと暗闇で長いこと光る物質がある一方、光に照らされているあいだしか光らない物質もあった。こちらは蛍光という現象だ（その現象をよく示す蛍石という鉱物にちなんでいる）。この奇妙な発光現象は、早くも一六世紀には発見されていた。ある種の木材のアルコール溶液に光線を当てると、光が通り抜ける道筋に沿ってちらちらと光る色が現われたのだ。ニュートンは「内部反射」によるものと考えていた。私の父は、キニーネ水――トニックウォーター――が、日光のもとではほのかに青く、紫外線を当てると鮮やかな青緑色になるのをよく見せてくれた。しかし、物質が蛍光性であっても燐光性であっても（多くは両方兼ね備えている）、発光を引き起こすには青や紫の光か（あらゆる波長の光を豊富に含んだ）日光が必要で、赤い光では発光は起きなかった。むしろ一番効果的なのは見えない光で、可視スペクトルの紫を超えたところにある紫外光だった。

私は、診療所にあった父の紫外線ランプで初めて蛍光という現象を知った。古い水銀灯に金属の反射板がついたそのランプは、ほの暗い青紫色の光と、目に見えない強烈な紫外光を放ち、皮膚病の診断（一部の真菌類は紫外線が当たると蛍光を発した）やほかの病気の治療に使われていた——兄たちは肌をこんがり焼くのにも使っていたが。

この目に見えない紫外光は、かなり危険なものだった。長く当たりすぎるとひどいやけどを負うおそれがあり、飛行機の操縦士がするような特別なゴーグルを着ける必要もあった。ゴーグルは、革のフレームに特殊なガラスでできた分厚いレンズがはまっていて、大半の紫外線をカットできるようになっていた（可視光もずいぶんカットされた）。だがゴーグルを着けても、ランプを直接見てはいけない。見てしまうと、眼球の蛍光によってぼうっとした奇妙な光が視界に現われてしまうのだ。じっさい紫外光を浴びている人を眺めると、歯と目が明るい白に輝いて見える。

エイブおじさんの家は、うちから歩いてすぐのところにあった。そこは、ガイスラー管、電磁石、起電機やモーター、電池、発電機、コイル、X線管、ガイガーカウンターや蛍光スクリーン、さまざまな望遠鏡など、ありとあらゆる装置にあふれた魔法の空間で、そうした装置の多くをおじは自分の手で作っていた。とくに週末には、私を連れて屋根裏の実験室へ上がった。おじは、私が装置の扱い方を身につけたと判断するや、あとは蛍光体（蛍光物質・燐光物質を合わせてこう呼ぶことが多い）や小さな手持ちサイズのウッドランプ（同じ紫外線ランプでも、うちにあった古い水銀灯よりはるかに扱いやすかった）を自由に使わせてくれた。

エイブおじさんは、屋根裏にいくつも置いた棚にたくさんの蛍光体を保管していて、まるでパレットを手にした画家のようにそれらを混ぜ合わせた。タングステン酸カルシウムは藍色をしていて、タングステン酸マグネシウムはそれより淡い青で、イットリウムの化合物は赤い色をしていた。燐光と同じように、蛍光も「ドーピング」により、つまりさまざまな活性化剤を添加して、引き起こされることが多い。これを、エイブおじさんは主な研究テーマのひとつにした。当時は蛍光灯がようやく真価を認められだしたところで、目に優しく心地よい可視光の出せる、デリケートな蛍光体が必要になっていたからだ[3]。エイブおじさんは、各種希土類元素の酸化物——酸化ユウロピウム、酸化エルビウム、酸化テルビウム——を活性化剤として加えて生み出せる純粋で繊細な色に夢中になっていた。そして、それらの物質がほんのわずか混じっているだけで、特別な蛍光を発する鉱物があるのだ、と私に言った。

一方、完全に純粋な物質にも、蛍光を発するものがあった。とくに第二ウラン（原子価が高い状態のウラン）の塩《えん》（正しくはウラニル塩）がそうだった。ウラニル塩は、水に溶かしても溶液が蛍光を発した——一〇〇万分の一も溶けていれば十分だった。この蛍光性はガラスにも与えることができ、じっさい「カナリア・ガラス」と呼ばれたウラン・ガラスは、ヴィクトリア朝やエドワード朝時代の家に多く見られた（うちの表玄関にはまっていたステンドグラスのなかでも、とくに私が見とれたのがこれだった）。カナリア・ガラスは、黄色い光を透過するためふつうは黄色に見えるが、日光に含まれる短波長の光が当たると鮮やかなエメラルドグリーンの蛍光を発するので、光の角度によって黄色に見えたり緑に見えたりした。玄関のステンドグラスは、空襲のときに爆風で粉々になってしまった(面白みのない白いすりガラスに変わった)。それでもあの色は、懐かしむあまり強調されたのかもしれないが、いつでも異常なほど鮮やかに記憶によみがえった。エイブおじさんがその秘密を教えてくれた今となっては、なおさらだった。(4)

エイブおじさんは、夜光塗料の開発に力を注ぎ、その後、陰極線管に使う蛍光体にも熱心に取り組んだが、一番の関心事は、デイヴおじさんと同じで照明だった。実は早くから、「温かい光」と同じぐらい効率が良く、快適で扱いやすい「冷光」ができるのではないかと期待していたのだ。タングステンおじさんは白熱光のことしか頭になかったけれども、エイブおじさんにとっては、真に強力な冷光は電気でこそ作れ、エレクトロルミネセンスが鍵を握っているはずだというのは、はなから明白だった。

希薄なガスや蒸気が帯電して光る現象は、一七世紀から知られていた。そのころもう、気圧計に入っている水銀がガラスとの摩擦で帯電すると、液面上のほぼ真空の空間に広がった希薄な水銀の蒸気が美しい青の輝きを見せるのが観察されていたのである。(5)

一八五〇年代には誘導コイルが発明され、その強力な放電で、水銀蒸気の長い柱を光らせることができるようになった(さらにアレクサンドル＝エドモン・ベクレルは、放電管に蛍光物質をコートすると照明に使いやすくなるのではないかと早くも提案していた)。一九〇一年には、水銀灯が特殊な用途で実用化された。しかし、危険で、不安定で、またその光は——蛍光物質のコーティングがないと——青すぎて家の照明には使えなかった。やがて第一次世界大戦の前、放電管に蛍光物質のパウダーをコートする研究がなされたが、山のような問題に出くわして失敗に終わった。そのあいだ、水銀以外のガスや蒸気も試された。二酸化炭素は白い光を、アルゴンは青っぽい光を、ヘリウムは黄色い光を、そしてネオンはもちろん深紅の光を発した。広告用のネオンランプは、一九二〇年代にはもうロンドンに普及していた。だが、(水銀蒸気と不活性ガスの混合物を使った)蛍光管に商用化の芽が出てきたのは、一九三〇年代の後半になってからのことだ。この開発では、エイブおじさんが大きな役割を果たしていた。

　デイヴおじさんは、自分が偏狭なわけではないことを示そうとして、自分の工場に蛍光灯も一本取り付けていた。それでも、若いころガス灯と電灯の勢力争いを目の当たりにした兄弟ふたりは、ときどき白熱電球と蛍光管の長所と欠点について言い争っていた。エイブはフィラメント電球はガス・マントルの轍《てつ》を踏むだろうと言い、デイヴは蛍光灯はいつまでもでかいままで、電球の使いやすさと安さには絶対にかなわないと言った(五〇年後、蛍光灯があらゆる面で進歩を遂げた一方、フィラメント電球も相変わらず人気が高く、両者が兄弟のようにうまく共存しているのを見たら、ふたりともびっくりしたにちがいない)。

　エイブおじさんにいろいろ教わるうちに、世界はますます謎めいたものになっていった。

私は光について、ある程度のことは理解できた。光のさまざまな色は、さまざまな振動数や波長の見え方なのだった。また物体の色は、ある振動数は遮り、ほかの振動数は通すといった、光の吸収や伝播のしかたを表わしていた。黒い物質は光を全部吸収し、何も通さない。金属や鏡はその逆だった。私は、光の波頭《なみがしら》にある粒子がゴムボールのように鏡に当たり、と、たんに跳ね返るさまを想像した。

ところが、このような見方は、蛍光や燐光の現象にはまるで役に立たなかった。蛍光や燐光の場合、不可視光——「ブラック」ライト——が何かを照らし、その何かが、白や赤、緑、黄色など、光源には存在しなかった固有の振動数の光を発していたからだ。

さらに、遅延の問題もあった。光の作用は、ふつうは瞬間的なものに見えた。ところが燐光では、見たところ、太陽光のエネルギーがとらえられ、蓄えられ、別の振動数のエネルギーに変換されて、ちびちびと長い時間かけて放射されているようだった（蛍光にも同じような遅延があるが、時間はずっと短くて一秒の何分の一かにすぎない、とエイブおじさんは言った）。なぜそんなことがありうるのか、不思議でたまらなかった。

（1）エイブおじさんは、マッチの歴史についても話してくれた。最初のマッチは火をつけるのに硫酸に浸さないといけなかったが、一八三〇年代に「ルシファー」——摩擦マッチ——が登場した。このおかげで、二〇世紀になるまで黄リンの需要は非常に多かった。また、劣悪な環境のマッチ工場で働いていた女工たちの多くが「燐顎《りんがく》」という恐ろしい病気に罹り、一九〇六年になって黄リンの使用が禁止されたことも教えてくれた（その後は、はるかに安定で安全な赤リンだけが使われている）。

さらにエイブおじさんは、第一次大戦で凶悪な黄リン爆弾が使われ、そのため、毒ガスが禁止されたように黄リン爆弾についても禁止へ向けた動きがあったという話もした。ところが一九四三年、黄リン爆弾はふたたびおおっぴらに使われ、連合国側・枢軸国側の何千、何万という人が生きたまま焼かれ、およそ考えられるかぎりの苦しみにもだえて死んでいった。

（2）空気にさらしたときに光る元素は、ゆっくりと酸化するリンだけではない。ナトリウムとカリウムも、切ったばかりのときは発光する。しかし二、三分で切断面が曇って輝きを失ってしまう。私はこれを、夕方遅い時間、暗くなってきたのにまだ明かりをつけていなかった実験室で、たまたま発見した。

（3）陰極線管（一般にはいわゆるブラウン管のこと）も同じぐらい重要なものになっていて、テレビが開発されつつあった。エイブおじさんも、一九三〇年代に登場した最初のテレビを一台もっていた。それは、巨大な本体にちっぽけな円形のスクリーンがついた代物だった。なかにある管は、表面にしかるべき蛍光体が塗ってあること以外、一八七〇年代にクルックスが開発した陰極線管と大して違わない、とおじは言っていた。医療機器や電子機器に使われた陰極線管にはたいていケイ酸亜鉛が塗られていて、陰極線を当てると明るい緑の光を発した。だがテレビには、クリアな白色光を発する蛍光体が要った。さらにカラーテレビを開発することになれば、カラー写真の三種の色素のように三種の蛍光体を用意し、正しいバランスで色を混ぜてやらないといけなかった。夜光塗料に使われていたドーパント（微量の添加剤）は、これにはあまり向いていなかった。はるかに繊細で厳密な色が必要だったのである。

(4) エイブおじさんは、ほかのタイプの「冷光」も教えてくれた。たとえば、いろいろな結晶——硝酸ウラニルの結晶などだが、ただの蔗糖《しょとう》でもかまわない——を、乳棒と乳鉢で、あるいは二本の試験管のあいだで(さらには歯のあいだでもいいが)つぶすと、光を発する。この現象は摩擦ルミネセンスといい、一八世紀にはすでに知られていた。イタリアの物理学者ジャンバッティスタ・ベッカリーアはこう記録している。

暗闇で角砂糖を噛むだけで、何も知らない人々を驚かせることができる。口を開けたまま噛んでいると、たくさんの火花が見えるのだ。さらに、砂糖の純度が高いほど、その火花はますます大量になる。

結晶作用でも発光が起きた。私は、エイブおじさんに言われて、臭素酸ストロンチウムの飽和溶液を作り、暗闇でゆっくり冷ましてみた。初めは何も起きなかったが、やがてフラスコの底にギザギザの結晶ができると、小さな閃光がいくつも見えはじめたのだ。

(5) この現象は、かつて自己発光性のブイ(浮標)を作るのに巧みに利用されていたらしい。そのブイには、減圧下で水銀を封じ込めた丈夫なガラス管の輪が巻かれ、波に揺られると水銀がぐるぐる回ってガラスとこすれ、帯電するようになっていた。

19 母

──「生物への共感」と解剖の恐怖

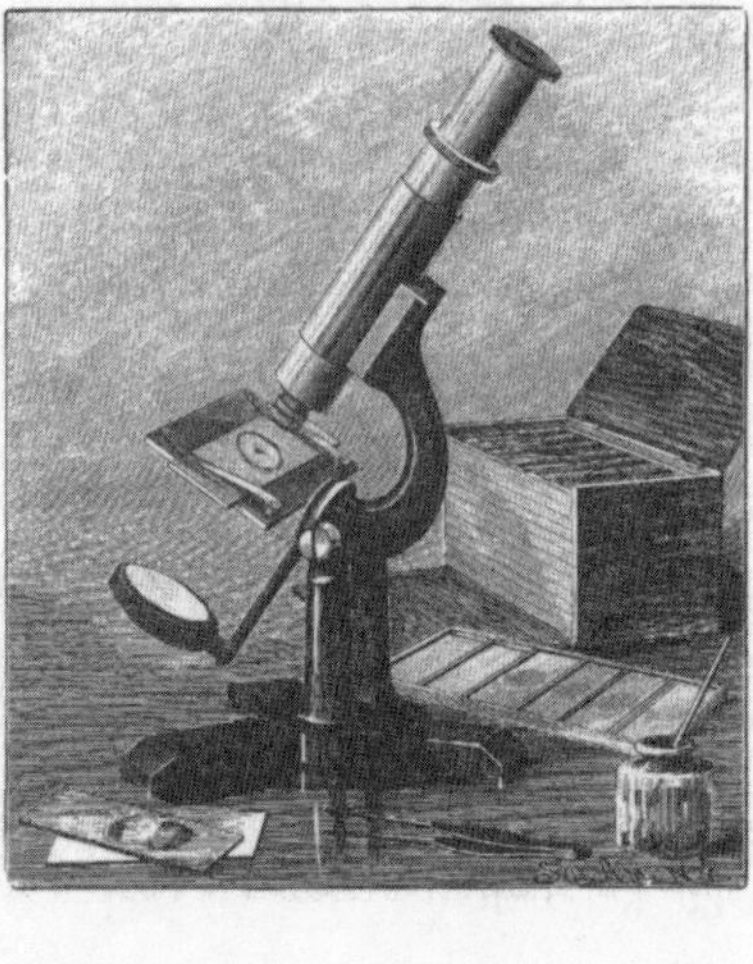

戦争が終わったあとのある夏、私はボーンマスで地元の漁師から大きなタコをせしめ、ホテルの部屋のバスタブに海水を入れて飼っていた。生きたカニをやると嘴《くちばし》のようにとがった口器《こうき》で裂いて食べたので、ずいぶん懐《なつ》いていたのだと思う。私がバスルームに入るときも、すぐに私だとわかるようで、タコはさまざまな色に体を染めて感情を表現した。わが家には犬も猫もいたけれども、私は自分だけのペットを飼ったことがなかった。初めてそれを手に入れてみると、自分のタコがどんな犬にも引けを取らないほど賢くて情が深いように感じられた。だからロンドンへ連れて帰り、巨大な水槽のなかにイソギンチャクや海藻を入れ、それを住みかにしてタコを飼いたいと思った。

そこで、水槽のことや人工的な海水の作り方を知ろうと、本を読みあさった。だが結局、そのタコをどうこうする決定権は奪われてしまった。ある日、部屋に入ったメイドがバスタブのタコを見つけてヒステリーを起こし、長い箒でつつきまくったのだ。パニックに陥ったタコは大量の墨を吐き、すぐあとに私が戻ってきたときには、自分の墨のなかででろんとなって死んでいた。悲しみに暮れた私は、ロンドンに戻ると、それを解剖して学べることは学び、ばらばらの死骸をホルマリンに漬けて何年も寝室に取っておいた。

医者の家庭で暮らし、両親や兄たちが患者や病状について話すのを聞いていた私は、彼らの話に魅了され、ときにはぎょっとさせられた。一方で、新しく仕入れた化学の言葉が、どこかでその話とかち合ってしまうこともあった。たとえば膿胸《empyema》（胸腔内に汚い膿がたまった状態を指す美しい四音節の単語）について家族が話しているのに、私には焦臭《empyreuma》という有機物を燃やしたにおいを指すもったいぶった言葉がだぶって聞こえた。そんな言葉の響きだけでなく、語源にも心を奪われた。そのころには学校でギリシャ語とラテン語を学んでいたので、いろいろな化学用語の起源や、それが現在の意味になるまでの複雑な過程を何時間も探ったのだ。

父も母も、医療の話をするのが大好きだった。話は、病状や手術の説明に始まり、そこから経過全体にまで広がった。とくに母は、自分の教え子や同僚、食事に招いた客など、周囲のだれにでもよくそんな話をした。医学は、母にとっていつでも生活の一部だったのである。ときには、牛乳配達の人や庭師が母の話を呆然として聞いているのを見かけることもあった。

うちの診療所には、大きな書棚いっぱいに医学書が詰まっていた。私はよく、好奇心と恐怖がない交ぜになった気分で、手当たり次第にそれらの本をめくっていた。何冊かは、幾度も手に取った。たとえばブランド＝サットンの『良性腫瘍と悪性腫瘍（*Tumours Innocent and Malignant*）』がそうだ。このなかの奇形腫の線描に、目が釘付けになった。胴体がつながったシャム双生児、顔がくっついたシャム双生児、双頭の子牛、耳のそばに小さな頭が付いている赤ん坊（その本によれば、小さな頭には本体の顔の表情がそっくり現われていたらしい）。そのほかにも、「毛髪胃石」（飲み込んで胃のなかにとどまった髪の毛などでできた奇妙な塊で、死につながることもあった）や、大きすぎて手押し車でないと運べなかったほどの卵巣嚢腫《らんそうのうしゅ》があり、もちろんエレファント・マン（神経線維腫症で見世物にされたイギリス人ジョン・メリックのこと）も載っていた。エレファント・マンの話は、すでに父から耳にしていた（父がロンドン病院の研修医になる少し前まで、ジョン・メリックはそこにいたのである）。同じぐらいぞっとしたのが『皮膚病カラーアトラス（*Atlas of Dermachromes*）』で、これには地球上に存在するかぎりのおぞましい皮膚疾患が載っていた。けれども、一番ためになり、一番よく読んだのは、フレンチの『鑑別診断（*Differential Diagnosis*）』だ——そのなかの小さな挿し絵にはぎょっとさせられた。ここにも恐怖が待ち受けていた。早老症の項目がとても怖かったのだ。これは急速に老化が進む病気で、一〇歳の子どもがわずか数カ月で年老いて、骨がもろくなり、頭が禿げ、かぎ鼻でかん高い声の人間になってしまうこともある。そうした子は、しわだらけで猿に似たガグール——『ソロモン王の洞窟』に登場する三〇〇歳の魔女——や、（『ガリヴァー旅行記』に出てくる）ラグナグ国の痴呆の住民ストラルドブラグみたいによぼよぼに見えた。

ロンドンへ戻り、おじたちの「見習い」をしている（ときどき自分でそう思っていた）うちに、ブレイフィールドで味わった恐怖の多くは悪い夢のように去ったが、不合理な恐怖の残滓はなお胸にこびりついていた。何か特別にひどいことが自分に運命づけられていて、いつなんどきその運命が降りかかるかわからないという不安感があったのだ。

私はけっこう危険な化学実験もしたが、ある意味で、そんな恐怖をいなす手段としてあえて挑んでいたのではないかと思う。十分に注意し用心すれば、この危険に満ちた世界をコントロールする術《すべ》を身につけ、生き抜く手だてを見つけられる——そう自分を納得させようとしていたのかもしれない。事実、注意を怠らなかったこと（と運に恵まれていたこと）によって、私は大した怪我もせず、実験をうまくコントロールできているという気分を味わっていられた。ところが、一般に生命や健康に対してはそのような安全は保証できなかったので、さまざまな不安や恐怖に襲われた。たとえば馬を恐れ（当時、牛乳配達はまだ馬に荷車を引かせていた）、その大きな歯でかみつかれるのではないかと気が気でなかった。道路を渡るのも怖く、とくに飼い犬のグレタがバイクにはねられて死んでからはそうだった。ほかの子どもたちにも——少なくとも私をからかって遊ぶ子たちには——警戒心を覚え、道路の敷石のすき間に足を乗せるときでさえびくびくした。そして何よりも、病気や死ぬことが恐ろしかった。

両親の医学書は、こうした不安をふくらませ、私を心気症（実際には病気でないのに心配しすぎて重病に罹っていると思い込んでいる状態）気味にさせた。一二歳ぐらいのころ、私は原因不明の、しかしほとんど生命の危険はない皮膚疾患に罹った。肘や膝の裏側から漿液《しょうえき》が滲み出て服にしみができ、裸の自分の姿はとても人に見せられなかった。私は怯えながらこう思った。自分は、前に本で読んだ皮膚病か奇形腫を患ってしまうのだろうか？　それとも、あの口にするのも恐ろしい早老症になる運命が待ちかまえているのか？

私は、モリソン・テーブルという大きな鉄のテーブルが気に入っていた。それは、うちのブレックファスト・ルームに鎮座し、空爆で家がつぶれても全重量を支えられるぐらい頑丈に思われていた。この手のテーブルのおかげで、本当なら家の瓦礫《がれき》の下敷きになって押しつぶされていたはずの人が命拾いをしたという話がたくさんあったからだ。空襲のときには、家族みんながこのテーブルの下に隠れた。このように自分たちの身を守るシェルターという見方をするようになると、そのテーブルはほとんど人格をもった存在に思えてきた。私たちを守り、私たちをいたわってくれるのだ、と。

そこは居心地がよく、まるで家のなかに建てた小さなコテージのようだった。一〇歳でセント・ローレンス・カレッジからわが家へ戻ってきたとき、空襲がなくてもときどきそのテーブルにもぐり込み、じっと座ったり横になったりしていた。

両親は、当時私が精神的にデリケートな状態だったのを知っていたので、テーブルにもぐり込んで引きこもっていても何も言わなかった。ところがある晩、父と母は、テーブルの下から出てきた息子の頭に円形の禿《はげ》ができているのに気づいて、ぎょっとした——その瞬間、

白癬《はくせん》ではないかと思ったのだ。母は私の頭を丹念に調べてから、何やら父にささやいた。ふ

たりとも、白癬がこんなに突然できるなんて話は聞いたことがなかった。私は黙って何も知らない様子を装い、手にしていたマーカスの剃刀《かみそり》を隠した。翌日、両親に連れられてミュンデ先生という皮膚科医のもとへ行った。ミュンデ先生は、射るような目で私を見て——きっと心を見透かしていたにちがいない——禿げたあたりの髪の標本を採取し、顕微鏡で覗くと、ものの一秒で「自傷性皮膚炎」と診断した。つまり、自分で髪をなくしたというわけだった。先生にそう言われて、私は真っ赤になった。その後、なぜ頭を剃ったのか、なぜ嘘をついたのかと聞かれはしなかった。

母はひどく内気な女性で、社交の場が苦手だったから、無理に引きずり出されても黙りこくったりひとりで物思いにふけったりしていた。ところが、母には別の一面もあった。自分の教え子たちと気楽にしていられるときには、あけっぴろげで、元気にあふれ、演技の派手な役者になったのだ。そのころからだいぶあとに、私がフェイバー社の編集者に最初の本をもち込んだとき、彼女は「前にお会いしましたよね」と言った。

「ええと、どうも思い出せないのですが……」まごつきながら私は答えた。「お顔に見覚えがなくて」

「そうでしょう」と編集者は言った。「ずいぶん昔、私があなたのお母様の生徒だったころの話ですもの。その日、お母様は授乳の講義をなさっていたんです。でも二、三分で講義を中断してこうおっしゃいました。『授乳は別に難しいことでも恥ずかしいことでもありません』そうして屈《かが》み込んで、教卓の下に隠してあった寝ている赤ん坊を抱き上げると、生徒たちの前でお乳を飲ませたんですよ。あれは一九三三年の九月で、あなたはまだ生まれたての赤ちゃんでいらっしゃいましたね」

私も母と同じように、内気で、社交の場が苦手で、それでいて大勢の聞き手の前では大胆で元気いっぱいになるところがある。

母には、さらにもうひとつの面があった。仕事に完全に没頭するという、奥深い一面だ。手術をしているときの集中力といったら、まさに申し分なかった（たまに冗談を言ったり、助手のだれかにやり方を教えたりして、厳《おごそ》かな沈黙を破ることはあったにしても）。母は、構造や組織に強い関心をもっていた。人間の体であれ、植物であれ、科学機器であれ、とにかくものの成り立ちに惹かれていた。学生のころに買った古いツァイスの顕微鏡をまだもっていて、しょっちゅう磨いては油を差し、つねに完璧な状態を保っていた。そしていまでも標本の切片をつくり、硬化させ、固定して、さまざまな染料で染めていた――これは、薄切りにした組織を見やすく安定なものにする複雑なテクニックだ。そのようにして作ったプレパラートで、母は組織学の驚異へと私をいざない、健康な細胞や病気の細胞を――ヘマトキシリンやエオシンで鮮やかに染めたり、オスミウムで黒い影をつけたりして――いろいろ教えてくれた。おかげで私は、その標本の背景となる病気や手術のことに必要以上に悩まされずに、プレパラートの抽象的な美しさを愛《め》でることができた。プレパラートの作成に使う、においのある樹脂や液体も大好きだった。今でも、丁子油やセダー油、カナダバルサム、キシレンのにおいを嗅ぐと、顕微鏡にかじりついていた母のことを思い出す。

両親は、どちらも患者の苦しみをよく理解していたが（わが子の苦しみ以上にわかっていたのではないかと思えることもあったぐらいだ）、ふたりの方向性や視点は根本的に違っていた。父は、暇な時間ができれば必ず書斎で本を読んでいた。たいていは聖書の注釈本だったが、ときには好きだった第一次大戦当時の詩人たちの本にも手を出した。人間やその行動、神話や社会、言語や宗教が、父の関心のすべてだった。母と違って、人間以外のもの、すなわち「自然」には、ほとんど関心がなかったのだ。思うに、父が医学に惹かれたのは、医療が人間社会で中心的な位置を占めているからで、父は自分が本質的に社会的・伝統的な役目を負っていると思っていたのではなかろうか。一方、母が医学に惹かれたのは、博物学と生物学の一部に思えたからのようだった。母は、人間の組織や生理機能を見る際に、ほかの霊長類や脊椎動物で、似たものや前段階のものについて考えずにはいられなかった。そのために、人への気遣いや思いやりを失ったわけではない。ただ、いつでも生物学や科学全般といった大きな枠組みのなかに人を位置づけたのである。

母の構造への愛着ぶりは、あらゆる方面で発揮された。うちにあった大きな古時計は、文字盤や内部のからくりが複雑で、こわれやすくてしじゅう面倒を見ていなければならなかった。母はその仕事を全部ひとりでやっていて、そのうちにまるで時計職人のようになっていた。家にあるほかのものについても同様で、配管工事もお手のものだった。わけても好きだったのが蛇口の漏れやトイレの修理で、たいていは配管工に頼まずに済んだ。

けれども、母が一番幸せそうなのは、庭にいるときだった。そこでは、母のもつ、組織やからくりへの愛着と、美的感覚と、優しさとがひとつに結びついた。植物は、結局のところ生き物であり、時計や貯水タンクよりはるかに驚異に満ち、それでいて世話を必要とする存在だったのである。私はずいぶんあと、「生物への共感」というフレーズ――遺伝学者バーバラ・マクリントックがよく使った――を耳にしたとき、まさに母のことを表わしているのに気づいた。生物への共感は、母の園芸の才から手術の巧みさまで、すべてを支える土台となっていた。

うちの庭も、エクセター・ロードの両脇に並ぶプラタナスの大木も、五月にはふんだんに香りを振りまくライラックも、さらにはレンガの壁を縦横無尽に這いまわる蔓《つる》バラも、母は大好きだった。暇さえあれば庭いじりをし、とくに自分で植えた果樹――マルメロと洋ナシの木が一本ずつ、野生リンゴの木が二本、それにクルミの木が一本あった――に愛着を感じていた。シダも大好きで、「花」壇はほとんどシダで埋め尽くされていた。応接間の奥にあった温室は、私のお気に入りの場所のひとつだった。戦前、そこに母はとりわけ寒さに弱い植物を植えていた。温室は戦時中もどうにか破壊を免れ、私自身、植物への関心が芽生えると、母と一緒にそこを使うようになった。一九四六年には、タカワラビという羊毛のような木生シダを育ててみた。厚紙みたいに硬い葉をしたフロリダソテツも植えた。どちらも忘れがたい思い出だ。

甥のジョナサンが生まれてまだ数カ月だったころ、ラウンジに「J・サックス」と記されたレントゲン写真の束が置いてあるのを見つけた。興味をもった私は、ぱらぱらめくってみたが、すぐに面食らい、続いて恐怖に襲われた。ジョナサンはハンサムな赤ん坊で、そのレントゲン写真がなければ、おぞましい奇形児だとはとうてい思えなかった。だがその写真では、骨盤も、短い脚も、ほとんど人間らしく見えなかった。

私は写真をもって母のところへ行き、悲しげに首を振った。「ジョナサン、かわいそうだね……」

母は怪訝そうな顔をした。「ジョナサン？　ジョナサンなら元気よ」

「でもレントゲン写真が……」私は言った。「ジョナサンのを見ちゃったんだ」

母はぽかんとした顔をし、それから大笑いしだした。笑いすぎで、涙が頬を伝っていた。ようやく落ち着くと、母は、「J」はジョナサンのことではなく、家族の別の一員イゼベル(Jezebel)のことだ、と説明した。イゼベルはわが家で新しく飼いだしたボクサー犬で、血尿が出たため、母が病院へ連れて行って腎臓のレントゲン写真を撮ったのだ。私がグロテスクに変形した人間の骨格だと思ったものは、実はまったく正常な犬の骨格だったのである。よくもまあそこまでとんでもない間違いをしたものだ。少しでも知識があれば、少しでも常識があれば、そんなことは明々白々なはずだった。解剖学の教授だった母は、信じられないといった面持ちで首を振った。

母は、一九三〇年代に一般外科から産婦人科に専門を変えた。そして、難しい分娩——横位や骨盤位——を成功させることになにより情熱を注いだ。だが、ときどき奇形の胎児を持って帰ってきた。脳のない平らな頭のてっぺんに目が突き出ている無脳症の胎児や、脊髄と脳幹が露出した脊椎披裂《ひれつ》の胎児などだ。そうした奇形児は死産の場合もあったが、生まれたとき母と婦長が静かに溺死させた（「子猫みたいに」と母は言った）場合もあった。たとえ生きつづけても、意識や心をもつことはない、と考えたからだ。私に解剖と医学を教えたいと思った母は、そのような胎児を何体か解剖してみせ、まだ一一歳の私に自分でもやってみなさいと言った。おそらく母は、私がつらい気持ちでいることに気づかず、きっと自分と同じように興味津々だと思っていたのだろう。私は、ミミズやカエル、それにあのタコについては、自然と自分で解剖する気になったが、人間の胎児の解剖は嫌でたまらなかった。母はよく、私が赤ん坊のころ頭蓋の成長に不安を感じていたという話をしてくれた。泉門《せんもん》という出生時にまだ骨化していない部分が塞がるのが早かったので、小頭性白痴（白痴は重度の精神遅滞を表わす古典的用語で、現在は差別的な意味合いがあることから使われていない）になりはしないかと心配したのである。そんなわけで私は、そうした胎児を見て、自分もこうなる運命だったのかもしれないと思った。だから自分と切り離して考えられず、いっそう恐ろしさが増したのだ。

私は、ほとんど生まれたときから当然医者になるものと思われていたが（しかも母は外科医になるのを望んでいた）、このような早すぎた体験のせいで医学が苦手になり、感情をもたない植物、いや、さらには鉱物・結晶・元素へと逃げたくなった。これらは、病気や苦痛とは無縁の不死の世界に存在していたからだ。

私が一四歳のとき、母はそろそろ人体解剖の手ほどきをしようと考え、王室施療病院の解剖学教授を務めていた同僚の女性に協力を求めた。G教授は快く応じ、私を解剖室へ連れて行った。部屋には長い台がいくつか置かれ、それぞれに（解剖しないあいだに露出した組織が干からびないよう）黄色い油布にくるまれた死体が乗っていた。このとき初めて解剖用の死体を目にしたのだが、どれも奇妙に縮んで小さくなって見えた。あたりには死んだ組織と防腐剤の強烈なにおいが漂い、部屋に入るなり気絶しそうになった――視界に黒い斑点《はんてん》が現われ、突然吐き気に襲われたのだ。G教授は、私のために死体を選んでおいたと言った。それは一四歳の少女の死体で、一部はもう解剖されていたが、まだ手のつけられていない、きれいな脚が残っていた。ふと、この少女がだれで、どうして亡くなり、なぜ解剖される羽目になったのか、訊きたいと思った。だがG教授は何も少女については語らず、そのことに私はある意味でほっとした――実は知るのも怖かったからだ。これは、ただの解剖用の死体と考えないといけなかった。神経と筋肉、組織と器官からなる名もない「モノ」で、ミミズやカエルのように、有機的な機構の成り立ちを知るために解剖する対象と見なす必要があった。台の上には、解剖の手引きとしてカニンガムの『マニュアル』が置いてあった。その本は医学生たちが解剖の実習で使っていて、どのページも人間の脂肪でべとついて黄色くなっていた。

前の週に、母がカニンガムの『マニュアル』を買ってくれていたので、私もある程度の知識はあった。けれども、それは最初の解剖をするという実体験の心構えとは別の問題だった。G教授は、大きく腿を切開し、脂肪をかき分けて下の筋膜を露出させることからやらせた。彼女はいろいろ助言をしたあとで、私の手にメスを押しつけた。そして、三〇分したら様子を見に戻ってくるわ、と言った。

脚の解剖には一カ月かかった。とりわけ難しかったのは、小さい筋肉と細い腱がたくさんある（くるぶしから下の）足部と、非常に複雑な構造をした膝《しつ》関節だ。ときには、すべての組織が見事に組み合わさっていると実感でき、母が手術や解剖で感じているような、知的で審美的な興奮が味わえることもあった。母自身は、医学生だったころ、有名な比較解剖学者フレデリック・ウッド゠ジョーンズの手ほどきを受けていた。そして彼の書いた本――『ヒトは樹上生活をしていた（*Arboreal Man*）』、『手（*The Hand*）』、『足（*The Foot*）』――が大好きで、贈られたそれらの本をとても大事にしていた。私が足のことが「わからない」と言うと、母はびっくりしていた。「アーチみたいなものよ」そう言って、母は足の絵を描きはじめた。まるでエンジニアが描いたみたいにいろいろな角度から見た絵で、足が安定性としなやかさを併せもち、歩行に適したように見事にデザインされて進化した（それでいて元来の物をつかむ機能もはっきり残っていた）ことをわからせてくれた。

私には、母のように物事をうまく視覚化する能力はなく、機械的・工学的なセンスもなかったが、母が足について語り、トカゲや鳥、馬、ライオン、いろいろな霊長類の足を次々と描いてみせる様子は、魅力に満ちていた。それでも、そんな身体の構造を知る楽しみも、解剖への恐怖心がおおかた奪ってしまったし、私は解剖室での感覚を、外の生活にも引きずってしまった。自分と同い年の少女のホルマリンくさい死体に接し、そのにおいを嗅ぎながら切開したあと、ぬくもりのある生身の体を愛せるのか不安になったのである。

20　突き抜ける放射線
——見えない光で物を見る

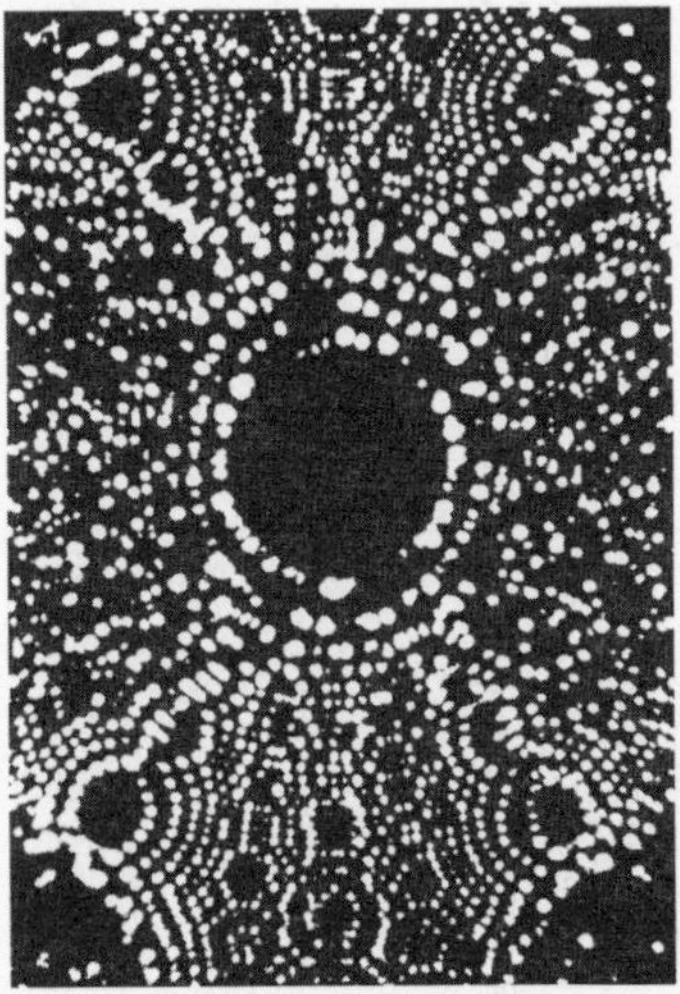

エイブおじさんの家の屋根裏で、私は初めて陰極線というものを知った。おじは、高性能の真空ポンプと誘導コイルをもっていた。コイルは、長さ六〇センチの筒に何キロメートルにもおよぶ銅線を密に巻いたもので、マホガニーの台座に乗っていた。コイルの上には大きな真鍮の可動式電極が二本あって、コイルのスイッチが入ると電極のすき間にものすごい火花が飛んだ。それは小さな稲妻と言ってもよく、フランケンシュタイン博士の実験室を彷彿とさせた。エイブおじさんは、火花が飛ばなくなるまで電極を離してみせ、それから長さが九〇センチもある真空管に両方の電極をつないだ。こうして電圧をかけた管のなかの気圧を下げていくと、不思議な現象が次々と起きた。初めは、チカチカ瞬く光とともに、小さなオーロラにも似たたくさんの赤い筋が見え、やがて、明るい光の柱が管全体に満ちた。さらに気圧を下げると、柱が分断され、いくつもの光の円盤が真っ暗な空間をはさんで並んだ状態になった。最後に、気圧が大気圧の一万分の一にまでなると、管内は再び真っ暗になるが、今度は管の端が明るい蛍光を発しだした。今この管は陰極線で満たされているんだ、とおじは言った。その正体は、光の一〇分の一の速さで陰極から放射されている微粒子で、エネルギーがとても強いから、お椀形をした陰極で集約すれば白金の箔までも赤熱させられるという話だった。私はこの陰極線がちょっと怖いと思った(幼いとき、診療室の紫外線を怖がったように)。というのも、強力なのに目に見えないからで、暗い屋根裏で管から漏れ出て、見えないまま浴びてしまったらどうなるかと心配だったのだ。

陰極線は、ふつうの空気のなかでは五、六センチしか進めない。エイブおじさんはそのことを教えて私を安心させた。一方、これとは違い、はるかによく突き抜ける放射線もあった。ヴィルヘルム・レントゲンが、一八九五年、陰極線管で実験をしているさなかに見つけたものだ。レントゲンは、管を黒い厚紙で覆って陰極線が漏れないようにした。それなのに、管内で放電を起こすたびに、蛍光物質を塗ったスクリーンが明るく光るのでびっくりした。しかもそのスクリーンは、部屋の端から真ん中ぐらいまで離れていても、光ったのである。レントゲンは、すぐにほかの研究を取りやめ、このまったく思いも寄らぬ、ほとんど信じられない現象の調査に乗り出した。まずは実験を何度も繰り返し、現象が本物であることを確かめた(レントゲンは妻に、十分に確かな証拠がないまま公表すれば、「レントゲンは気が狂った」と言われるのが落ちだ、と語っている)。その後六週間にわたって、この異常によく物を突き抜ける放射線の性質を調べた彼は、可視光線と違って、屈折も回折も起こさないように見えることを明らかにした。そして、さまざまな固体で透過力をテストした結果、一般的な材料ならたいていある程度は透過して、蛍光スクリーンを光らせることを見出した。さらにレントゲンは、自分の手を蛍光スクリーンの前にかざし、骨のシルエットがぼんやり見えるのに気づいて仰天した。同じように、木箱に入った金属の分銅《ふんどう》も透けて見えた。木や肉は、金属や骨よりもその放射線を通したのである。また写真乾板も感光させたので、最初の論文で彼は、この「X線」と呼んだもので撮った写真を公表した。そのなかには妻の手を撮った放射線写真もあり、骨だけの指に結婚指輪がはまって写っていた。

一八九六年一月一日、レントゲンは自分の得た知見と最初の放射線写真をマイナーな学術誌に公表した。すると何日も経たないうちに、世界じゅうの著名な新聞がその話を取り上げた。内気なレントゲンは、自分の発見に対する世間のセンセーショナルな反応にぎょっとして、最初の論文と同じ月に口頭発表をおこなったあとは、X線について二度と論じず、一八九六年以前に没頭していたさまざまな研究テーマにまた静かに取り組みだした(一九〇一年にX線発見の功績によりノーベル物理学賞を受賞したときも、受賞記念のスピーチを丁重に断わっている)。

しかし、すぐにこの新しいテクノロジーの有用性が明らかになり、医療用のX線装置が世界じゅうに広まった。骨折を探知したり、異物や胆石などを見つけたりするのに有効だったのである。一八九六年の終わりごろまでに、X線にかんする科学論文はなんと一〇〇〇報以上も登場していた。それどころか、レントゲンの発見した放射線は、医学界や科学界に大きな反響をもたらしたばかりか、いろいろな意味で大衆の興味をかきたてた。たとえば、生後九週間の赤ん坊のレントゲン写真を、一ドルか二ドルで買う人もいた。そうした写真には、「骨格や、骨形成の段階、肝臓や胃や心臓などの位置が、見事なほどはっきり現われて」いたのである。

X線には、人々のなにより個人的で秘密の部分をも突き抜ける力があるのではないか、とも考えられた。統合失調症の患者は、X線で自分の心が読まれたり影響されたりするかもしれないと考えた。あるいはまた、何ひとつ安全なものなどないと思う人たちもいた。「これでだれでも他人の骨を肉眼でのぞくことができる」とある論説はまくし立てている。「二〇センチの木材を通してでも。この不快きわまりない猥褻《わいせつ》さについては、いちいち論じるまでもない」そこで、この何でも見通せる放射線から人々の恥ずかしい部分を守るために、鉛を裏打ちした下着が売り出された。《写真術（*Photography*）》という雑誌に載った短い詩は、最後にこう書かれていた。

ケープやガウン　それにコルセットさえ
あれを使えば　見透かせるらしい
みだらな　みだらな　レントゲン線で

義理のおじのイッツハクは、インフルエンザの大流行のさなかに父と診療所で働いていたが、第一次世界大戦が終わってまもなく、放射線医学に惹きつけられた。父の話では、イッツハクは X線によって驚異的な診断能力を手に入れ、どんな病気であれ、ほんのわずかな徴候を即座に見つけられたらしい。

何度か彼の診察室を訪ねたことがあった。そんなときイッハクおじさんは、そこにある装置やその使い方を教えてくれた。イッハクの機械では、X線管はもうむき出しになっていなかった。初期の機械ではむき出しだったけれども、今ではもっこりして先のとがった黒い金属の箱に収まっていたのだ――それは巨大な鳥の頭のように、危険で獰猛《どうもう》に見えた。おじさんは、私を暗室へ連れて行って、撮ったばかりのレントゲン写真を現像するところを見せてくれた。美しい、すべてを透過しそうな赤い光のなかで、大きなフィルムに大腿骨の輪郭がぼんやり浮かび上がってくるのが見えた。イッハクは、灰色の線にしか見えない小さなひび割れの骨折がそこにあるのを目ざとく指摘した。

「X線検査器は見たことがあるだろう」イッハクおじさんは言った。「靴屋にある、肉を透かして骨の動きが見えるやつだ。(1)特殊な造影剤を使えば、体内のほかの組織だって見ることができる。すごいことじゃないか!」

それを見てみたくはないかとイッハクおじさんは尋ねた。「機械工のシュピーゲルさんは覚えているかい? おまえのお父さんはシュピーゲルさんが胃潰瘍なんじゃないかと疑っておられる。それで確かめてくれと連れていらしたんだ。これからシュピーゲルさんがバリウム『粥』を飲むところだよ」

「硫酸バリウムを使うのは」どろりとした白いペーストを混ぜながら、おじさんは言った。

「バリウムイオンが重たくて、X線をほとんど通さないからなんだ」その説明に私は興味を引かれ、なぜもっと重たいイオンは使わないのだろうかと思った。鉛や水銀やタリウムの「粥」だってありうるだろう。どれも非常に重たいイオンが含まれている。だが、もちろんこれらの粥は命に差し障りがあった。また、金や白金の粥があったらさぞ楽しかろうが、こちらはあまりに高価だった。「タングステンの粥にしたらどうなの？」と私は提案した。「タングステンの原子はバリウムより重たいし、タングステンなら有毒でも高価でもないよ」

検査室に入ると、おじさんは私をシュピーゲルさんに紹介した（シュピーゲルさんは、いつか日曜の朝の往診に私が父についてきたのを覚えていた）。「この子はサックス先生の末っ子で、オリヴァーといいます。オリヴァーは科学者になりたがっているんですよ！」おじさんはシュピーゲルさんをX線装置と蛍光スクリーンのあいだに立たせ、バリウム粥を飲むように言った。シュピーゲルさんはペーストをさじですくっては口に含み、顔をしかめながら飲み込んだ。私たちはその様子をスクリーンで見ていた。バリウムが喉を伝って食道に入ると、食道はだんだんバリウムで満たされ、ゆっくり蠕動《ぜんどう》しながらバリウムをひとかたまりずつ胃に送り込んだ。背景に、かすかに幻影のような像も見えた。肺が呼吸のたびに拡張と収縮を繰り返している様子だった。なにより不気味だったのは、袋のようなものが脈動していたことだ。おじさんはそれを指して「心臓だ」と言った。

たまに、ふつうは感知できないものが感じ取れたらどんなだろうと考えることがあった。

母から、コウモリが超音波を使うことや、昆虫に紫外線が見えることや、ガラガラヘビが赤外線を感知できることも教わっていた。しかし今、シュピーゲルさんの内臓がX線の「目」で露わになったのを見て、自分にX線が見えなくてよかったと思った。生まれつき見える波長が限られていて、ほっとしたのである。

ディヴおじさんと同じように、イッハクおじさんも、自分が取り組んでいるテーマの土台をなす理論と歴史的な進展に関心が深かった。そしてまた、イッハクも小さな「博物館」をもっていた。彼の場合、コレクションはX線管と陰極線管で、一八九〇年代に使われていた壊れやすい三つ叉のものからあった。初期の管は放射の散乱を防いでいなかったし、放射線の危険性さえも当初は十分に認識されていなかった、とおじさんは言った。それでいて、実はX線の危険性は早くから明らかになっていたらしい。発見されて何カ月かのうちに、皮膚のやけどが報告されており、消毒殺菌法を発明したリスター卿[2]は、早くも一八九六年に警告を発していた。だが、それに耳を傾ける者はいなかったのである。

X線が大量のエネルギーをもち、それを吸収した場所で熱が発生するということも、当初からわかっていた。しかしX線は、透過性が高いといっても、空気中をあまり遠くまでは到達できない。これと反対に無線で使う電波は、きちんと発射すれば、英仏海峡を光の速度で飛び越えられた。電波もエネルギーをもっていた。こうしたいわば可視光の親類は、摩訶不思議でときに危険ですらあったが、それがH・G・ウエルズに、忌まわしい熱線を思いつかせたのかもしれない。レントゲンの発見のわずか二年後に出版された『宇宙戦争』で、火星人が使っていたあの熱線である。ウエルズは、火星人の熱線について、「幻のような光のビーム」、「目には見えないが、猛烈な熱をもった指」、「目に見えない、そして避けられない、熱の剣《つるぎ》」と書いている。この熱線がパラボラ鏡で投射されると、鉄はぐにゃぐにゃになり、ガラスは溶け、鉛も溶けて水のように流れ、水はとたんに爆発して蒸気になった。さらにウエルズは、熱線が田園地帯を走り抜ける様子を、「光が通過するように速い」とも表現している。

X線が人々の関心を呼び、数え切れないほどの実用的な用途と、ひょっとしたら同じぐらい多くの妄想とを生み出した一方、アンリ・ベクレルの心にまったく違う考えも起こさせた。ベクレルはすでに光学の多くの研究分野で名を上げており、家族は六〇年も前から代々ルミネセンス（冷光）に熱烈な関心を寄せていた。(3) 彼は、一八九六年の初頭に、レントゲンによるX線発見の報を耳にすると、X線が陰極そのものからではなく、陰極線が当たって蛍光を発する真空管の反対側の場所から出ていることを知って、興味をそそられた。そして、目に見えないX線は、目に見える冷光に付随する特別な形態のエネルギーなのではないか――それどころか、すべての冷光とともにX線が放射されているのかもしれない――と思ったのである。

何よりも明るい蛍光を発する物質といえば第二ウランの塩《えん》だったので、ベクレルは、硫酸ウラニルカリウムの試料を数時間日光にさらしてから、黒い紙で包んだ写真乾板の上に置いた。すると乾板は——X線を当てたときのように——紙を通して感光し、コインの「放射線写真」までも容易に得られることがわかった。ベクレルはすっかり興奮した。

そのあとも実験を繰り返したかったが、（いかにも真冬のパリらしく曇った日が続いたため）しばらくウランの塩《えん》を日光にさらせなかった。黒い紙で包んだ乾板に乗せ、あいだに小さな十字形の銅をはさんだまま、一週間も引き出しにしまっておいたのである。ところが、どういうわけか——たまたまやったのか、何か予感があったのかわからないが——ベクレルはその写真乾板を現像してみた。乾板は、ウランを日光にさらしたときのように、いやもっと色濃く感光し、十字形をした銅のシルエットがはっきり浮かび上がっていた。

ベクレルは、レントゲンが見つけた放射線よりもはるかに不思議なパワーを発見したのだった。そのパワーは第二ウランの塩《えん》が発する透過性の強い放射であり、写真乾板を感光させ、光やX線などといった外部のエネルギー源にさらさないでも生じるようだった。ベクレルはその発見に——レントゲンがX線を発見したときのように——「呆然とした」とのちに息子は記している。それでもベクレルは、やはりレントゲンと同じように、その「あり得ないこと」を詳しく調査した。すると、第二ウランの塩《えん》を二カ月間引き出しにしまっておいてもなお放射線のパワーは衰えず、写真乾板を黒くするばかりか、空気をイオン化して電気を通しやすくし、近くの帯電体から電荷を奪い取ってしまうことがわかった。これにより、検電器を使ってベクレルの放射線の強度を測るという、非常に感度の高い測定手段も生み出された。

さらにほかの物質を調べるうちに、第二ウランの塩《えん》だけでなく、蛍光も燐光も発しない第一ウラン（第二ウランよりも原子価が低い状態のウラン）の塩《えん》にまで、このパワーがあることがわかった。一方で、硫化バリウムや硫化亜鉛など、蛍光や燐光を発する物質なのに、そうしたパワーがないものもあった。つまり、ベクレルが「ウラン線」と名づけた放射線は、蛍光や燐光そのものとは無関係で、ウラン元素と大いに関係していたのである。この放射線は、X線と同じように、不透明な物質を突き抜けるおそるべきパワーをもちながら、X線とは違い、どうやら自然に発光しているようだった。いったい正体は何なのか？ また、ウランが何カ月もそれを放射しつづけ、放射が見たところ弱まりもしないのはどうしてなのだろう？

エイブおじさんは、ベクレルの発見を自分の実験室で再現してみろと言って、酸化ウランを豊富に含んだピッチブレンド（閃ウラン鉱）をくれた。その重たい塊を、私は鉛箔に包み、肩掛けカバンに入れて持って帰った。ピッチブレンドは真ん中ですっぱり切り分けられていて、石の組織がわかるようになっていた。私はその切断面を下にしてフィルムに乗せた――イッハクおじさんにねだってX線フィルムをもらい、黒い紙に包んでおいたのだ。そうして三日間、紙で覆ったフィルムにピッチブレンドを乗せっぱなしにしてから、イッハクのところへフィルムを現像しに行った。おじさんが目の前で現像してみせたとき、私は飛び上がらんばかりに喜んだ。その鉱物がもつ放射能の輝きが見て取れたからだ。フィルムがなかったら、そこに放射やエネルギーが存在するとはとうてい思えなかった。

私は別の意味でも興奮した。当時写真が趣味になっていて、それが初めて見えない光線で撮った写真だったからだ！ トリウムも放射能をもっている、と前に本で読んだことがあった。照明器具のガス・マントルで、網状のマントルにこれが含まれていると知っていた私は、家にあったトリア（酸化トリウム）のしみ込んだマントルをはがすと、別のX線フィルムの上に丁寧に広げた。今度はもっと長く待たないといけなかったが、二週間後、見事な「放射能写真」ができた。トリウムの放射線で、マントルの細かい生地の模様が浮かび上がったのである。

ウランは、一七八〇年代から知られていたが、その放射能が発見されたのは一世紀以上もあとだった。放射能は、ひょっとしたら一八世紀に見つかっていたかもしれない。だれかがたまたまピッチブレンドを、帯電したライデンびんや検電器のそばに置いていたならば。あるいは、一九世紀の半ばに見つかっていた可能性もある。ピッチブレンドか、何かほかのウランの鉱石や塩《えん》を、写真乾板の近くに偶然置いていたならば（事実この出来事は、たまたまある化学者の身に起きていた。だが彼は、何が起きたか気づかないまま、「不良品」じゃないかと怒って記したメモを付け、乾板を作り主に送り返していた）。とはいえ、かりに放射能がもっと早くに見つかっていたとしても、珍奇で異常な「自然の気まぐれ」と見られただけで、途方もない重要性に気づく人はいなかったのではなかろうか。その発見は、意味が理解できるだけの背景知識がまだ整っていなかったという意味で、時期尚早だったにちがいない。一八九六年についに放射能が発見されたときも、当初はまったくと言っていいほど反応がなかった。このころになってもなお、重要性はほとんど理解されなかったのである。そのため、レントゲンによるX線の発見がすぐに大衆の心をつかんだのとは反対に、ベクレルによる「ウラン線」の発見はほとんど無視されてしまった。

（1）私が子どものころは、どこの靴屋にもX線透視装置が置いてあって、足の骨が新しい靴にうまくフィットしているか確かめることができた。この装置が私は大好きだった。足の指を動かすと、ほとんど透明な肉の覆いのなかで、たくさんの骨が一斉に動くのが見えたからだ。

（2）歯科医はとくに危険が大きかった。彼らは、患者の口のなかで小さなX線フィルムを何分も手で固定していた。当時の乳剤は感光に時間がかかったのである。こうして多くの歯科医が、手にX線を浴びつづけて指を失った。

（3）アンリ・ベクレルの祖父アントワーヌ・セザール・ベクレルは、一八三〇年代に燐光の体系的研究に乗り出し、最初の燐光スペクトルの写真を公表した。アントワーヌの息子アレクサンドル＝エドモンは、父の研究を手伝いながら、「燐光計」を発明した。この燐光計で、わずか一〇〇〇分の一秒しか光らない燐光も計測できるようになった。一八六七年に刊行された彼の著書『光（*Lumière*）』は、燐光と蛍光について初めて総合的に論じられた本だった（その後五〇年間そんな本は出ていない）。

21　キュリー夫人の元素
——ラジウムのエネルギーはどこから来るのか

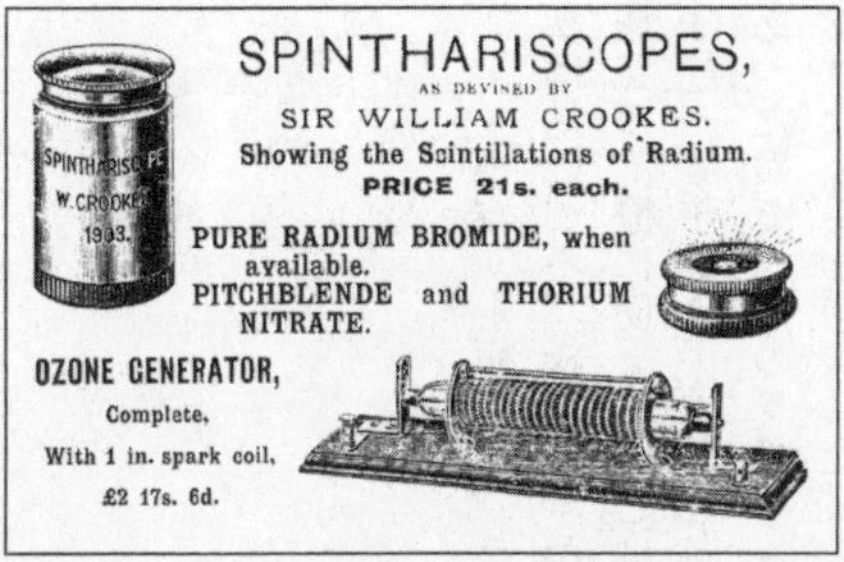

母はいろいろな病院で働いた。そのひとつがハムステッドのマリー・キュリー病院で、ラジウム療法をはじめとする放射線治療を専門におこなっていた。私は幼いころ、ラジウムが何なのかはよくわからなかったが、治癒効果をもち、さまざまな病気の治療に使えることは聞いて知っていた。病院にはラジウム「爆弾」があるのよ、と母は言った。私は、子ども向けの百科事典で、爆弾の写真を見たり説明を読んだりしたことがあったので、このラジウム爆弾も、翼のある大きな物体で、いつ爆発するかわからない代物ではないかと想像した。ここまで物騒な響きがなかったのは、ラドン「シード（種《たね》）」だ。これは、患者の体に埋め込む、ミステリアスなガスを詰めた小さな金の針で、一度か二度、中身が空になったものを母が持って帰ってきたこともあった。母はマリー・キュリーを尊敬していた。一度だけ会ったことがあるらしく、まだとても小さかった私に、キュリー夫妻がラジウムを発見したことや、それが大変で、何トンもの鉱物から芥子粒《けしつぶ》のような量しか取り出せなかったことを、よく語っていた。

エーヴ・キュリーが著わした母マリーの伝記を、一〇歳のときに母からもらった。これは、ひとりの科学者を描いたものとして、私が初めて読み、深い感銘を受けた本だ。[1] ひとりの人間の業績を淡々と綴った物語ではなく、痛ましいイメージに満ち満ちていた。ピッチブレンドの残滓《ざんし》の入った袋に、無造作に手を突っ込むマリー。その残滓はヨアヒムスタール鉱山から出たもので、まだ松葉なども混じっている。巨大な容器が湯気を立てるなか、酸の蒸気を吸い込みながら、自分の背丈ほどもある鉄の棒で容器をかき混ぜるシーンもある。このようにして大量のタール状物質が、大きな容器にいっぱいの無色の溶液になるにつれ、だんだん放射能が高まっていく。だが、この濃縮をすきま風が吹くあばら屋でやるため、しょっちゅう塵や埃が溶液に混入し、ただでさえ気の遠くなるような作業を台無しにしてしまうのだ(こうしたイメージは、本を読んだ直後に映画の『キュリー夫人』も見たおかげで、いっそう鮮やかなものになった)。

ベクレルの放射線のニュースが流れたとき、科学界はほとんど無視を決め込んだが、キュリー夫妻は大きな衝撃を受けた。それは、似たものすら見当たらない前代未聞の現象で、まったく新しいエネルギー源の存在を明らかにしていた。なのに、だれひとり関心を払っていないように見えたのだ。キュリー夫妻はすぐに、ウラン以外にも似たような放射線を出す物質はあるのだろうかと考え、当時知られていた七〇ほどの元素のほぼすべてについて、さまざまな形態の試料を手当たり次第に集めて(ベクレルと違って蛍光物質に限定しなかった)、体系的な調査に乗り出した。すると、ベクレルの放射線を発する物質が、ウラン以外にひとつだけ見つかった。やはり原子量の非常に大きな元素で、トリウムだった。キュリー夫妻は、純粋なウランやトリウムの塩をいろいろ調べてみて、放射能の強度が、存在するウランやトリウムの量だけに関係していそうなことに気づいた。つまり、一グラムの金属ウランや金属トリウムは、それらのどんな化合物一グラムよりも強い放射能を発していたのである。

ところが、調査の対象をウランやトリウムを含む一般の鉱物へも広げると、奇妙な例外が見つかった。純粋な元素よりも放射能の高い鉱物があったのだ。たとえばピッチブレンドは、最高で単体のウランの四倍もの放射能を発していた。ふたりは見事な直感を働かせてこう思った。これは、ウランよりはるかに放射能の強い未知の元素も少量混じっているということではないのか？

一八九七年、キュリー夫妻はピッチブレンドの綿密な化学分析に取りかかった。含有する多くの元素を、アルカリ金属の塩《えん》、アルカリ土類元素の塩《えん》、希土類元素の塩《えん》といった具合に、基本的に周期表の分類に倣《なら》ったグループに分け、未知の放射性元素がどれかのグループと化学親和力をもたないか確かめたのである。まもなく、多くの放射能がビスマスとの沈殿物に集中していることが明らかになった。

ふたりはその後もピッチブレンドの残滓の分析を続け、一八九八年の七月、ついにウランの四〇〇倍もの放射能をもつビスマス抽出物を得ることに成功した。夫妻はまた、分光分析なら従来の化学分析の何千倍もの感度で元素を検出できると知っていた。そこで、希土類の分光学の権威ウージャン・ドマルセイに頼み、分光器で新元素を確認できないか調べてもらった。残念なことに、このときは未知のスペクトルは得られなかった。それでも、キュリー夫妻はこう記している。

> われわれは、ピッチブレンドから抽出した物質に、いまだ見出されてはいないが、分析上ビスマスに性質の近い金属が含まれていると考えている。この新金属の存在が確認されれば、われわれの片方の祖国（ポーランド）の名をとって、ポロニウムと呼ぶことを提案したい。

さらに夫妻は、まだ見つかるべき放射性元素があるにちがいないとも思っていた。ビスマスで抽出されたポロニウムでは、ピッチブレンドのもつ放射能のごく一部しか説明できなかったからだ。

だが、ふたりは急ぐ必要はなかった。なにしろ、良き友人だったベクレルを除いて、放射能の現象に興味すらもつ人がいないように見えたのである。そこでのんびり夏休みの旅行に出かけた（当時、彼らは知らなかったが、実はもうひとりベクレルの放射線に注目していた人がいた。ニュージーランド出身で、ケンブリッジ大学のJ・J・トムソンの研究室で働きだしていた聡明な青年、アーネスト・ラザフォードである）。九月に研究に戻ったキュリー夫妻は、今度はバリウムとの沈殿物の分析に専念した。ふたつめの未知の元素はバリウムと化学親和力をもっていそうなので、これならまだ取り逃がしている放射能がうまくさらえるのではないかと思ったのだ。研究はあっという間に進み、六週間も経たずして、ウランの一〇〇〇倍近くの放射能をもつ、ビスマスを含まない(それゆえおそらくポロニウムを含まない)塩化バリウム溶液が得られた。ここで再びドマルセイに協力を求めた。今度はうれしいことに、既知の元素にはないスペクトル線が一本見つかった(その後数本に増えた。「二本は美しい赤のバンド、一本は青緑で、さらに紫の領域にかすかな線が二本」)。これで自信をもった夫妻は、一八九八年が終わる数日前に、ふたつめの新元素の存在を主張した。ふたりはラジウムと名づけることにした。そして、バリウムに混じってごく微量しか存在しないので、その放射能は「きっと莫大であるにちがいない」と考えた。

新元素の存在を主張するだけなら簡単だった。一九世紀だけで、二〇〇以上もそんな主張があったが、大半はあとで同定のミスであることがわかった。すでに知られている元素や、元素の化合物を「発見」したと勘違いしていたのだ。キュリー夫妻は、強い放射能が現われ、ビスマスやバリウムと物質的な関連があるという事実だけをもとに(ラジウムの場合は、一本の新しいスペクトル線もあった)、わずか一年のうちにひとつならずふたつもの元素の存在を主張した。しかし、どちらの新元素も、ごく微量ですら単離できていなかった。

ピエール・キュリーは、基本的に物理学者で理論家だった(とはいえ実験室で創意工夫に富んだところも見せ、よく独創的な装置をこしらえた。たとえば電位計や、圧電効果を利用した精密天秤がそうで、どちらも以後ふたりの放射能の研究で使用されている)。そんな彼にとっては、放射能というとんでもない現象が見出せただけで、十分満足だった。その現象によって、新たにひとつの広大な研究分野が生まれ、数え切れないほどの新しい概念を検証できる場が出現したからである。

だが、マリーが重視した点は違った。彼女は、ラジウムの不思議なパワーはもちろん、物性にも惹かれていた。それをこの目で見たい、この手で触りたいと思い、化学的に結合させたり、原子量や周期表のなかでの位置づけを明らかにしたりもしたいと考えていたのだ。

このころまで、キュリー夫妻の作業は、ピッチブレンドからカルシウムや鉛、ケイ素、アルミニウム、鉄、そのほか一ダースに及ぶ希土類元素――つまりバリウム以外の全元素――を取り除くという、実質上、化学的なものだった。だが、それを一年続けてついに、もはや化学的な手法だけではどうにもならない段階に至った。バリウムからラジウムを分離する化学的な手だてはないように見えたのだ。そこでマリー・キュリーは、両者の化合物の物理的な違いを探りはじめた。ラジウムはきっとバリウムと同じアルカリ土類元素のはずで、それならばその族の傾向にしたがうように思えた。塩化カルシウムは水に非常に溶けやすい。塩化ストロンチウムは、それより溶けにくい。塩化バリウムはさらに溶けにくい。――となると、塩化ラジウムはほとんど溶けないはずだ、とマリー・キュリーは予想した。これをもとに、分別晶出の技法を利用すれば、バリウムの塩化物とラジウムの塩化物を分離できるかもしれなかった。温かい溶液を冷ますと、溶解度の低い溶質から先に結晶が析出する。この技法は、希土類を研究していた化学者が、化学的にほとんど区別できない元素を分離しようとして開発したものだ。だがそれは、大変な根気が要る技法でもあった。分別晶出はえてして何百回、何千回も繰り返さなければならず、そうしたじれったいほど時間のかかる反復操作のせいで、数ヵ月の作業が数年に延びてしまうのだった。

キュリー夫妻は、当初は一九〇〇年までにラジウムを単離できるのではないかと考えていたが、結局、純粋なラジウムの塩を得るのに、ラジウムの存在の確信を公表してから四年近くもかかった。しかも得られた塩化ラジウムはわずか一〇分の一グラムで、もとの鉱石の一〇〇〇万分の一にも満たなかった。あらゆる物理的な困難に立ち向かい、大半の研究者の懐疑的な見方や、ときには自分たち自身の絶望や疲労困憊《こんぱい》とも戦い、さらには（ふたりは気づいていなかったが）放射能がみずからの体に及ぼす潜行性の影響にも抗《あらが》いながら、キュリー夫妻はついに勝利を収め、何粒かの白い純粋な塩化ラジウムの結晶を手に入れた。それだけの量によって、とうとうラジウムの原子量（二二六）が算出でき、ラジウムは周期表のなかでバリウムの下のしかるべき場所に収まったのだ。

数トンの鉱石から一〇分の一グラムの元素を得たというのは、まさに空前の偉業だった。かつて、そんなにも得がたい元素はなかった。化学の力だけでは成功し得なかったし、分光学の力だけでも不可能だった。鉱石を一〇〇〇倍に濃縮して初めて、ラジウムのかすかなスペクトル線が観測できたからである。また、放射能自体を利用するというまったく新しい手法なくして、大量の物質に混じったごく微量のラジウムの濃度を確認することなどできなかったし、地道にラジウムの純度を上げていくあいだ、それを追跡することもできなかった。

　この偉業によって、キュリー夫妻は一挙に衆目をひいた。この不思議な新元素だけでなく、その探索に全身全霊を傾けた、愛と勇気に満ちた夫婦のチームワークもひとかたならぬ関心を集めたのだ。一九〇三年、マリー・キュリーはそれまで六年間の成果を博士論文にまとめ、同じ年に（ピエール・キュリーとベクレルとともに）ノーベル物理学賞を受賞した。

　マリーの論文は、すぐさま英語に翻訳されて出版された（ウィリアム・クルックスが自身の刊行する《ケミカル・ニュース》誌に掲載した）。母は小冊子になったものを一部もっていた。私は、キュリー夫妻がおこなった手の込んだ化学的処理についての詳細な記述や、ラジウムの特性にかんする念入りで体系的な検討に魅せられ、またとくに、平板な科学的論調の背後に垣間見える知的興奮や驚異の念に心をときめかせた。論文は、ドライな散文でありながら、詩のようでもあった。私は、冊子の表紙に載っていたラジウムやトリウム、ポロニウムやウランの広告にも惹きつけられた。どれも、遊びや実験のために、だれでも自由に手に入れられるようになっていたのだ。

　たとえば、ファリンドン・ロードのA・C・コッサーの広告があった。これはタングステンおじさんの工場の何軒か隣にあった会社で、「純粋な臭化ラジウム（在庫次第）、ピッチブレンド、……各種鉱物の蛍光が観察できるクルックスの高真空管、……［および］その他の実験器具」を売っていた。また、ハリントン・ブラザーズ（それほど遠くないオリヴァーズ・ヤードにあった）はさまざまなラジウム塩やウラン鉱を取り揃え、J・J・グリフィン・アンド・サンズ（のちに、私がよく実験用品を買いに行ったグリフィン・アンド・タトロックになった）は「クンツァイト――ラジウムのエマナチオン（放射性物質から放出されるものを正体不明なまま呼んでいた名称で、実際には気体のラドン）に高感度で反応する新鉱物」を販売していた。一方、アムブレヒト・ネルソン・アンド・カンパニー（最大手の会社で、グローヴナー・スクエアにあった）では、硫化ポロニウム（一グラム入りの筒で二一シリング）や蛍光性のケイ酸亜鉛鉱を使ったスクリーン（一平方インチで六ペンス）を扱っていた。この会社の広告にはこんな一文もあった。「当社で新たに開発したトリウム吸入器は、レンタルもできます」トリウム吸入器とは何だろう、と思った。放射性元素を吸入して、元気が出たり、頭がすっきりしたりするのだろうか？

その当時は、こうした物質の危険性は知られていなかったらしい。[2] マリー・キュリー自身も、論文で「暗闇で放射性物質を閉じた目やこめかみに近づけると、光が見えるように感じられる」と述べている。私は、よく自分でも体験しようとした。わが家には、エイブおじさんの夜光塗料を数字や針に塗った時計があったので、それで試してみたのだ。

エーヴ・キュリーの本には、分別晶出の進み具合が気になって仕方のなかった夫妻が、夜遅くに実験小屋へ戻り、暗闇のなかでラジウムの濃縮物の入った試験管や容器が神秘的な光を発しているのを見つけ、初めてその元素が自然に発光するのを知った様子が描かれていた。私はそのくだりを読んで、とりわけ感銘を受けた。リンが発光するには酸素が必要だが、ラジウムはみずからの放射能によって、完全にそれだけで発光する。マリー・キュリーは、この発光現象についてリリカルに記している。

私たちの楽しみのひとつは、夜中に仕事部屋へ行くことだった。そこでは、ふたりの生成物の入ったびんやカプセルが、かすかに光って形を浮かび上がらせていた。……それは本当に美しい眺めで、いつ見ても新鮮だった。光る試験管は、まるで弱々しい豆電球のように見えた。

エイブおじさんは、夜光塗料を開発していたころに使い残したラジウムをまだもっていて、よく見せてくれた。小びんの底に数ミリグラムほど残った臭化ラジウムで、見かけはただの塩の粒だった。おじはまた、シアン化白金酸塩を塗布した小さなスクリーン——シアン化白金酸リチウム、シアン化白金酸ナトリウム、シアン化白金酸バリウムで合わせて三枚——ももっていた。部屋を暗くして、スクリーンのそばで(やっとこでつまんだ)ラジウム入りの筒を振ると、スクリーンは突然光りだし、それぞれ赤、黄、緑にきらめくシートになったが、筒を遠ざけるとどれも一瞬で光が消えた。

「ラジウムは、まわりの物質にいろいろと不思議な影響を及ぼす」とおじは言った。「写真を感光させるのは、おまえも知っているだろう。ところがラジウムは、それだけじゃなく、紙を焦がして、ザルみたいに穴だらけにしちまうんだ。空気の原子を分解して、別の形に結合しなおしたりもする。だから、そばにいるとオゾンや過酸化窒素のにおいがするのさ。ガラスにも作用する。軟質ガラスは青くなって、硬質ガラスは茶色くなるんだ。ダイヤモンドにも色がつくし、岩塩はものすごく濃い紫になる」エイブおじさんは、数日間ラジウムの放射にさらした蛍石のかけらを見せてくれた。元は紫なのに、今じゃ不思議なエネルギーに満たされて青白くなっている、とおじは言った。それからその蛍石を少し加熱すると、赤熱状態よりもはるかに低い温度で、白熱光のような明るい輝きを発して元の紫色に戻った。

さらにエイブおじさんは、絹糸の房《ふさ》を使った実験もしてくれた。絹糸の房をゴムでなでると、糸が帯電して互いに反発し、ばらばらに突っ立った。ところが、ラジウムをそばにもってくると、糸は放電してしなだれた。放射能が空気を導電性にするから、房は電荷を保持していられなくなるのだとおじは説明した。これを非常に凝った形で見せてくれたのが、おじの実験室にあった金箔検電器だ。頑丈なびんの口に、電荷を伝える金属の棒が刺さっていて、棒の先に小さな金箔が二枚ぶら下がっていた。検電器に電荷がたまると、先ほどの房の糸のように、金箔がばらばらに開いた。しかし、放射性物質をびんのそばへもってくると、すぐに放電して金箔が下に垂れた。この検電器のラジウムに対する感度はとんでもなかった。結晶粒の一〇億分の一の量を検出できたのだ。化学分析で検出できる量の一〇〇万分の一で、分光器と比べても一〇〇〇倍の感度だった。

私は、エイブおじさんのラジウム時計が気に入っていた。それは基本的に金箔検電器で、なかに、薄いガラス容器に収められた小さなラジウムが入っていた。ラジウムは、負電荷を帯びた粒子を発して次第に正に帯電する。そのあいだに金箔は開いていくが、やがて容器の側面に当たると放電して閉じる。そしてまた新しいサイクルが始まるのである。この「時計」は、もう三〇年以上にわたって、三分ごとに金箔の開閉を繰り返しており、この先一〇〇〇年以上もそれは続くはずだった。こいつは永久機関に一番近いものだ、とエイブおじさんは言った。

ウランで芽生えた小さな謎は、その一〇〇万倍も放射能の強いラジウムが単離されたことで、はるかに深刻な謎になった。ウランも、写真乾板を黒くしたり（数日かかったが）、非常に感度の高い金箔検電器を放電させたりした。ところがラジウムは、これを一瞬でやってのけ、それ自体に秘められた猛烈な力で、自然に光っていた。また、二〇世紀に入ってから次第に明らかになったように、不透明な物質も突き抜け、空気中にオゾンを発生させ、ガラスを着色し、蛍光を引き起こした。生体の組織をやけどさせたり破壊したりもし、この力は治療に使えると同時に危害ももたらした。

X線に始まり電波に至るまで、ほかのどんな種類の放射も、発生させるためには外部からエネルギーを与える必要があった。ところが放射性元素は、みずからのパワーで、何カ月も何年も、まったく衰えることなくエネルギーを放射できるように見えた。温度も、圧力も、磁場も、光線の照射も、さらには化学反応物質の存在さえ、一切影響しなかった。

そんな莫大な量のエネルギーは、どこから生じているのだろう？　自然科学で最も確かな原理と言えば、物質やエネルギーは勝手に生まれたり消えたりはしない、という保存則だった。それまで、この原理を大きく揺るがすものは現われたためしがなかった。ところが、まさにそうした存在として、初めてラジウムが登場した。ラジウムなら、一定の出力を保つ無尽蔵のエネルギー源となり、何も外から与えずに動く「永久機関」ができそうだったのである。

この矛盾を回避するひとつの手だては、放射性物質に外部のエネルギー源があると見なすことだった。事実、ベクレルがまず、燐光に似た原理を提案していた。放射性物質は、どこかの何かからエネルギーを吸収し、その後ゆっくりとそれを発散しているのだ、と(ベクレルはこのために「超燐光」という言葉もこしらえている)。

外部のエネルギー源がある――地球に降り注いでいるX線のような放射かもしれない――というのは、一時《いっとき》キュリー夫妻も抱いた考えで、夫妻はラジウム濃縮物の試料を、ドイツのハンス・ガイテルとユリウス・エルスターに送っている。エルスターとガイテルはとても仲が良く(「物理学のカストルとポルックス」と言われていた)、いずれ劣らぬ素晴らしい研究者で、すでに放射能が真空度や陰極線や日光の影響を受けないことを明らかにしていた。ふたりは、受け取った試料をハルツ山地にある深さ三〇〇メートルの鉱坑の奥――X線が一切届かない場所――までもって行き、放射能が衰えないことを確かめた。

ラジウムのエネルギーがエーテルに由来するという可能性も考えられた。エーテルは、宇宙の隅々まで行きわたり、光や重力など、宇宙のあらゆるエネルギーを伝えているとかつて想定されていた、実体のないミステリアスな媒質である。この可能性を、メンデレーエフは、キュリー夫妻のもとを訪れたときに自分の見解として語ったが、彼なりに化学的な工夫を凝らしていた。エーテルは非常に軽い「エーテル元素」でできていて、その元素は、どんな物質とも化学反応をせずに透過する、水素の半分ほどしか原子量がない不活性ガスなのではないかと想像したのだ（そして、すでに太陽コロナで観測され、コロニウムと名づけられていたものがこの新元素だと思っていた）。さらにメンデレーエフは、原子量が水素の一〇億分の一にも満たない超軽量のエーテル元素も存在し、やはり宇宙に充満していると想像した。こうしたエーテル元素の原子が、ウランやトリウムの重たい原子に引きつけられ、何らかの形で吸収されて、エーテルのエネルギーを付与している、と考えたわけである。(3)

初めてこのエーテルについて書かれたものに出くわしたとき、母が麻酔用のカバンに入れていた、引火性が強く、流動性があって、強烈なにおいのする液体のエーテルと勘違いして戸惑った。光の波が伝わる媒質として「発光性」エーテルを仮定したのは、ニュートンだった。しかしエイブおじさんは、自分が若いころにはもうその存在は疑問視されていた、と言っていた。マクスウェルはあの電磁方程式でエーテルを使わない説明をなし遂げており、一八九〇年代の初めにおこなわれた有名な実験でも、「エーテル流」の存在は確かめられなかった――エーテルが存在するとしたら、地球の運動が光の速度に何らかの影響を及ぼすはずだが、それが観測できなかったのだ。ところが、放射能が発見されたとき、多くの科学者の頭にはエーテルの概念がまだ根強く残っていた。(4)彼らが謎めいたエネルギーを説明しようとして、まずそれに飛びついたとしても当然だったのである。

しかし、ウランのようにちびちびと放出されるエネルギーなら、外部から供給されている可能性が――一応は――考えられたが、ラジウムが登場すると、この見方は認めにくくなった。ラジウムは、(一九〇三年にピエール・キュリーとアルベール・ラボルドが明らかにしたように)自分と同じ重さの水の温度を一時間で氷点から沸点にまで上げられたのだ[5]。さらに強力な放射性物質が見つかると、外部にエネルギー源があるとはいっそう考えにくくなった。たとえば、純粋なポロニウムは小さなかけらだけで自然に赤熱し、ラドンはラジウムの二〇万倍も強い放射能を発した——あまりに強すぎて、一パイント(半リットル程度)もあれば、どんな容器に収めても、即座にそれを蒸発させてしまうほどだ。そうした熱のパワーは、エーテルや宇宙線の説ではとうてい説明できなかった。

外部のエネルギー源が考えにくいとわかったキュリー夫妻は、ラジウムのエネルギーは内因性で、それは「原子の特性」にちがいないという、当初の考えに立ち返らざるを得なくなった——どんな原理なのかはほとんど想像もつかなかったのだが。実はマリー・キュリーは、早くも一八九八年に、とんでもなく大胆な考えを示唆していた。放射能は、原子の崩壊によって生じるもので、「放射性物質の重量損失にともなう物質の放出」なのかもしれない、との考えだ。この仮説は、ほかの説よりもはるかに突飛に見えたのではなかろうか。原子は壊したり裂いたりできない不変の存在だというのが、当時は科学の公理とも言える基本的な前提だったからだ。化学や古典物理学はすべて、この信念の上に成り立っていた。マクスウェルはこう語っている。

これまで長い歳月のあいだに、この宇宙では幾度も大災害が起きた。今後もそれは起こるだろう。このとき古いシステムは崩壊し、残骸のなかから新しいシステムが生まれる。それでも、そうしたシステムを構成する［原子］――物質世界の礎石――は壊れもすり減りもしない。原子は、数も寸法も重さも、今日までずっと、最初に作られたときのままなのだ。

デモクリトスからドルトンへ、ルクレティウスからマクスウェルへと至る科学の伝統的思考は、すべてこの原理を唱えていた。だから、マリー・キュリーが、最初に原子の崩壊という大胆な仮説を立てながら、その考えを引っ込め、（なんとも詩的な言い回しで）このようにラジウムの論文を締めくくったのも、いたしかたのないことかもしれない。「この自然放射の原因は今も謎に包まれている。……深遠で驚異に満ちた謎である」

（1）一九九八年、私は、ポロニウムとラジウムの発見一〇〇年を祝う会合で講演する機会があった。そのとき、この本を一〇歳のときにもらい、お気に入りの伝記になったと語った。私は話しながら、聴衆のなかにかなり年輩の女性がいるのに気づいた。スラヴ人らしく頬骨の高い顔に、満面の笑みを浮かべている。「まさか！」と私は思った。だが本当に、エーヴ・キュリーその人だった。彼女は、出版後六〇年経って、そして私が手に入れてから五五年も経ってから、その本にサインをしてくれたのだ。

（2）放射能が危害をもたらす可能性は、ベクレルが最初に指摘していた。彼は、放射性の強い濃縮物をチョッキのポケットに入れて持ち歩いていて、やけどを負ったのだ。ピエール・キュリーも、放射性物質を研究するなかで、わざとラジウムで自分の腕をやけどさせている。しかし、彼もマリーも、自分たちが「生み落とした」ラジウムの危険性に完全には気づいていなかった。夫妻の実験室は暗闇でも光っていたといい、ふたりともその影響で亡くなった可能性がある（ピエールは、体が弱り、交通事故で亡くなった。マリーは、三〇年後に再生不良性貧血で亡くなっている）。放射性物質の試料は気軽に郵送され、ほとんど防護なしに扱われていた。しかしラザフォードの助手をしていたフレデリック・ソディーは、放射性物質を扱っていたせいで自分は子どもが作れなくなってしまったと考えた。

それなのに矛盾した考えがあって、放射能は体に良く、治療効果があるとも見なされていた。トリウム吸入器のほかにも、アウアー社がトリウム歯磨きを製造し（アニーおばさんは、これと「ラジウム棒」をコップについだ水に入れ、そこに入れ歯をひと晩浸け込んでいた）、ラジウムやトリウムを含んだ放射内分泌活性剤《レディオエンドクリネーター》もあった。後者は、首に巻くと甲状腺を刺激し、陰嚢《いんのう》に巻くと性欲を刺激するという触れ込みだった。また人々は、鉱泉へラジウム水を飲みにも行った。

最も深刻な問題は、アメリカで起きた。当時アメリカでは、医師がレディトールなどといった放射性の溶液を、若返り剤や、胃ガンや精神病の治療薬として患者に処方していた。じっさい何千人もの人がそうした薬を飲んでいたが、一九三二年、鉄鋼王で社交界の名士だったエベン・バイヤーズの死が世に知れわたると、ついにラジウムの流行に終止符が打たれた。バイヤーズは、四年間にわたって毎日ラジウム・トニックを飲みつづけた結果、重度の放射線病と顎のガンに罹った。そして、骨が崩壊し、まるでエドガー・アラン・ポーの小説に出てくるヴァルドマアル氏のように、グロテスクな死を遂げたのである。

（3）メンデレーエフは、最後まで思考の柔軟さを失わず、亡くなる前の年に自分のエーテル説を放棄し、放射能のエネルギー源として「およそ考えられないもの」——元素変換——を受け入れた。

（4）エーテルは、ほかにもいろいろな場面で利用された。イギリスの物理学者オリヴァー・ロッジは、一九二四年、すでに相対性理論が広く知られていたにもかかわらず、電磁波と重力を伝える媒質がまだ必要だと書いている。ロッジにとって、エーテルは、粒子、原子、電子といった不連続なものが収まる連続的な母体でもあった。そしてついには、（J・J・トムソンなど多くの人と同様）エーテルに宗教的・形而上学的な役割も負わせた。エーテルが、霊魂や神の御心《みこころ》の住まう媒質や領域になったのである。そこでは、死者の生命力が擬似的な存在を保っている（そして、その媒質の力で呼び戻せるかもしれない）というわけだった。トムソンをはじめ、その時代の多くの物理学者が、英国心霊協会の創設者や会員として活動した背景には、当時の物質主義の台頭と、それによる「神は死んだ」との認識に対する反動があったのかもしれない。

（5）これを知って、どんな放射性物質も触ると温かく感じるのだろうかと思った。そこでウランやトリウムの小さな棒をもってみたが、ほかの金属の棒と変わらないぐらい冷たかった。また、一度エイブおじさんのところで、一〇ミリグラムの臭化ラジウムが入った小さな筒を手にしたこともあったが、そのラジウムは塩ひと粒ほどの大きさもなかったので、ガラスを通して温もりは感じられなかった。

物理学者で著作家でもあるジェレミー・バーンスタインは、かつてプルトニウムの球——なんと原子爆弾のコアだった——を両手でもったとき、不気味なほど温かかったという。そう聞いて、とても興味をそそられた。

22　キャナリー・ロウ
――イカと音楽と詩と

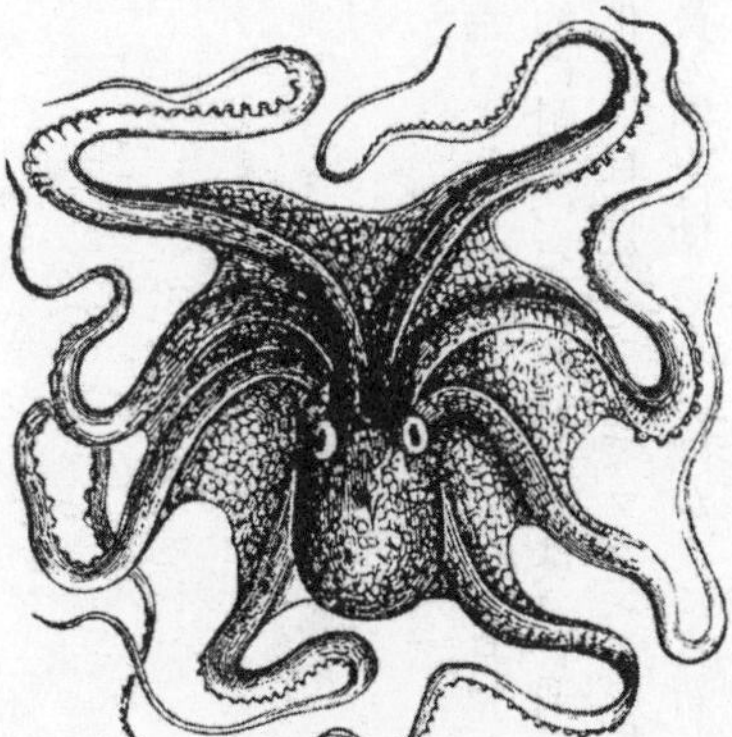

終戦直後の夏、一家でスイスへ旅行に行った。戦争で荒らされなかったのは、ヨーロッパ大陸ではこの国だけで、六年間も空襲や配給制や質素倹約に耐えつづけた私たちは、普通の状態が無性に恋しかったのだ。国境を越えたとたん、変化は一目瞭然だった。フランスの税関職員はよれよれの制服を着ていたが、スイスの税関職員の制服はまぶしいばかりに真新しかった。列車もきれいでぴかぴかになり、パワーやスピードまで上がった気がした。ルツェルンに到着すると、ブルーアムと呼ばれる箱馬車型の電気自動車が出迎えてくれた。背高のっぽで、大きな板ガラスの窓のはまった、父や母が子どものころに見たことのある——だが乗ったことはない——乗り物だった。このアンティークの車は、静かに私たちをシュヴァイツェルホーフ・ホテルまで運んでくれた。ホテルは、私には想像もつかなかったほど大きくて豪華だった。ふだんなら、両親はどちらかというと質素な宿を選ぶところだったが、今回は反対に、ルツェルンで一番豪華で贅沢なホテルを衝動的に選んだ。六年におよぶ戦争が終わって、これぐらいの贅沢は許されると思ったのである。

シュヴァイツェルホーフ・ホテルは、別の意味でも私には印象深い。このホテルで、人生で最初（で最後）のリサイタルを催したからだ。ピアノの先生だったミセス・シルヴァーが亡くなってから一年ほど経ったころで、その一年、私はピアノに触りもしていなかった。ところが、このとき何か明るい解放感を覚え、不意にもう一度ほかの人にピアノを弾いて聞かせたくなったのだ。私はバッハやスカルラッティを聴いて育ったが、やがて（シルヴァー先生の影響を受けて）ロマン派――とくにシューマンや、テンポが速く情熱的なショパンのマズルカ――のとりこになった。そうした曲の多くは私にはうまく弾きこなせなかったが、五十数曲もあるショパンのマズルカは全部そらで覚えていて、少なくともそれらの雰囲気や躍動感は伝えられると自負していた。どれも小曲ではあったが、それぞれにひとつの世界がまるごと収まっているように思えた。

両親は、広間でリサイタルを開かせてくれとホテルを説得した。おかげでそこのグランドピアノが使えることになり（そのピアノはベーゼンドルファーといい、それまで見たこともないほど大きく、うちのベヒシュタインより鍵盤がたくさんあった）、ホテルは、きたる木曜の晩に「若きイギリス人ピアニスト、オリヴァー・サックス」のリサイタルが催されます、との案内まで出した。これには私も面食らい、当日が近づくにつれ、不安が募った。だが、とうとうその晩が来た。私は（前月のバル・ミツバーのために仕立てた）最高のスーツを着て広間へ現われ、お辞儀をし、無理やり笑顔をつくって、（怖さで失禁しそうになりながら）ピアノの前に座った。しかし、最初のマズルカを何小節か弾くと、気持ちが吹っ切れて、あとは華やかな最後に至るまで一気に演奏しきった。聴衆はみんな笑顔で拍手を送り、私がへましたのも大目に見てくれた。調子づいた私は、次々とマズルカを弾き、最後は遺作となった曲で締めた（ショパンの死後にだれかが完成させた曲なのではないか、と漠然と思っていた）。

この演奏会には、ふだんは味わえない特別な楽しみがあった。私をとりこにした化学や鉱物学などは、どれも個人的な楽しみで、おじたちとは分かち合えたが、ほかのだれとも共有できなかった。ところがリサイタルには、多くの人が味わい、与え、受け取ることのできる楽しみがあった。何か新鮮な交流を生み出してくれたのだ。

私たちは、シュヴァイツェルホーフ・ホテルの贅沢さをめいっぱい味わった。大きな大理石の風呂にのんびり浸かり、満腹で気持ち悪くなるほど豪勢な料理を食べた。けれども、やがてそんな放縦さにも飽きて、古都を散策しだした。曲がりくねった街路を歩いていると、ときどき不意に山や湖の景色が現われた。線路に歯車のある登山列車に乗って、リギ山の頂上へも登った——登山列車に乗るのも、山へ登るのも、私には初めての体験だった。それから、アローザという高地の村へ移動した。空気は乾燥し、ひんやりしていて、私はそこで初めてエーデルワイスやリンドウを目にした。木造の小さな教会はペンキで色が塗られ、アルペンホルンの音色が谷から谷へこだましていた。私の心にようやく幸福感が満ちたのは、ルツェルンよりむしろ、アローザだったのではないか。解放感を覚え、人生や前途について甘美な思いに満たされたのだ。私は一三歳だ。一三歳じゃないか！ 人生はまだこれからなんじゃないのか？

帰りの道中で、チューリヒに立ち寄った（エイブおじさんから、この町で数学者のオイラーが生まれたのだと聞いていた）。その短い滞在は、平凡きわまりないものだったが、ひとつだけ特別な理由で記憶に残っている。泊まる先々でいつもプールを探していた父は、そこでも大きな市営プールを見つけた。父はすぐに力強いクロールで泳ぎだしたが、けだるい気分だった私は、コルクボードを見つけ、それに体を乗せてぷかぷか浮かんでいることにした。ボードに寝そべったまま、静かに水を掻いていると、時間の感覚は一切なくなった。奇妙に安らかな、ある種の恍惚感が私を包み込む。ときどき夢のなかで覚えるような気分だった。それまでにもコルクボードや浮き輪や浮き袋で水に浮かんでいたことはあったが、このときは何か不思議なことが起きていた。ゆっくりと高まる巨大な歓喜のうねりが、私をどんどん高くもち上げる。そしていつまでもそれは続きそうに思えたが、ついにはけだるい至福のうちにうねりは退《ひ》いていった。かつて味わったことのない、最高に素晴らしく穏やかな気分だった。

プールから上がって水泳パンツを脱いだときに初めて、自分がオルガスムスに達していたことに気づいた。そのとき、「セックス」と結びつける考えはわかなかったし、他人も感じるものだという意識もなかった。私は、不安も後ろめたさも感じなかった。ただ、それを胸の内にしまい、自分個人に対して、求めずして自然に訪れた、魔法の祝福や恩恵と考えた。

何か大いなる秘密でも発見したかのように思ったのである。

一九四六年一月、私はハムステッドの私立小学校ザ・ホールから、ハマースミスにあったセント・ポールズというずっと大きな学校へ移った。そこのウォーカー・ライブラリーで、初めてジョナサン・ミラーに会った。私は、人目につかない隅のほうで、一九世紀に書かれた静電学の本を読んでいた（何かわけあって「電気卵《エレクトリック・エッグ》」という放電実験装置について読んでいたのだ）。すると不意に紙面に影が落ちた。顔を上げると、驚くほど背の高い、細身の少年が立っていた。表情豊かで、いたずらっぽい目がきらきら光り、赤毛の髪はふさふさしたモップのようだった。そのとき話をして以来、今に至るまで私たちはずっと親友だ。それまで、本当の友だちと言えば、赤ん坊のころから付き合っているエリック・コーンしかいなかった。エリックは、私のあとを追って一年遅れでザ・ホールからセント・ポールズへやってきた。彼とジョナサンと私は切っても切れない間柄の三人組となったが、絆は三人のあいだだけでなく、それぞれの家族のあいだにもあった（三〇年前に、父同士も医学生として一緒に学んでいて、その後家族ぐるみの付き合いをしていたのだ）。ジョナサンとエリックは、私と違って化学に惚れ込んではいなかった――ナトリウムを池に投げ込んだり、いくつか一緒にやった実験はあるけれども。むしろ彼らは生物学に関心が深く、やがて私たちは当然のように同じ生物学の授業を受け、シド・パスクという先生に夢中になった。

シドは素晴らしい先生だった。だが同時に、偏屈で、言葉につっかえることが多く（よくみんなでまねていた)、抜群に頭がいいわけでもなかった。パスク先生は、注意したり、皮肉を言ったり、ばかにしたり、あるいは力ずくで、生物の勉強以外の一切の活動から生徒の目を背けさせた。スポーツや性欲、宗教や家族、それに学校で教えるほかの科目までも無視させようとしたのだ。自分と同じように一心不乱になれ、と求めていた。

大多数の生徒は、パスク先生のことをとんでもなく口うるさい教師だと思った。そして、この偏屈者の圧制から逃れようと、あらゆる手を尽くした。しばらくそうやってじたばたしていると、あるとき突然先生の締め付けがなくなった——自由になったのだ。パスク先生はもうやかましく文句を言わなくなり、生徒の時間やエネルギーの使い道について無茶な要求をしなくなった。

それでも、毎年何人かの生徒は、パスク先生の突きつける挑戦に応じた。先生もそれに応えて、生徒に自分のすべてを捧げた。持てる時間と力をすべて、生物学のために捧げたのである。私たちは、先生と一緒によく夕方遅くまで自然史博物館に入り浸った(私は陳列室に身を潜めてひと晩過ごしたこともある)。週末は全部、植物採集の旅行にあてられた。凍てつくような冬の夜明けに起きて、一月の淡水講座にも出かけた。さらに年に一度、ミルポートに三週間、海洋生物学を学びに行った。今でも思い出すと、胸が締めつけられるような懐かしさを覚える。

ミルポートはスコットランド西岸沖に浮かぶ島の港で、素晴らしい設備を誇る海洋生物学の研究所があった。研究所の人はいつも私たちを温かく迎え、そこでおこなわれているどんな実験についても丁寧に教えてくれた（このころはウニの成長について基礎的な研究がおこなわれていて、ロスチャイルド卿は、透明なプルテウス幼生が入ったペトリ皿に群がって興味津々でのぞき込む生徒たちに、どこまでも寛容に接してくださった）。ジョナサンとエリックと私は、岩場の海岸でトランセクトと呼ばれる帯状の標本地を設定し、苔むした岩のてっぺん（その苔には、キサントリア・パリエティナという美しい響きのする名がついていた）から海岸線や潮だまりまで、一フィート四方の区画ごとに全部の動物や藻類の数を数えた。エリックは、とくに素晴らしい機転のよさを発揮した。あるとき、錘《おもり》のついた糸で真の鉛直方向を知る必要ができ、糸をどうやって吊したらいいか悩んでいた。するとエリックは、岩の底に貼りついていたカサガイをはがし、糸の端をその貝の下にくっつけてから、それを画鋲みたいに岩にしっかり貼りつけたのだ。

私たち三人は、おのおの自分の好きなタイプの動物を決めた。エリックはナマコに夢中になり、ジョナサンは虹色をして剛毛の生えた多毛類に魅せられた。私は、イカやタコといった頭足類に惚れ込んだ。無脊椎動物のなかでは、一番賢くて美しいと思えたからだ。ある日、三人でケント州ハイズの海岸へ行った。ジョナサンの両親が夏のあいだそこに家を借りていて、私たちはトロール船に乗って一日漁を体験したのだ。漁師たちは、ふだんはコウイカが網にかかると海に投げ返していた（イギリスではあまりコウイカを食べる習慣がない）。けれども私は、それを捨てないでくれと必死に頼み込んだ。だから、港へ戻ってきたときには、甲板に何十杯ものコウイカが並んでいたはずだ。私たちはそのコウイカをバケツや桶に入れてみんな持ち帰り、大きなびんに移し替えて、保存のために少しアルコールを加えて地下室にしまった。ジョナサンの両親はいなかったから、三人とも気兼ねなくそんなことができた。学校へ持って行ってパスク先生に渡せば——三人で、先生はびっくりした笑顔を見せるだろうと思っていた——クラス全員にひとつずつ、頭足類好きの生徒にはふたつか三つずつ、解剖用にコウイカが行きわたるはずだった。私はまた、自然観察クラブでイカの知能について、大きな脳について、また一風変わった網膜をもつ目やころころ変わる体色について話せるぞ、とも思った。

数日後、ジョナサンの両親が戻ってくる日になって、地下室で鈍い衝撃音がした。何だろうと思って降りてみると、異様な光景に出くわした。保存の仕方がまずかったコウイカが腐って発酵し、発生したガスでびんが爆発して、壁や床のいたるところに大きなイカのかけらが散らばっていたのだ。天井にまでイカの切れ端が貼りついていた。強烈な腐敗臭は、想像を絶するものがあった。私たちは、爆発で壁にたたきつけられたかけらを懸命にこそぎ落とした。そのあと、吐き気を催しながら地下室にホースで水をまいたが、においはどうしても取れなかった。仕方なく家の窓やドアを全開にして地下室の空気を入れ替えようとしたら、悪臭は毒気のように家から出て、半径四、五〇メートルの一帯に広がった。

ここでアイデアマンのエリックが、もっと強烈ないいにおいで悪臭を覆い隠してしまおうと提案した。三人で、ココナツエキスならぴったりだと考えた。私たちは所持金を出し合い、ココナツエキスを大きなびんで買うと、それを地下室の洗浄に使ってから、家全体や庭にもたっぷりまいた。

一時間後にジョナサンの両親が帰ってきた。家に向かってきて、まずココナッツの強烈なにおいに気がついた。だが、さらに近づくと、腐ったイカのにおいのするエリアに到達した。ふたつのにおい、ふたつのガスは、なぜだか不思議なことに、一メートル半ちょっとの間隔で交互にそれぞれのエリアをつくっていた。やがて、事件現場、犯行現場となった地下室にたどり着くころには、においはほんの数秒も我慢できないほどになっていた。私たち三人は、その出来事ですっかり不興を買ってしまい、とくに私の面目は丸つぶれだった。そもそも私が欲張りすぎたのと(ひとつで十分だったのではないか?)、どれだけアルコールが必要なのか知らなかったのが、いけなかったからだ。ジョナサンの両親は、早々に休暇を切り上げて帰る羽目になった(あとで聞いた話では、その家は何カ月も人の住める状態ではなかったらしい)。それでも、私のコウイカへの愛情は少しも薄らぐことはなかった。

これには、生物学的な理由だけでなく、化学的な理由もあったのかもしれない。コウイカは(ほかの多くの軟体動物や甲殻類もそうだが)赤くはなく青い血をしていた。それは、酸素を運ぶシステムとして、私たち脊椎動物とはまったく違うものを進化させてきたからにほかならなかった。脊椎動物の赤い呼吸色素ヘモグロビンには、鉄が含まれている。だがコウイカなどがもつ青緑の色素ヘモシアニンには、銅が含まれていた。鉄も銅も、酸化還元電位が高い。どちらも容易に酸素を取り込んで高い酸化状態になり、その後、必要に応じて酸素を手放し、還元されるのだ。私は、周期表でそれらの近くにある元素(もっと酸化還元電位の高い元素もあった）も呼吸色素に使われないのだろうかと思った。そして、被囊《ひのう》動物であるホヤのなかに、バナジウムを豊富に含み、この元素を貯える専用の細胞（バナジウム細胞）をもつのがいると知ったときには、胸をときめかせた。なぜそんな細胞があるのかは、謎に包まれていた。酸素を運ぶシステムの一部ではなさそうだったのである。不遜にも私は、ミルポートへの研修旅行のあいだに自分でその謎が解けるかもしれないなどと考えた。だが、結局ホヤを大量に集めるぐらいが関の山だった（コウイカをたくさん集めたときと同じで、欲張りで節操がなかった）。一方で、燃やして灰にすれば、灰に含まれるバナジウムの量がはかれると思った（割合が四〇パーセントを超える種もあると本に書いてあった）。すると、生涯で唯一と言える商売のアイデアが浮かんだ。バナジウム牧場を開くというアイデアだ――何エーカーもの海の牧場でホヤを育てるのだ。そうしてホヤに、これまで三億年ものあいだ実に効率よくやってきたように、海水から貴重なバナジウムを抽出させて、一トンにつき五〇〇〇ポンドで売る。ただ、ひとつ問題があることに気づいた。まさしくホヤのホロコーストに手を染めないといけないという思いに慄然《りつぜん》としたのである。

そのころ、私自身にも複雑な生物学的原理が作用し、身体という枠組みのなかで私を変容させようとしていた。成長期に入ったのだ。顔や脇の下や性器のまわりに毛が生えだし、声変わりも始まって――ハフタラ（ユダヤ教の礼拝時に唱えられる預言書の一部分）を唱えるときはまだ澄んだ高音だったが――音程が不規則に変化しだした。学校の生物学の授業では、突然、動物や植物――とくに無脊椎動物や裸子植物といった「下等の」動植物——の生殖器系に関心をそそられた。たとえばソテツやイチョウの雌雄性に興味がわいた。それらの植物は、シダのように遊走性の精子をもちながら、種子は大きくてしっかり保護されていた。頭足類、とくにイカは、さらに興味深かった。雄が雌の外套腔《がいとうこう》に、精包（精子塊の入った莢《さや》）を収めた腕のようなものを押しつけるのだ。私はまだ、人間の性あるいは自分自身の性についてはほとんど認識していなかったが、性を原子価や周期律とほとんど同じぐらい興味深いテーマだと思いはじめていた。

しかし、生物学に夢中にはなっても、私たちはだれもパスク先生のように生物一辺倒にはなれなかった。思春期の若者にとって、世の中は魅力的なことだらけだった。いろいろな方面を探りたいという意欲に満ちていて、何かに専念するだけの心構えなどできていなかったのだ。

私の関心の対象は、四年間はもっぱら科学だった。秩序や形式の美に対する愛着が、私を突き動かしていたのだ。周期表の美しさや、ドルトンが提唱した原子の美しさには、心底惚れ込んだ。ボーアの量子的な原子模型に至っては、永久に正しそうなほど素晴らしいものに見えた。宇宙の形式的・理論的な美しさには、ときに恍惚感すら覚えた。ところが今、ほかのさまざまな関心がわきだすとともに、反対に科学に虚しさや味気なさも感じるようになっていた。もはや科学の美しさや科学への愛情だけでは満足しきれず、人間的・個人的なものを求めだしたのである。

この欲求を引き出し、満たしてくれたのは、とくに音楽だった。音楽は、私をわななかせ、泣きたい気分にさせ、感極まらせた。また音楽は、心の奥までしみとおり、私の気分に働きかけるように思えた――音楽がどう「関係」しているのか、なぜ私にそんな影響を及ぼすのかは、わからなかったけれども。なかでもモーツァルトは、ほとんど耐えがたいまでに感情を高ぶらせた。しかしこの感情を明確に言い表わすことは、私にはできなかった。それは、どだい言語の力では無理なのかもしれなかった。

詩は、新たに個人的な意味で大切なものになった。ミルトンやポープはすでに学校で「習っていた」けれども、いまや私は自分でその良さを見出しはじめていた。ポープの詩に、こんな得も言われぬ繊細さに満ちた一節があった。「バラの香りにもだえ死ぬ」これを何度となくつぶやくうちに、私の心は別世界へと運ばれていた。

ジョナサンとエリックと私は、みんな読書と文学をこよなく愛して大きくなった。ジョナサンの母親は、小説家で伝記作家でもあった。エリックは三人のなかで一番早熟で、八歳のころから詩を読んでいた。私は歴史の本や伝記を多く読み、とくにだれかの身の上話や日記が好きだった（自分で日記を書きはじめたのもこのころだ）。私の好みがいささか偏っていると思ったエリックとジョナサンは、いろいろな作品を私に紹介してくれた。ジョナサンは、セルマ・ラーゲルレーヴとプルースト（私が知っていたのは化学者のジョゼフ＝ルイ・プルーストだけで、マルセルは聞いたことがなかった）を教えてくれ、エリックは、シェイクスピアより素晴らしいと言って、T・S・エリオットの詩を教えてくれた。エリックはまた、フィンチリー・ロードのコズモ・レストランに私を連れて行った。そこで一緒にレモンティーを飲み、シュトルーデルを食べながら、若き医学生の詩人ダニー・アブジが朗唱する自作の詩に耳を傾けたのだ。

私たち三人は、不遜にも学校で「文学同好会」なるものを作った。すでにミルトン同好会というクラブが存在してはいたが、もう長いこと消滅寸前の状態だった。ジョナサンが書記になり、エリックは会計係で、私が（三人のなかでは一番文学を知らず、一番はにかみ屋だと思ったのだが）会長になった。

私たちが、活動内容を決める第一回の会合を開くことを告知すると、興味をもった生徒が集まった。会合では、外から人――詩人や劇作家、小説家、ジャーナリスト――を招いて話をしてもらおうという強い要望が出て、会長である私が依頼をすることになった。その結果、驚くほど多くの作家が私たちの会合に足を運んでくれた。思うに、なんとも突飛な招待だったし、子どもっぽさと大人びたところが滑稽な感じに入り混じっていて、自分の著作を読みかじった熱心な少年たちがしきりに会いたがっているというところに、魅力を感じてもらえたのではなかろうか。最大の目玉は、バーナード・ショーだった。だが、彼から届いた素敵な絵葉書には、震える字で、行きたいのは山々だが年を取りすぎて旅行は無理だと書かれていた（そのころ九三歳と九ヵ月だったらしい）。講演者を招き、活発な議論を戦わせたことで、私たちの会は大変な人気を呼び、週ごとの会合に五〇人から七〇人もの生徒が集まることもあった。ミルトン同好会の地味な会合ではとうていありえなかった賑わいようだった。

会ではさらに、《プリックリー・ペアー》という薄汚いガリ版印刷の雑誌も発行した。これには生徒やときには先生の作品が発表され、ごくまれに「本物の」作家が書いてくれたものも掲載された。

しかし、まさにそうした成功が、私たちの活動を終わりに導いた。ひょっとしたら、私たちに対するはっきりとは語られない心情――権威をおちょくっている、不穏な意図がある、ミルトン同好会（たまにしかなかった会合も中止に追い込まれていた）を「葬り去って」しまった、小賢《こざか》しくて気にさわるユダヤ人の少年たちだ、などといった思い――も関係していたのかもしれない。ある日、校長が私を呼びつけ、前置きもなしにこう言った。「サックス、君の会は解散だ」

「な、なんですって？」私はつっかえながら言った。「そんな、勝手に『解散』なんてできないでしょう」

「私がしたいと思えばできるんだよ。君の文学同好会は、たった今解散した」

「でもどうしてです？」私は訊いた。「理由を教えてください」

「それを君に言う必要はない。理由などなくてもかまわないのだ。さあ、もう行っていい。よし、いなくなった」そう言うと校長は、「はい、消えた」といわんばかりに指をパチンと鳴らして、仕事に戻った。

私はこの知らせを、エリックとジョナサン、それに会のメンバーだったほかの生徒たちにも伝えた。みんな激怒し困惑していたが、どうしようもなかった。校長には絶対的な権限があり、それに逆らい、彼に盾突こうとしたところで、何もできなかったのだ。

スタインベックの小説『キャナリー・ロウ』（邦訳は井上謙治訳、福武書店刊など）は、一九四五年か四六年に刊行された。私がそれを読んだのは、その後まもなくだったはずだ――一九四八年ごろだろうか。当時私は学校で生物学を学んでいて、海洋生物学が興味の対象に加わっていた。この小説に登場するドック（先生）という人物が私は気に入っていた。彼がモンテレーの近くの潮だまりでタコの赤ん坊を探すところや、仲間とビール入りミルクセーキを飲む様子や、のどかで優雅な暮らしぶりに心を奪われたのだ。そして、自分もその夢のようなカリフォルニアで暮らしたいと思った（西部劇を見ていたころから、私にとってそこは夢の国だった）。すでに、十代になったころには、アメリカは私の心に入り込んできていた。ともに戦争を戦った偉大な同盟国であり、そのパワーや資源は無尽蔵に近かったからだ。世界最初の原子爆弾を作ったのもアメリカではなかったか？　休暇でロンドンの街を歩いているアメリカ兵を見かけることもあった。そのしぐさや話し方は、自信に満ち、のんきで、六年間戦争を味わった私たちにはほとんど信じられなかった。《ライフ》という雑誌では、ヨーロッパのどこよりも雄大な山並みや峡谷、砂漠などの風景が、大きく見開きを飾っていた。アメリカの街角を撮った写真も載っていて、人々は笑顔で活気に満ち、栄養もたっぷりといった体つきで、家はまぶしく光り、店には物があふれていた。彼らは、厳しい配給制を味わい、戦争の日々の記憶になお悩まされていた私たちには想像もつかない、豊かで楽しい暮らしを満喫していた。こうした大西洋の向こう側の安穏さを物語るうっとりするようなイメージと、実にのびのびした雄大さに加え、『アニーよ銃をとれ』や『オクラホマ！』などのミュージカルがさらに夢をふくらませた。そんな憧れが強まる雰囲気のなかで、『キャナリー・ロウ』と（いかにも感傷的すぎるきらいはあったが）その続篇『たのしい木曜日』（邦訳は清水氾・小林宏行・中山喜代市訳、市民書房刊）が私に大きな影響を与えたのである。

かつてセント・ローレンス・カレッジで過ごした日々には、ときどき自分の過去を妄想していたが、いまや私は未来を空想しだしていた。アメリカの海岸や奥地で科学者や博物学者として働く自分を思い浮かべたのだ。私はルイスとクラークによる西海岸探検の話を読み、エマソンやソローを読み、また自然保護の父と呼ばれたジョン・ミューアの本をよく読んだ。アルバート・ビアスタットの描いた雄大で神秘的な風景や、アンセル・アダムズの撮った心に訴えかける美しい写真にも惚れ込んだ（おかげで風景写真家になるという空想まで抱いた）。

一六歳か一七歳になると、海洋生物学に傾倒していた私は、アメリカじゅうの海洋生物学の研究所に手紙を書いた。マサチューセッツのウッズ・ホール海洋研究所、ラ・ホーヤのスクリップス海洋学研究所、サンフランシスコのゴールデン・ゲート水族館、そしてもちろん、モンテレーのキャナリー・ロウの研究所にも（そのころには、「ドック」がエド・リケッツという実在の人物をモデルにしていたことを知っていた）。どこも温かい返事をくれたと思う。私の好奇心と熱中ぶりを歓迎しながら、熱意だけでなく資格のたぐいも必要だから、生物学の学位を取ってからまた連絡しなさい、ときちんと教えてくれたのだ（一〇年後、ついにカリフォルニアへ行ったとき、私は海洋生物学者ではなく神経科医になっていた）。

23　解放された世界
——放射能がもたらした興奮と脅威

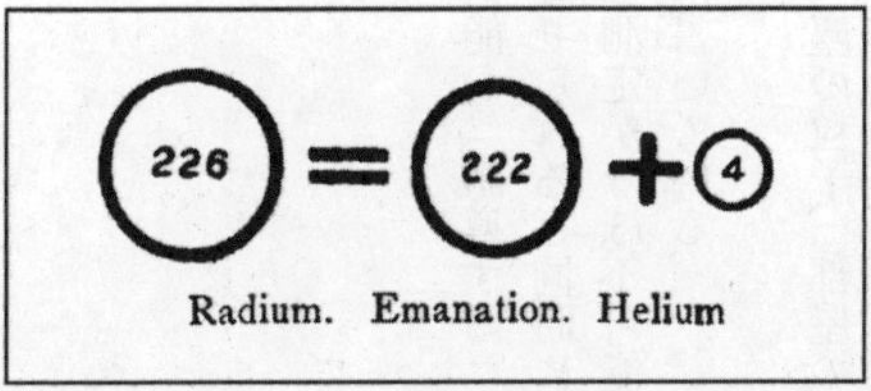

キュリー夫妻は、自分たちの放射性物質が、周囲のあらゆるものに放射能を「誘導する」奇妙な力をもっていることに、早くから気づいていた。ふたりはこれに魅せられると同時に、悩まされもした。それにより装置が汚染され、試料自体の発する放射能の測定がほぼ不可能になってしまったからだ。マリー・キュリーは、自分の論文に次のように書いている。

化学実験で使われるさまざまなものは……たちまち放射能を帯びる。塵の粒子、部屋の空気、衣服なども皆、放射能をもってしまう。さらに、部屋の空気は導電体にもなる。われわれの実験室では、この弊害が深刻で、もはやきちんと絶縁されている装置はひとつもない。(1)

このくだりを読んで私は、自分やエイブおじさんの家もわずかに放射能を帯びているのだろうか、と考えた。エイブおじさんの時計のラジウムを塗った針が、周囲のあらゆるものに放射能を誘導し、透過力の強い放射線が静かに部屋の空気に満ちているのだろうか、と。

キュリー夫妻は、（ベクレルと同様）当初この「誘導放射能」を物質でないものと結論づけようとしていた。燐光や蛍光にも似た「共鳴」現象と見なしかけていたのである。だが、物質の放出を示唆する事実もあった。一八九七年にふたりは、密閉したびんにトリウムを入れておくと放射能が強まり、びんを開けるとすぐに元のレベルに戻ることを発見していたのだ。しかし、夫妻はこの知見をそれ以上は追究せず、その驚くべき意味を初めて理解したのは、アーネスト・ラザフォードだった。彼は、トリウムから新しい物質が生まれていて、その物質は生みの親よりもはるかに放射能が強いと気づいたのである。

ラザフォードは、若い化学者フレデリック・ソディーの協力を得て、トリウムの「エマナチオン」が実のところ物質で、単離の可能なガスであることを明らかにした。このガスは、ほとんど塩素と同じぐらい容易に液化できたが、どんな化学試薬とも反応しなかった。アルゴンやほかに新たに見つかっていた希ガスとまったく同じ程度に、不活性だったのだ。ここへ至ってソディーは、トリウムの「エマナチオン」はアルゴンそのものかもしれないと考えた。のちに彼はこう記している。

そのとき、私は喜び以上のものに圧倒された――うまくは言い表わせないが、狂喜とでも言おうか。……まるでそのとてつもない衝撃を受けて目を回したかのように、呆然とその場に立ちつくしていたのをよく覚えている。そして、うっかり――当時はそう思えたのだ――こう口走った。「ラザフォード、これはトランスミューテーションだよ。トリウムが崩壊してアルゴンガスに変わっているんだ」

ラザフォードの答えは、より実用的な意味があることを象徴的に示していた。「ソディー、頼むからトランスミューテーションなんて言うのはやめてくれよ。ふたりとも錬金術師と思われて打ち首になっちまうぞ（トランスミューテーションは、現代物理学では「元素変換」のことだが、かつて錬金術では卑金属から貴金属への変成を意味していた）」

しかし、このガスはアルゴンではなく、ユニークな輝線スペクトルをもつ、まったく新しい元素だった。とてもゆっくりと拡散し、とんでもなく密度が高かった。アルゴンの密度は水素の二〇倍なのに、それの密度は一一一倍もあったのだ。ほかの希ガスと同じように一個の原子だけからなる単原子分子だと仮定すると、そのガスの原子量は二二二になった。つまり、希ガスの列の終わりにあたる一番重たい元素で、メンデレーエフの〇《ゼロ》族に属する最後の一員として、周期表に位置づけられたのである。ラザフォードとソディーは、それを暫定的にトロンあるいはエマナチオンと呼んだ。

だがトロンは驚異的な速さで消滅した。一分で半分が、二分で四分の三がなくなり、一〇分経つともう検知できなくなった。この崩壊の速さ（とその代わりに放射性の固体が生成する速さ）によって、ラザフォードとソディーは、ウランやラジウムではっきりわからなかった事実に気づくことになる。放射性元素の原子は絶えず崩壊して、別の原子に変化していると悟ったのだ。

ふたりはまた、各放射性元素に固有の崩壊速度――「半減期」――があることも見出した。元素の半減期はきわめて厳密に決まっていて、たとえばラドンのある同位体の半減期は三・八二三五日と算出できる。それなのに、個々の原子の寿命はまったく予想できないのだった。

私はこのことを考えるとどんどんわけがわからなくなり、ソディーの説明を何度も読み返した。

任意の一秒間に一個の原子が崩壊する確率は、つねに一定である。それはわれわれの知るどんな外的・内的な条件とも無関係で、過去にどれだけの時間原子が崩壊を免れていようとも、その事実によって崩壊する確率が増すわけではない。……ここで言えるのは、原子が崩壊する直接の原因はどうやら確率らしいということだけだ。

したがって、個々の原子の寿命は、ゼロから無限大までのばらつきがあるらしく、これから崩壊しようとしている原子と、崩壊まであと一〇億年もある原子とを見分ける手だてはないのだった。

なんとも不可解な話だと思った。原子はいつでも崩壊する可能性があり、そこには何の「理由」もない、というわけなのだから。まるで放射能を、連続性やプロセスの支配する世界から締め出し、因果関係があって納得のいく世界から追い出しているようで、従来の古典的な法則が一切通用しない世界の存在をほのめかしているかに見えたのである。

ラジウムの半減期は、そのエマナチオンであるラドンの半減期よりずっと長く、およそ一六〇〇年だ。だがこれは、地球の年齢に比べればなお微々たるものにすぎない。そのように着実に崩壊するのなら、地球上のラジウムがとうの昔に消え去っていないのはなぜだろう？ラザフォードは、答えを推測し、ほどなくそれを実証した。ラジウム自体がはるかに半減期の長い元素の崩壊で生まれていて、崩壊の連鎖は親元素のウランまでたどれたのだ。ウランの半減期は四五億年で、地球の年齢にほぼ近い。放射性元素の崩壊には、もうひとつトリウムから始まる連鎖もあった。トリウムはウランよりもさらに半減期が長い。したがって地球は、原子エネルギーという点で、みずからが形成されたときから存在するウランやトリウムのおかげで、今なお息づいているのだ。

こうした発見は、地球の年齢をめぐる積年の議論に大きな影響を及ぼした。ダーウィンの『種の起源』が出版された直後の一八六〇年代初頭、偉大な物理学者ケルヴィンは、太陽以外に熱源がないと仮定したうえで、地球が冷えている速さをもとに、地球はたかだか二〇〇〇万年前に生まれ、この先五〇〇万年以内にすっかり冷え込んで生命を維持できなくなる、と主張した。この計算結果は、愕然とさせられる数字だったばかりか、化石記録と矛盾していた。化石で見るかぎり、生命は何億年も前から存在していたのだ。かといって反証も見つからなかったので、ダーウィンはひどく困惑した。

この謎が、放射能の発見によってようやく解決を見た。若きラザフォードは、当時八〇歳になっていた有名なケルヴィン卿を前に、ケルヴィンの計算は誤った仮定にもとづいていたのではないか、とおっかなびっくりで指摘したらしい。太陽以外にも熱源があり、それは地球にとって非常に大きな役目を果たしている、と。放射性元素（主にウランやトリウムと、それらの崩壊生成物だが、カリウムの放射性同位体もある）が何十億年にもわたって地球を温めつづけ、ケルヴィンが予言した早すぎる熱力学的死を防いできたのだ。ラザフォードは、すでにヘリウムの含有量をもとに年齢を見積もっていたピッチブレンドのかけらを取り上げ、この地球のかけらは少なくとも五億歳なんです、と言った。

ラザフォードとソディーは、最終的に三種類の放射性崩壊の系列を明らかにした。どの系列にも、親元素の崩壊によって放出される崩壊生成物が一ダース程度含まれていた。これらの崩壊生成物は、本当にみんな別個の元素なのだろうか？　ビスマスとトリウムのあいだに三ダースもの元素を収める余地は、周期表にはなかった。半ダースなら収められても、それ以上は無理だったのだ。その後だんだんと、そうした元素の多くはお互いに少しタイプが違うだけであることがわかった。たとえば、ラジウムのエマナチオンと、トリウムのエマナチオンと、アクチニウムのエマナチオンは、半減期が大きく異なるけれども、化学的性質はまったく一緒で、原子量がわずかに違うものの同じ元素なのだった(のちにソディーは、これらを同位体と名づけた)。各系列の最後に到達する元素もよく似ていた。それらはラジウム

G、アクチニウムE、トリウムEと呼ばれていたが、どれも実は鉛の同位体であった。

三つの系列に含まれる物質には、それぞれ放射能にユニークな特徴があった。一定不変の半減期をもち、出てくる放射線にも違いがあったのだ。ラザフォードとソディーは、これによって各物質を区別し、放射化学という科学の新分野を切り開いた。

このようにして、マリー・キュリーが最初に持ち出しながら引っ込めていた「原子の崩壊」というアイデアは、もはや否定のしようがないものとなった。すべての放射性物質はエネルギーを放出しながら崩壊して別の元素になり、この元素変換《トランスミューテーション》が放射能という特性の核心にあることが、明白になったのである。

私が化学に惚れ込んでいたわけは、ひとつには、それが何ダースかの元素にもとづく無数の化合物の変化を扱う科学で、おのおのの元素自体は永久不変のものだったからだ。元素が安定で不変だと意識することは、私にとって、精神的な意味でとても重要だった。不安定な世界のなかで、そこだけは微動だにしない錨のように思えたのである。ところが今、放射能のおかげで、最も信じがたい種類の変化が明らかになった。ウランというタングステンに似た硬い金属が、ラジウムのようなアルカリ土類金属や、ラドンのような希ガス、テルルに似た元素ポロニウム、放射性のビスマスやタリウムを経て、ついには鉛になる――結局、周期表の大半の族の元素が生まれる――などと、かつていったいどこの化学者が考えただろうか？

だれも考えなかった（錬金術師なら考えたかもしれないが）。そんな変化は、化学の領域を超えたところにあったのだ。かつて、どんな化学的なプロセスを経ても、どんな化学的な攻撃を受けても、元素そのものが変わったためしはなかったし、放射性元素であってもそうだった。ラジウムは、化学的にはバリウムとよく似た振る舞いをする。だがその放射能となるとまるで違う特性で、それ自身の化学的特性や物理的特性とも一切関係がなかった。放射能は、化学的・物理的特性とはまったく別の、驚くべき（あるいは恐ろしい）特性だったのである（ときに私を悩ませる特性でもあった。金属ウランのもつタングステン並みの密度や、その鉱物や塩《えん》が見せる蛍光や美しさが大好きだったのだが、放射能のせいで長くは安全に扱えないと感じたためだ。同じく、ラドンが強い放射能をもつのも苛立たしかった。そうでなければ、これは重たいガスとして理想的なものだった）。

しかし放射能は、化学の本質や元素の概念に変更を迫りはしなかったし、元素の安定性や素性の認識を揺るがせもしなかった。原子のなかに二種類の世界があることを匂わせているにすぎなかったのだ。ひとつは、化学反応や化学結合を支配している、表面的なわかりやすい世界であり、もうひとつは、通常の化学的・物理的な要因やそれらの比較的小さなエネルギーではつかめない、深いところにある世界である。後者の世界では、何らかの変化によって、元素の素性が根本的に変わる可能性があった。

エイブおじさんは、家に「スピンサリスコープ」を一個もっていた。マリー・キュリーの論文の表紙にも広告が出ていたが、ちょうどそのとおりのものだった。実に単純な器具で、蛍光スクリーンと接眼レンズからなり、なかにラジウムの微小な粒が入っていた。接眼レンズをのぞくと、一秒間に何ダースもの閃光（シンチレーション）が見えた。エイブおじさんに渡されてのぞいたとき、流れ星が数限りなく降るような神秘的な眺めに、私はただ陶然と見入った。

スピンサリスコープは、一個数シリングほどで買え、エドワード朝時代には、おしゃれな科学のおもちゃとして多くの家の応接間に飾られていた。ヴィクトリア朝時代からのステレオスコープやガイスラー管に続いて、新たに二〇世紀ならではの小道具が加わったのだ。しかし、おもちゃの一種として登場しながら、本質的に重要な事実も明らかにしていた。そこに見える小さな閃光は、一個一個のラジウム原子の崩壊によるもので、崩壊時に放射される一個一個のアルファ粒子に起因していたのだ。当時はだれも、個々の原子の作用が見えているとは考えず、ましてや原子がひとつずつ数えられるなどとは夢にも思っていなかった、とエイブおじさんは言っていた。

「このなかのラジウムは、一〇〇万分の一ミリグラムもない。それでも、ちっぽけなスクリーンに一秒間に何ダースも閃光が見えるんだ。これが一グラムだったら、どれだけになると思う？　一グラムってことは、この量の一〇〇万倍の一〇〇〇倍だ」

「一〇〇〇億」と私はすばやく計算した。

「いい線だ」おじが言った。「正確には、一三六〇億だよ。この数は変わらない。一グラムのラジウムのなかで、毎秒一三六〇億個の原子が崩壊して、アルファ粒子を放射しているんだ。これが何千年も続くんだと考えれば、ラジウム一グラムにどんなにたくさん原子があるか、だいたいわかるだろう」

二〇世紀初頭には、ラジウムから、このアルファ線のほかにもいくつか放射線が出ていることが、実験で明らかになっていた。放射能による現象はたいてい、こうした放射線に原因をたどることができた。空気をイオン化するのはとくにアルファ線が得意とするところだったが、蛍光を引き起こしたり写真乾板を感光させたりする力はベータ線が勝《まさ》っていた。放射性元素の発する放射には、おのおの元素による特徴もあった。たとえば、ラジウムはアルファ線とベータ線の両方を放射していたけれども、ポロニウムはアルファ線しか放射しなかった。また、ウランはトリウムより早く写真乾板を感光させたが、トリウムにはウランよりも検電器を放電させる力があった。

放射性崩壊で生じるアルファ粒子――のちにヘリウムの原子核であることがわかった――は、正電荷をもち、比較的重たい（ベータ粒子とも呼ばれる電子の何千倍も質量がある）。そしてひたすら一直線に進み、物体の存在をものともせずに通過し、散乱も屈折もしなかった（そのあいだに速度はいくらか落ちるにしても）。少なくともそう見えたのだが、一九〇六年、ラザフォードは、ごくまれに小さな屈折が起きていそうだと気づいた。ほかの研究者は無視したが、ラザフォードにとって、この知見は重要な可能性をはらんでいた。アルファ粒子は、ほかの原子にぶつけてその構造を探るにはもってこいの、原子サイズの弾丸になるのではないか？　そう考えた彼は、若い助手ハンス・ガイガーと学生のアーネスト・マースデンに、金属薄膜《きんぞくはくまく》のスクリーンを使って、薄膜にぶつかったアルファ粒子を全部カウントできるような実験をしてくれと頼んだ。ガイガーとマースデンは、金箔にアルファ粒子をぶつけてみて、およそ八〇〇〇個に一個の割合で粒子が大きく軌道を曲げる事実を発見した。曲がる角度は、九〇度以上、ときには一八〇度にもなった。のちにラザフォードは言っている。「かつて人生で、これほど信じられない出来事に出くわしたことはなかった。まるで、一五インチ砲の弾をちり紙に向けて発射したら、跳ね返ってきて自分に当たったというぐらい、信じがたい話だった」

この奇妙な結果について、ラザフォードは一年近く考えつづけた。やがてある日、(ガイガーの記すところによれば)「最高に上機嫌な様子で私の部屋へやってくると、原子がどんな姿をしていて、あの不思議な散乱が何を意味しているのかが、ついにわかったぞと言った」。

ラザフォードは、原子は(J・J・トムソンが「プラム・プディング」型の原子模型として示したように)正電荷の均質なゼリーのなかに電子がレーズンのように埋め込まれたものではない、と悟った。もしそうならアルファ粒子はいつでも素通りしてしまうはずなのだ。アルファ粒子は大きなエネルギーと電荷をもっている。だから、それが軌道を曲げるとすれば、はるかに強い正電荷をもつ何かのせいとしか考えられなかった。一方で、そんなことが起こるのは八〇〇〇回に一度でしかない。七九九九個の粒子は、まるで金の原子がほとんど空っぽの空間でできているみたいに、一直線に通り抜けた。しかし、八〇〇〇個目の粒子はそこで止まり、硬いタングステンの球に当たったテニスボールのように打ち返されるのだ。きっと金の原子は、中心の微小な空間に――想像を絶するほどの密度の核として――質量が集中しているから、なかなか当たらないのにちがいない。そうラザフォードは考え、原子には、大半が空っぽの空間のなかに、一〇万分の一の直径しかない正電荷をもった高密度の原子核があり、そのまわりを少数の負電荷の電子が回っていると提案した。要するに、ミニチュアの太陽系を思い描いたのである。

ラザフォードの実験と、彼の提唱した原子核を中心とする原子模型によって、放射能と化学反応とではプロセスが大きく異なり、関与するエネルギーが一〇〇万倍も違うという事実に、構造的な根拠が与えられた（ソディーは、人気の高かった自分の講演でよくこのことを派手に表現してみせた。酸化ウランが入った一ポンドびん〔一ポンドは五〇〇グラム弱〕を片手で高々と持ち上げ、これだけで石炭一六〇トン分のエネルギーがあると言ったのだ）。

化学変化やイオン化の際には、一個か二個の電子のやりとりが生じ、そのために必要なエネルギーはわずか二、三電子ボルトにすぎない。この程度のエネルギーなら、化学反応、熱、光、あるいはただの三ボルト電池などで簡単に生み出せる。一方、放射能のプロセスには原子核が関与している。原子核は非常に強い力で結びついているため、これが崩壊すると、数百万電子ボルトにおよぶ桁違いのエネルギーが解放されることになる。

ソディーは二〇世紀に入った直後に「原子エネルギー」という言葉をこしらえたが、それは原子核が発見される一〇年以上も前のことだった。当時は、太陽や夜空の星々がどうやってあれほどのエネルギーを放射し、しかも何百万年も放射を続けていられるのか、だれも知らなかったし、少しでもありえそうな仮説の立てられた人もいなかった。化学エネルギーでは、とうてい説明できなかった。太陽が石炭でできているとしたら、一万年で燃え尽きてしまうはずだったのである。では、放射能つまり原子エネルギーなら、答えになりうるだろうか？　ソディーはそう考えて次のように記している。

かりに……われわれの太陽が……純粋なラジウムでできているとしたら……その莫大なエネルギーは容易に説明がつくだろう。

さらにソディーは、(2)放射性物質のなかで自然に生じる元素変換を人工的に起こすことは可能だろうか、とも考えた。この考えは、彼をほとんど神秘的と言えるほどの至福と恍惚の高みにまでいざなった。

ラジウムは、この世界のエネルギーが無尽蔵であることをわれわれに教えてくれた。……物体の元素変換が可能な種族は、額に汗して働き日々の糧を得る必要がほとんどなくなるだろう。……そのような種族なら、不毛の大陸を改造し、酷寒の極地を暖め、全世界をのどかな楽園にすることができる。……いまやまったく新しい可能性が開けたのである。人類は、神からの恵みが増え、みずからの志を高めた結果、現在のわれわれには想像もつかないほど素晴らしい運命を手に入れている。……いつの日か人類は、いま自然が将来のためにこっそりためているエネルギーの源泉を、自分たちのためにコントロールする力をものにすることだろう。

私は、戦争の最後の年にソディーの著書『ラジウムの解釈（*The Interpretation of Radium*）』を読んで、無限のエネルギーや永遠の光といったイメージに魅了された。ソディーの魅惑的な言葉は、二〇世紀初めのラジウムと放射能の発見がもたらした興奮や、人類に力と救いが与えられるという思いを、私にも味わわせてくれた。

しかし、ソディーはまた、暗い可能性についても語っていた。それはほとんど最初のうちから脳裏に浮かんでいたようで、早くも一九〇三年には、地球は「われわれの知るどんな火薬よりもずっと強力な火薬が詰まった倉庫だ」と言っている。この指摘は『ラジウムの解釈』でもたびたびなされていて、ソディーの見事な洞察に刺激を受けたH・G・ウエルズは、初期のSFのスタイルに立ち戻り、一九一四年に『解放された世界』を出版した（じっさいウエルズは、その本で『ラジウムの解釈』に献辞を捧げている）。この小説でウエルズは、ほとんど連鎖反応のようにしてエネルギーを解放する、カロリニウムという新たな放射性元素を想定した。(3)

これまで軍事技術の発展においては、砲弾や点火されたロケットはつねに瞬間的に爆発するしかなかった。それは一度だけで一瞬のうちに終った。……しかし、カロリニウムは……一度その崩壊過程が誘発されると絶えずエネルギーの猛烈な放射を開始した。それは決して止められなかった。（『解放された世界』〔浜野輝訳、岩波書店刊〕より抜粋）

一九四五年の八月にヒロシマのニュースを耳にしたとき、ソディーとウエルズの予言を思い出した。原子爆弾に対して私が抱いた感情は、なんとも複雑だった。私たちの戦争はとうに終わっていた。ヨーロッパ戦勝記念日は五月八日だったのだ。アメリカと違って、私たちは真珠湾を攻撃されたわけでもなく、グアムやサイパンで激戦を演じたわけでもない。日本と直接戦ってはいないのだ。だから原子爆弾は、ある意味で、戦争のひどい付け足しで、おぞましいデモンストレーションにすぎず、必要なかったようにも思えた。

一方で、多くの人と同じように、原子を分裂させたという科学の偉業に対しては喜びも感じ、一九四五年八月に公表された「スマイス報告」を夢中になって読んだ。この報告には、爆弾の製造法が詳細に記されていたのだ。その爆弾の恐ろしさを本当の意味で知ったのは、翌年の夏だった。ジョン・ハーシーの「ヒロシマ」が、《ニューヨーカー》の特別号に全紙面を割いて掲載され（アインシュタインはこの号を一〇〇〇部購入したと言われている）、直後にBBCラジオの第三放送でも放送されたのだ（邦訳は『ヒロシマ』〔石川欣一・谷本清訳、法政大学出版局刊〕）。このときまで、化学や物理学は、私に純粋な喜びと驚異をもたらす源泉だった。それらのもつ負の力を、十分に知らなかったのかもしれない。原子爆弾は、私を震え上がらせた。そして、だれをも震え上がらせた。人々は、原子物理学（核物理学）に対して、もはやラザフォードやキュリー夫妻の時代のように無邪気に感動してはいられない、と気づいたのである。

（1）マリー・キュリーの実験ノートは、一世紀経った今も、じかに触れるのは危険ということで、内側に鉛の板を貼った箱に収められている。

（2）ソディーはこの人工的な元素変換を、ラザフォードがなし遂げる一五年前に想像し、核分裂や核融合が発見されるはるか以前に、原子崩壊が起こす爆発や原子崩壊の制御を思い描いていた。

（3）レオ・シラードは、一九三〇年代に『解放された世界』を読んで連鎖反応を思いつき、一九三六年にそれで秘密特許を取っている。そして一九三九年には、アインシュタインを説き伏せて、原子爆弾の可能性をローズヴェルト大統領に警告する有名な手紙を送らせた（ドイツが開発に成功したら大変なことになると警告した）。

24　きらびやかな光

——原子が奏でる天球の音楽

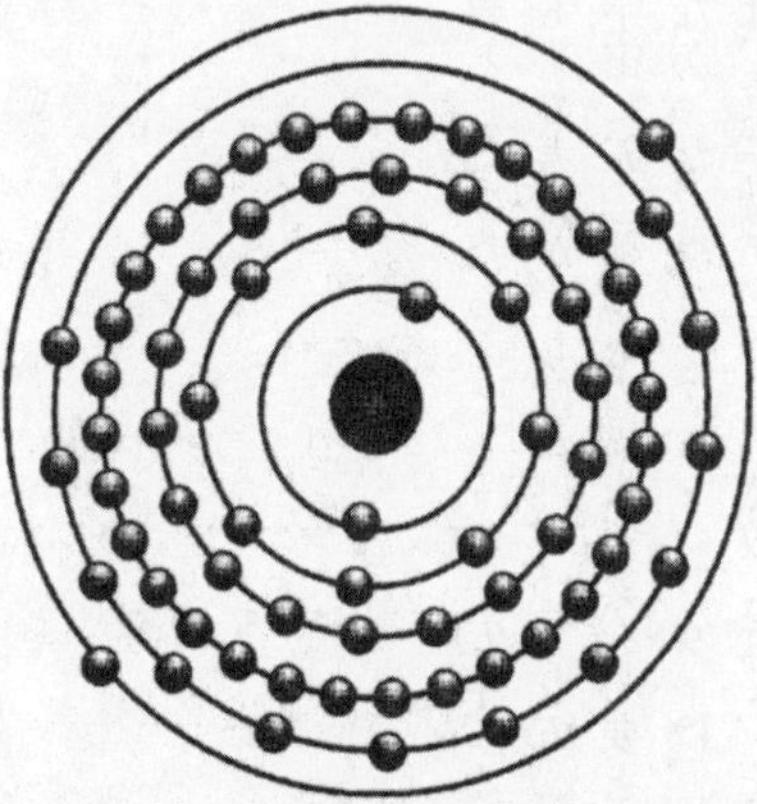

Tungsten (W^{74})

神は、宇宙を創造するのにいくつの元素を必要としたのだろう？　一八一五年ごろには、すでに五〇あまりの元素が知られていた。ドルトンの考えが正しければ、つまり五〇種類の原子が存在するということだった。だが神は、宇宙に五〇種類もの構成要素を必要としなかったはずだ。もっと効率よく設計したにちがいなかった。ウィリアム・プラウトは、ロンドンの医師だったが化学にも関心が深かった。彼は、原子量がどれも自然数に近く、それゆえ水素の原子量の倍数に近いことに気づき、水素が実のところ基本元素で、ほかのすべての元素はこれで形成されているのではないかと考えた。それなら、神はただ一種類の原子を作るだけでよく、これが自然に「凝集」することで、すべての元素が作れたのである。

　ところが、なかには半端な原子量をもつ元素もあることがわかった。自然数よりわずかに多かったり少なかったりする原子量なら、丸めて自然数にしてしまうこともできた（ドルトンがしたように）。しかし、たとえば原子量が三五・五の塩素はどうしたらいいのだろう？

これはプラウトの仮説を支持しづらくしていた。また、メンデレーエフが周期表を作ると、さらなる問題が明らかになった。たとえば、テルルは化学的性質で見ればヨウ素の手前になるが、その原子量はヨウ素より小さくはなく、逆に大きかったのである。こうした事実は重大な問題だったが、それでも一九世紀を通じてプラウトの仮説は死に絶えはしなかった。非常に美しく、非常に単純な原理なので、多くの化学者や物理学者は、そこに本質的な真理が潜んでいると思ったのだ。

ひょっとして、原子量よりも重要で基本的な属性が原子にはあるのだろうか? この問題は、原子を――とくに中央部の原子核を――「探る」手だてが見つかるまで、だれにも取り組めなかった。しかしプラウトが仮説を提唱してから一世紀経った一九一三年、ラザフォードのもとで研究していた若く聡明な物理学者ハリー・モーズリーが、X線分光分析という生まれたての技術を使って原子の調査に乗り出した。モーズリーの実験装置は、少年っぽい魅力に満ちていた。彼はミニチュアの列車のようなものを用意し、各車両に別々の元素を乗せておよそ一メートルの真空管のなかを移動させ、各元素に陰極線をぶつけて「特性X線」を放射させた。元素の原子番号を横軸に、特性X線の振動数の平方根を縦軸にして結果を書きこむと、直線のグラフが得られた。さらに別の方法でグラフ化すると、任意の元素から次の元素へ進むときに、振動数が階段状に不連続に増加することもわかった。モーズリーは思った。これは原子の基本的な属性を反映しているにちがいない。そしてその属性とは、原子核の電荷量でしかありえない、と。

モーズリーの発見によって、(ソディーいわく)元素の「点呼」ができるようになった。元素は一定の間隔で並び、どこにもギャップがあってはならない。もしギャップがあれば、そこの元素が抜けているということだった。こうして元素の明確な順序が明らかになり、水素からウランまで、元素は九二個で、それ以上はないとわかった。抜けている未発見の元素が七つあることも判明した。原子量についての「変則性」も解決された。テルルの原子量はヨウ素をわずかに上回っていたが、原子番号で見れば、テルルは五二で、ヨウ素は五三だったのだ。重要なのは、原子番号であって、原子量ではなかった。

モーズリーは、一九一三年から一四年にかけての数ヵ月ですべての成果を上げた。その華麗ですばやい仕事ぶりに、化学者はさまざまな反応を示した。年輩の化学者は、大胆にも周期表を完成させ、そこに示した元素以外に新元素が見つかる可能性はないなどとほざくこの生意気な若造はだれだ、と憤慨した。こいつに化学の何がわかっているというんだ。新元素を濃縮したり、新しい化合物を分析したりするためには、蒸留や濾過や結晶化といった長く根気の要るプロセスが必要なんだ、と言ったのである。ところが、当代屈指の分析化学者だったユルバンの反応は違った。彼は、一万五〇〇〇回に及ぶ分別晶出をおこなってルテチウムを単離した男だったが、すぐにその成果の重要性に気づき、モーズリーは化学の聖域を侵したのではなく、むしろ周期表の正しさを裏付け、その中心的な役割を改めて浮き彫りにしたのだと考えた。「モーズリーの法則は……私が二〇年間苦労して得た結論に、わずか数日で確証を与えた」

原子番号は、かつては、原子量にしたがって並べた元素の順序を示すためのものにすぎなかった。しかしモーズリーは、その原子番号に真の意味を与えた。原子番号は、原子核の電荷量を示し、元素の素性を、その化学的な素性を、厳密な形で示していたのだ。たとえば、鉛には原子量の異なるいくつかの形態――同位体――があるが、どれも原子番号は同じで八二だ。鉛は本質的に、根本的に、原子番号が八二であり、鉛であるかぎりこの番号は変わらない。同じようにタングステンは、必然的に、なにがなんでも七四番元素なのだ。だが、七四という番号が、どうやってタングステンにその元素としての素性を与えているのだろうか？

モーズリーが元素の真の番号と順序を明らかにしたとはいえ、まだ根本的な問題がいくつも残っていた。その問題は、すでにメンデレーエフの時代から科学者たちを悩ませ、若いころのエイブおじさんを悩ませ、今では私をも悩ませていた。化学や分光学や放射能と戯れる楽しみが、私のなかで、「なぜ？　どうして？」の嵐に変わりつつあったのだ。そもそもなぜ元素などというものがあり、なぜそれぞれの性質をもっているのか？　どうしてアルカリ金属とハロゲンは、お互いに正反対の意味であんなに反応性が高いのか？　希土類元素がどれもよく似ていて、それらの塩《えん》が美しい色を帯びて磁性をもつことは、どうしたら説明がつくのか？　元素のユニークで複雑なスペクトルと、そのスペクトルにバルマーが見出した数的な規則性は、いったい何が生み出しているのか？　なにより、元素はどうして安定で、何十億年も変わらずにいられるのだろうか？　しかも地球上だけでなく、太陽や他の恒星でもそうらしいのだ。これらは、四〇年も前に、若きエイブおじさんを苦しめた疑問だった。ところがそのおじいわく、一九一三年に、これらの疑問ばかりか、何ダースものほかの疑問まで基本的に解決され、新しい知識の世界が突然開けた。

ラザフォードとモーズリーは、原子核とその質量と電荷量に注目していた。しかし、元素の化学的性質と（どうやら）多くの物理的性質を決定しているのは、おそらくは原子核のまわりをめぐっている電子で、その構成や結合のようだった。そしてまさにこの電子のせいで、ラザフォードの原子模型は破綻をきたしていた。マクスウェルの電磁理論にもとづく古典物理学によれば、そうした太陽系型の原子には致命的な問題があった。電子が一秒間に一兆回以上も原子核のまわりをめぐっているとしたら、必ず可視光の形で放射が生じるはずで、そうした原子は瞬間的に閃光を発し、内破する――つまり電子がエネルギーを失い、原子核に向かって突っ込む――にちがいなかったのだ。ところが実際には、元素やその原子は、（放射能がなければ）何十億年も、永久と言っていいぐらいもちこたえていた。なぜ原子は、一瞬に思える運命に逆らって、安定していられるのだろうか？

この不可能を可能にするには、まったく新しい原理を利用するか編み出す必要があった。

その原理を知ったとき、私は人生で――少なくとも「化学にまつわる」人生で――三度目の感動を味わった。最初の感動は、ドルトンと彼の原子説について知ったときで、二度目の感動は、メンデレーエフと周期表について知ったときだ。しかし三度目は、いろいろな意味で一番驚きが大きかったように思う。私の知るどの古典的な科学理論にも反し、合理性や因果性とも矛盾していた（あるいはそう見えた）からだ。

ニールス・ボーアも、一九一三年にラザフォードの研究室で働いていた。彼こそが、ラザフォードの原子模型とプランクの量子論を結びつけて不可能を可能にしたのだ。エネルギーが連続的にでなく「量子」という不連続な塊として吸収・放出されるという概念は、一九〇〇年にプランクが示唆して以来、まるで時限爆弾のように静かに眠っていた。アインシュタインはその概念を光電効果の説明に利用したが、これを除けば、量子論とそこに秘められた革命的な可能性は、ボーアがラザフォードの考えた原子の問題点を回避しようとして目をつけるまで、不思議なことにないがしろにされていた。原子を太陽系のようなものと見なす古典的な見方では、電子は無限の種類の軌道をとりうるが、どの軌道も不安定で、電子は原子核に突っ込んでしまう。しかしボーアは、電子がとびとびの有限個の軌道をもつ原子を想定し、各軌道には固有のエネルギー準位つまり量子状態があると考えた。最もエネルギーの低い軌道は、原子核に一番近い軌道で、ボーアはそれを「基底状態」と呼んだ。電子はここにとどまり、エネルギーを放出せずに、永久に原子核のまわりを回っていられる。それはとんでもなく大胆な仮説で、古典的な電磁理論が原子の極微の世界には当てはまらないことを意味していた。

当時、この仮説には一切証拠がなかった。あくまでも直感と想像がもたらした飛躍的思考にすぎなかった——ここで電子に対して彼が仮定した、前触れも中間もなく、あるエネルギー準位から別のエネルギー準位へいきなり移る飛躍そのもののように。ボーアは、電子の基底状態に加え、それより高いエネルギーの軌道、すなわち高いエネルギーの「定常状態」も存在し、電子はそこへ短時間だが転移することがある、と仮定していた。つまり、原子が適切な振動数のエネルギーを吸収すると、電子が基底状態からより高いエネルギーの軌道へ移るが、ほどなく、吸収したのとまったく同じ振動数のエネルギーを放射して元の基底状態へ戻るというわけだった。これは、蛍光や燐光を発する際に起きている現象でもあり、元素が固有の発光スペクトルや吸収スペクトルをもつという、それまで五〇年以上も謎に包まれていた事実を説明していた。

ボーアの考えでは、原子はこうした量子飛躍でしか、エネルギーを吸収したり放射したりすることができなかった。だから、スペクトルに現われるとびとびの線は、さまざまな定常状態のあいだの遷移を表わしていたのだ。隣り合うエネルギー準位のあいだの増分は、原子核から遠のくにしたがい小さくなっていた。ボーアは、その間隔が水素のスペクトル線（およびその線にかんするバルマーの式）とぴったり対応していることを、計算によって明らかにした。このようにして理論と現実を一致させたことは、ボーアが収めた最初の大成功と言える。アインシュタインはボーアの成果を「途方もない偉業」と思い、三〇年後にも振り返ってこう記している。「［それ］は今でも私には奇跡のように思える。……これは、思考の領域で発揮された、音楽的才能の最たるものだ」水素のスペクトル——あるいはスペクトル全般――は、かつてはチョウの翅《はね》に描かれた模様のようにただ美しく無意味だった、とボーアは言っている。ところがいまや、スペクトルは原子のなかのエネルギー状態を表わし、電子が回るとびとびの軌道を反映していることがわかった。「スペクトルの言語は」と偉大な分光学者アルノルト・ゾンマーフェルトは書いている。「原子が奏でる『天球の音楽』（かつてピタゴラス学派は、天体の運動が人間には聞こえない音楽を奏でていると考えたので、それにたとえている）として明らかになった」

量子論は、もっと複雑な多電子の原子にも当てはまるのだろうか？　また、そうした原子の化学的性質や、周期表そのものを説明できるのだろうか？　ボーアは、第一次世界大戦が終わって研究を再開すると、次にこの問題に専念した。[1]

原子番号が増え、原子核の電荷量すなわち陽子数が増えていくにしたがい、原子全体がつねに中性であるように、増えたのと同じ数の電子も加えてやる必要があった。しかしこの電子の加わり方には階層と順序がある、とボーアは考えた。当初、彼は水素がもつただ一個の電子のとりうる軌道に注目していたが、いまや自分の考えを、あらゆる元素がもつ「電子の軌道」すなわち「電子殻」の階層構造にまで押し広げていた。そうした電子殻は、厳密で不連続な固有のエネルギー準位をもっているので、次々と加わる電子は、まず空いている最低のエネルギーの軌道に収まり、その軌道がいっぱいになると、次に低いエネルギーの軌道に収まり、このようにしてエネルギーの低い順に軌道が埋まっていく――そんな仕組みをボーアは提案したのである。ボーアの電子殻は、メンデレーエフの周期に対応していた。だから、最初に埋まる、一番内側の電子殻には、メンデレーエフの第一周期と同じで、元素ふたつ分の空席があった。この電子殻がふたつの電子でいっぱいになると、二番目の電子殻が埋まりだす。その電子殻はメンデレーエフの第二周期に対応していて、電子を八つだけ収容できる。同様に、次の電子殻も第三周期に対応している。こうした積み上げすなわち「増成」の原理によって、すべての元素は体系的に組み立てられ、自然に周期表のしかるべき場所に収まるのだろう、とボーアは思った。

したがって、各元素が周期表のなかで占める位置は、その原子がもつ電子の数を表わしていて、元素の反応性や結合は最外殻の電子――いわゆる価電子――の満たされ具合によって理解することができた。たとえば希ガスはどれも、価電子殻つまり最外殻が八つの電子で完全に埋まっており、そのおかげで事実上不活性になっていた。Ⅰ族のアルカリ金属は、最外殻にひとつしか電子をもっていないので、安定な希ガスの配置になろうとして、やたらとそれを手放したがった。Ⅶ族のハロゲンは、最外殻に電子を七つもっているので、逆にもうひとつ電子を手に入れて、やはり希ガスの配置になりたがった。だからナトリウムが塩素と出会うと、とたんに(しかも爆発的に)化合した。ナトリウム原子が余分な電子を提供し、塩素原子が喜んでそれを受け取って、過渡的にどちらもイオンになったのである。

遷移元素や希土類元素を周期表にどう位置づけるべきかは、それまでずっと大問題だった。だがボーアは、この問題に巧みで鮮やかな解答を提示した。遷移元素には、一〇個の電子でいっぱいになる電子殻が別に存在し、希土類元素には、さらに一四個の電子が収まる電子殻があると考えたのである。これらは内殻で、とくに希土類元素の場合は奥に隠れていて、外殻ほど大きく化学的性質に影響を与えない。だから、遷移元素はどれも比較的よく似ていて、希土類元素同士はきわめてよく似ていたのだ。

　ボーアが原子構造をもとに作成した電子による周期表は、メンデレーエフが化学反応性をもとに作成した経験的な周期表と、基本的に同じものだった（また、トムセンのピラミッド形の表やヴェルナーが一九〇五年に公表した長周期表ともほとんど一緒だった）。周期表を、元素の化学的性質から推理しても、原子の電子殻から推理しても、まったく同じ結果に至ったのだ。[2] モーズリーとボーアは、周期表の根底に、各周期の元素数を決定する基本的な数列があることを見事に明らかにした。第一周期に二個、第二・第三周期にそれぞれ八個、第四・第五周期にそれぞれ一八個、第六周期には三二個（第七周期もそうなのではないか）、といった数の関係である。私はこの数列——2、8、8、18、18、32——を、何度も繰り返し唱えた。

　ここへきて私は、再び科学博物館に通いだし、また巨大な周期表を何時間も眺めるようになった。今度は、各小箱に赤く記された原子番号に注目した。たとえばバナジウムを見つけ——小箱にきらきらした塊が飾ってあった——それを二三番元素として眺め、23というと5+18だな、と考えた。一八個の電子をもつアルゴンの「コア」を囲む外殻に、五個の電子があるのだ、と。五個の電子だから、最大の原子価は五だ。しかし、そのうち三個は内側の電子殻を不完全に満たしている。そしてこの不完全な電子殻が、バナジウムのさまざまな色や磁化率をもたらしている、と私は理解した。こうした数量的な認識は、バナジウムに対する具体的・現象的な認識に取って代わったのではなく、むしろその認識を揺るぎないものにした。バナジウムがもつさまざまな特性を、原子の観点から明らかにしていたからだ。定性的な見方と定量的な見方が私のなかでひとつに融合し、「バナジウムらしさ」に両面から近づけたのである。

ボーアとモーズリーは、私を再び数学に目覚めさせた。すでに周期表が——原子量によってぼんやりとだが——ほのめかしていた、本質的で単純明快な数学的関係に気づかせてくれたのだ。元素の特徴や素性の多くは、いまやその原子番号をもとにある程度推測することができた。原子番号は、もはや原子核の電荷量にとどまらず、各原子の構造そのものを明らかにしていた。それは、素晴らしく美しく、論理的で、単純で、合理的な神のそろばんのなせるわざだった。

ところで、何が金属に金属らしさを与えているのだろうか？　電子構造は、金属状態がほかのどんな状態とも性質の異なるものに見えるわけを明らかにしていた。金属の機械的特性や、高い密度や融点は、原子核に電子が束縛されている強さによって説明できることもあった。「結合エネルギー」の高い、非常に束縛力の強い原子は、並外れた硬度と密度をもち、融点も高いようだったのだ。たとえば私の大好きな金属——タンタル、タングステン、レニウム、オスミウムといったフィラメントになる金属——は、とくに結合エネルギーの高い元素だった（このように、その並外れた性質が——また私自身の好みまでも——原子で説明できるとわかり、面白かった）。金属が導電性をもつのは、電子が原子から簡単に離れ、「気体」のように自由に移動できるようになるためだった。だから電場は金属線に、移動する電子の流れを発生させられたのである。金属の表面にできるそうした自由電子の海によって、金属ならではの光沢も説明できた。自由電子が、光を受けて激しく振動し、光を散乱・反射してしまうためなのだ。

「電子気体」の理論は、極端な温度・圧力の条件下では、非金属もすべて金属状態になるということも示していた。この事実は、一九二〇年代にはすでにリンで確かめられ、さらに一九三〇年代には、圧力が一〇〇万気圧を超えれば水素も金属状態になるのではないかと予言された——木星のようなガスの巨塊の中心に金属水素がある可能性も指摘されたのだ。どんなものも「金属に」できるというのは、なんとも魅力的な考えだった[3]。

長いこと、赤い長波長の光に比べ、青や紫の短波長の光に特別なパワーがあるのが、私には不思議でたまらなかった。このことは、暗室ではっきりわかった。ルビー色をした安全灯は、かなり明るくても現像中のフィルムにかぶりが生じないが、白色光や日光（青い光が含まれている）は、わずかでもあるとすぐにかぶりが生じてしまうのだ。実験室でもよくわかった。たとえば、塩素は赤い光のもとでは水素と混ぜても安全だが、わずかでも白色光があると混ぜたときに爆発する。ディヴおじさんの鉱物の戸棚でも確かめられた。青や紫の光なら燐光や蛍光を引き起こせても、赤やオレンジの光ではそれができなかったのだ。さらに、エイブおじさんがもっていた光電池もあった。その光電池は、青い光をほんのひと筋当てるだけで活性化できたが、赤い光をたくさん浴びせても反応しなかった。ほんのわずかの青い光が大量の赤い光よりも効果が高いというのは、いったいどうしたわけだろう？　この一見矛盾した現象を理解するための鍵が、放射や光の量子的な性質と原子の量子状態にあると気づいたのは、ボーアとプランクについて知ったあとだ。光や放射は、量子という最小単位の集まりとして入ってくる。その量子のエネルギーは、振動数に依存する。短波長の光の量子――いわば青の量子――には、赤の量子より多くのエネルギーがあり、X線やガンマ線の量子にはさらに多くのエネルギーがあった。写真乳剤に含まれる銀塩であれ、実験室の水素や塩素であれ、エイブおじさんの光電池に使われていたセシウムやセレンであれ、あるいはデイヴおじさんの鉱物の戸棚にあった硫化カルシウムやタングステン酸カルシウムであれ、とにかくどんな種類の原子や分子にも、反応を引き起こすのに一定のレベルのエネルギーが必要だった。だから、高エネルギー量子なら一個で反応しても、低エネルギー量子だと一〇〇〇個集まっても反応が起きなかったのである。

子どものころ、光には形や大きさがあるものだと思っていた。蠟燭の炎は花の形、おじのタングステン電球は、モクレンのつぼみに似た輝く多角形といったように。その後、エイブおじさんのスピンサリスコープを覗いて一個一個の閃光を目にしたときにようやく、光はどれも原子や分子によって生じ、それらがまず励起され、それから基底状態に戻る際に、可視光の放射として余分なエネルギーを手放すのだとわかりだした。白熱したフィラメントなどの熱した固体は、さまざまな波長のエネルギーを放出する。一方、ナトリウム炎のなかのナトリウムといった白熱した蒸気からは、非常に限られた波長のエネルギーだけが放出された(少年時代に夢中になった、蠟燭の炎のなかの青い光は、炭素の二原子分子が吸収した熱エネルギーを放出して冷えるときに生じるのだとのちに知った)。

ところが、太陽などの恒星は、地球上のどの光とも違い、最高に熱いフィラメント電球よりも白くきらびやかに輝いていた(なかにはシリウスのように青に近いものもあった)。太陽は、放射エネルギーをもとに計算すれば、表面温度がおよそ六〇〇〇度と推定できた。エイブおじさんは、自分が若いころには太陽の途方もない白熱光とエネルギーの源がだれにもわからなかった、と教えてくれた。ここで「白熱光」というのは、正しい表現とは言えまい。というのも、一般的な意味での燃焼や酸化は起きていないからだ。一〇〇〇度を超えると、ほとんど化学反応はなくなってしまうのである。

それなら、重力エネルギー、つまり莫大な質量が収縮することによって生じるエネルギーが、太陽を輝かせつづけているのだろうか? これも、太陽やほかの恒星が猛烈な熱やエネルギーを放射しながら何十億年も輝きを失っていない理由を説明するには、まるっきり不十分なようだった。放射能にしても、やはりエネルギー源とは考えにくかった。恒星に含まれる放射性元素の量は、エネルギー源として説明できる量からはほど遠く、またそのエネルギー放射は緩慢すぎたのだ。

一九二九年になってようやく、別のアイデアが提起された。恒星内部のとんでもない温度と圧力を考えれば、軽い元素の原子が融合して、より重たい原子になっているのかもしれない——まずは水素原子が融合してヘリウムになる——という説である。宇宙のエネルギー源は、要するに熱核反応だというわけだった。軽い原子核を融合させるためには、大量のエネルギーを加えなければならない。だが、いったん融合が起これば、はるかに大きなエネルギーが放出される。すると、そのエネルギーがまたいくつもの軽い原子核を熱して融合させ、さらに大きなエネルギーが生じる。こうして熱核反応がどこまでも続くのである。太陽の内部は、およそ二〇〇〇万度という途方もない温度に達している。そんな温度は、私にはなかなか想像できなかった。ジョージ・ガモフは著書『太陽の誕生と死』（邦訳は白井俊明訳、白揚社刊）のなかで、この温度のストーブがあったとしたら、周囲数百キロ以内のものはすべて燃え尽きてしまう、と書いていた。

このような温度と圧力では、原子核は——電子をはぎ取られて裸になり——四方八方に猛烈なスピードで突進して（この熱運動の平均的なエネルギーはアルファ粒子のそれに近い）、絶えずその勢いのままぶつかり合い、融合してより重たい元素の原子核ができる。ガモフはこう記している。

太陽の内部は、自然が錬金術をおこなう巨大な実験室と考えるべきだろう。そこでは、地上の実験室で通常の化学反応が起きるのと同じぐらい簡単に、さまざまな元素の変換が生じている。

水素をヘリウムに転換すると、莫大な量の熱や光が生じる。ヘリウム原子の質量は、水素原子四個の質量に比べ、わずかに少ないからだ。このわずかな質量差が、アインシュタインの有名な式 $E=mc^2$ にしたがって、すべてエネルギーに変換されるのである。太陽で生じているエネルギーを作り出すには、毎秒数億トンの水素をヘリウムに転換しなくてはならない。だが、太陽は大部分が水素でできており、その質量は莫大なので、地球が誕生してから現在までのあいだに、ごくわずかしか消費されていない。核融合の速度が落ちると、太陽は収縮して温度を上げ、元の速度を取り戻す。つまり、そのまま速度が上がりすぎると、太陽は膨張して温度を下げ、速度がゆっくりになる。ガモフが言ったように、太陽は「最も巧みで、唯一可能なのかもしれないタイプの〝原子核マシン〟」であり、その自動制御式の炉のなかで、核融合の爆発力が重力と完璧に釣り合っているのである。水素がヘリウムになる核融合によって、莫大な量のエネルギーが生じたばかりか、この世界に新しい元素が生み出された。そしてヘリウム原子も、十分なエネルギーが与えられれば、融合してより重たい元素になり、さらにその元素も融合してもっと重たい元素になる。

こうして事態は意外な収斂《しゅうれん》を見せ、恒星の輝きと元素の創造という、古くからのふたつの謎が同時に解決された。かつてボーアは、水素を起点とする全元素の「増成」を、純粋に理論的な概念として思い描いた――その「増成」が、なんと恒星のなかで実現されていたのだ。1番元素の水素は、宇宙の燃料であるばかりか、宇宙を構成する究極の要素、つまり一八一五年にプラウトが考えた基本元素だったのである。この仕組みは、初めにあるべきものが一番単純な原子だけでいいという点で、申し分ないほどエレガントだった。[4]

ボーアの考えた原子に、私は得も言われぬ美しさを感じた。一秒間に何兆回というペースで、決まった軌道を永遠に回りつづける電子。それは量子という分割不能なものによって可能となっている真の永久機関であり、回転する電子は一切エネルギーを失わず、一切仕事をしない。複雑な原子はさらに美しかった。そうした原子では、何ダースもの電子がお互いのあいだを縫うようにして進みながら、小さなタマネギのように殻や副殻の構造を形作っていた。その繊細だが不滅の構造は、ただ単に美しいだけでなく、それ自身として完璧にできあがっていた。数や力やエネルギーの釣り合いといった点で、方程式（これでじっさい原子の構造を表現できる）と同じぐらい完璧だったのだ。そして、通常の手段では一切その完璧さを崩せなかった。ボーアの原子は、明らかにライプニッツの考えた入れ子状の世界（ライプニッツは、世界を入れ子状態の複合性をもつものと考え、その構成単位は世界全体を反映していると見なした）に似ていた。

「神様は数で物をお考えになるのよ」とよくレンおばさんは言った。「数は世界の成り立ちを表わしているの」その考えは、私の頭にこびりついて離れなくなり、いまやあらゆる物質界を包み込んでいるように感じていた。ここに至って私は哲学をかじりだし、自分に理解できたかぎりで、とくにライプニッツが気に入った。ライプニッツは、「神の数学」を使えば、最も経済的な手段で、最大限多くの現実を生み出せると言った。私には、それが確かに至るところに現われているように見えた。たとえば、わずか数ダースの元素から、見事なほど経済的に、何百万もの化合物を作り出すことができた。あるいはまた、たった二、三種類の粒子で、ありとあらゆる原子ができていた。さらには、原子の安定性や素性は、原子そのものの量子的な数によって決定されていた。これらはどれも、神のなせるわざと言えるほど、あまりに見事だったのである。

（1）一九一四年を迎えたころには、イギリス、フランス、ドイツ、オーストリアの科学者は皆、何らかの形で第一次世界大戦に巻き込まれていた。理論化学や理論物理学の研究は戦争が終わるまで中止され、応用科学、戦争のための科学がそれに取って代わった。ラザフォードは基礎研究をやめ、研究所は潜水艦探知の研究をする組織として再編された。ラザフォードの原子模型へとつながるアルファ粒子の散乱を観測したガイガーとマースデンは、西部戦線で敵同士として戦った。ラザフォードの若い同僚だったチャドウィックとエリスは、ドイツで捕虜になった。そして二八歳のモーズリーは、ガリポリで頭に銃弾を受けて死んだ。私の父はよく、第一次大戦で若い詩人やインテリなど、時代の精華と言える人々が痛ましくも亡くなったと言っていた。父が挙げた名をほとんど私は知らなかったが、モーズリーの名は知っていて、一番悲しく思った。

（2）これを利用してボーアは予言もおこなった。モーズリーは、七二番元素が欠けていることに気づいたものの、それが希土類元素なのかどうかは明言できなかった（五七〜七一番元素は希土類で、七三番元素のタンタルは遷移元素だったが、希土類がいくつ存在するのかはわかっていなかったのだ）。しかしボーアは、各電子殻に収められる電子の数を把握していたので、七二番元素は希土類元素でなく、ジルコニウムに似ていてそれより重たい元素だと予想できた。そこで、デンマークの科学者に、ジルコニウムの鉱石のなかにこの新元素を探すように勧めたところ、すぐに見つかった（コペンハーゲンの旧名ハフニアにちなんでハフニウムと名づけられた）。化学的類似性でなく、電子構造という純粋に理論的な根拠にもとづいて、元素の存在や性質が予言されたのは、これが初めてである。

（3）二〇世紀の初めには、金属を絶対零度近くまで冷やすと金属中の「電子気体」はどうなるか、ということも考えられた。全部の電子が「凍りつき」、金属は完全な絶縁体になってしまうのだろうか？ところが、水銀で見つかったのは、正反対の現象だった。水銀は、絶対温度四・二度で突然完全に抵抗を失い、完璧な導電体すなわち超伝導体となったのである。そのため、水銀のリングを液体ヘリウムで冷やすと、そのリングを電流が何日もずっと減ることなく流れつづけた。

（4）宇宙は無限大に近い密度で始まった、とガモフは考えた。最初はたかだかこぶし大だったのではないか、と。彼は学生のラルフ・アルファーとともに、一九四八年に論文――ハンス・ベーテにも名を連ねてもらってアルファ＝ベータ＝ガンマ論文（アルファーとベーテとガモフの名をもじっている）として有名になった――を記し、この最初のこぶし大の宇宙が爆発したときが空間と時間の始まりであり、その爆発（のちにフレッド・ホイルが愚弄してビッグバンと呼んだ）の際に全元素が生まれたのだと提唱した。

だがガモフは、そこでひとつ間違いを犯していた。ビッグバンで生まれたのは、実はとりわけ軽い元素だけ――水素とヘリウムと、もしかしたらリチウムも少量――だったのだ。一九五〇年代になってようやく、それより重たい元素の発生過程が明らかになった。平均的な恒星は、おそらく何十、何百億年か経てば、自分のもつ水素を使い切ってしまう。しかしもっと質量の大きな恒星だと、このとき燃え尽きずに、収縮してさらに熱くなり、別の核反応が始まる。ヘリウムが融合して炭素ができるのだ。やがてまたこの炭素が融合して酸素ができ、続いてケイ素、リン、硫黄、ナトリウム、マグネシウムが生じ、ついには鉄に至る。鉄から先は、さらに融合してもエネルギーが放出されないので、これが元素合成の最終物質としてたまっていく。だから鉄は宇宙に驚くほどふんだんにあり、鉄隕石の多さや地球の鉄心の存在もその事実を反映している（鉄より重たい元素の起源は長いこと謎に包まれていたが、どうやら超新星爆発でのみ生じるらしい）。

25　蜜月の終わり
——量子力学の到来と化学との別れ

一四歳になるころには、私は当然のように将来医者になるものと見なされていた。なにしろ、両親とも医者で、兄たちも医学生になっていたのだ。両親は、私が早くから科学にのめりこんだのを寛大に受け入れ、喜びさえしたが、もう遊びの時間は終わったと思っていたらしい。今もはっきりと覚えている出来事がある。一九四七年、戦争が終わって三度目の夏に、両親と新車のハンバーで南フランスへ旅行に出かけたときのことだ。私は後部座席に座り、ひたすらタリウムについてしゃべりまくっていた。タリウムは、きらきらした緑のスペクトル線として、一八六〇年代にインジウムと一緒に見つかったんだ。その塩《えん》のなかには、溶けると水の五倍近い密度の溶液になるのがある。それにタリウムは、実は哺乳類なのに卵を産むカモノハシみたいに矛盾した性質をもつ元素で、だから昔は周期表でどこに位置づけたらいいのかわからなかったんだって。鉛みたいに軟らかく、重たくて、溶融しやすいし、化学的な性質はガリウムやインジウムに近いけれど、黒い酸化物はマンガンや鉄の酸化物のようで、無色の硫酸塩はナトリウムやカリウムの硫酸塩に似ているんだ。あと、タリウムの塩《えん》には、銀塩と同じで感光性もある——タリウムで写真が撮れるんだよ！　一価のタリウムのイオンが、カリウムのイオンとそっくりだという話もした。その類似性は、実験室や工場では興味深いものだが、生体には死をもたらす。タリウムは、生体にとってはカリウムとほとんど区別できないので、カリウムがかかわっている役割や反応経路に忍び込んで、生体を内部から破壊してしまうのだ。そんなことを楽しげに、自分に酔いしれながら、一心不乱にしゃべりつづけるあいだ、私は前に座っている両親がすっかり押し黙り、退屈そうで、不満げで、こわばった顔をしているのに気づいていなかった。二〇分経って、とうとう両親は堪忍袋の緒を切らし、父が大声で怒鳴った。「もうタリウムの話なんかやめろ！」

とはいえ、終わりは急に訪れたのではない。ある朝起きたら私のなかで化学が消えていたというわけではなかった。だんだんと、少しずつ、それは忍び寄ってきたのだ。最初は自分も気づかないあいだに起きていたのだと思う。一五歳のいつだったかに、ふと気がつくと、朝起きたとたんにこんなふうに思ってわくわくすることはなくなっていた。「今日はクレリチ液を手に入れるぞ！　今日はハンフリー・ディヴィーと電気魚についての話を読もう！　今日こそは反磁性が理解できるかもしれない！」私にはもはや、（そのころ読んでいた）フロベールが「精神の高ぶり」と呼んだ、突然の啓示やひらめきや興奮が訪れなくなっていたようなのだ。身体の高ぶりは、もちろん、私の人生の新しい魅惑的な一面となっていた——

だが、突然心を支配するあの恍惚感や、突然訪れるあの歓喜や啓示が、私を見限ってしまったように思えた。いや、実は私のほうがそれらを見限ってしまったのだろうか？　私はもう自分の小さな実験室に足を運ばなくなっていたのである。そのことに気づいたのは、ある日ふらふらとそこへ入って、部屋じゅうにうっすらと埃が積もっているのを目にしたときだった。デイヴおじさんやエイブおじさんともめったに会わなくなっていたし、小さな分光器も持ち歩かなくなっていた。

かつて私は科学図書館で、時が経つのも忘れて、何時間も夢見ごこちで過ごしていた。「力線」や、軌道をめぐる電子の振る舞いが、目に見えるように思っていたときもあった。しかしもう、そんな幻覚を見るような力は失われていた。現実的で目的をはっきり見据えている、と当時の私の通知表に書いてある。確かにそんな印象を与えていたのかもしれない。けれども、私自身はまったく違う印象を抱いていた。内なる世界が滅び、私から奪われてしまったと思っていたのだ。

私はよく、ウエルズが書いた「塀のなかの扉」についての話を思い出した。その扉をくぐって魔法の庭に入ることのできた少年が、やがて大人になってそこへ入れなくなってしまうという話だ。当初彼は、日々の忙しさと世間での成功によって、自分が何かを失ったことに気づいていなかった。しかしそのうちに喪失感が募り、彼を蝕み、ついには破滅させてしまう。ボイルは自分の実験室を「天国」と呼び、ヘルツは物理学が「魅惑的なおとぎの国」だと言った。私はこの天国から締め出されたように思った。おとぎの国の扉はもう私に対して閉ざされ、自分は数の花園やメンデレーエフの花園といった、子どものころ入《はい》れたあの楽しい魔法の国から追い出されてしまったのだ、と。

一九二〇年代に「新しく」量子力学が登場すると、もう電子は軌道をめぐる小さな粒子ではなくなり、波と見なさないといけなくなった。もはや電子の位置については語れず、ある場所にそれが見つかる確率、つまり「波動関数」でしか議論できなくなったのだ。しかも、電子の位置と速度を同時に測ることはできなかった。電子は（言うなれば）どこにでもあると同時に、どこにも存在していないように見えた。そんなことを考えると頭がくらくらした。私は、秩序と確実さを明らかにしようと、化学に、そして科学に目を向けていた。それなのに、突然すべてが水泡に帰したのだ。[1] ショックだった。それはもう、おじたちには手に負えない問題だったので、私はひとりで考え込んだ。[2]

この量子力学という新しい学問は、化学のすべてを説明できそうに見えた。私はそれに興奮を覚えたが、恐れのようなものも感じた。クルックスは書いている。「化学は今後、まったく新しい土台の上に築かれることになるだろう。……われわれは実験の必要から解放され、どの実験の結果も演繹《えんえき》的にわかるようになる」それが福音なのかどうか、私にはわからなかった。つまり、未来の化学者は（まだ存在したとして）、実際に化学物質を扱う必要がなくなるのだろうか？　バナジウム塩の色を目にしたり、セレン化水素のにおいを嗅いだり、結晶の形を愛《め》でたりはしなくなり、色も香りもない数学の世界に生きるようになってしまうのか？これは恐ろしい将来に思えた。少なくとも「私」は、においを嗅ぎ、肌で感じることができないといけなかった。知覚の世界に身を置き、感覚を味わえないとだめだったのだ。(3)

かつて私は化学者になるのを夢見ていた。しかし私をとりこにした化学は、一九世紀の、具体的で、博物学的で、観察にもとづく記述的な化学であって、量子の時代の新しい化学ではなかった。私の知る化学、私の愛する化学は、もはや姿を消したか、性質を変えて手の届かないところへ行ってしまっていた（当時はそう思った）。はるばる化学の旅をしてきて、とうとう道の終点に、少なくとも私の道の終点に、行き着いてしまった気がしたのである。


今にして思うのだが、あのころ、ブレイフィールドでの恐怖の体験のあとで、甘美な幕間《まくあい》のような時を過ごしていた。私は、とても物知りで、優しく愛情に満ちたふたりのおじの手ほどきを受けて、秩序の世界へ、科学に対する情熱へといざなわれた。両親も、私を支え、信頼して、勝手に実験室を作らせ、好きに実験をさせてくれた。学校も、ありがたいことに、私のしていたことについてとやかく言わなかった。私は学校の勉強をちゃんとしていたし、それ以外は何でも自由にやれたのだ。生物に入れ込んだ時期もあったが、それは静かな潜伏期とも言える小休止だったのかもしれない。

しかし、いまやすべてが変わってしまった。ほかのいろいろな関心事が押し寄せ、私を刺激し、誘惑して、あちこちへ引っぱり込んだのだ。人生は、多少なりとも幅広く豊かになったが、一方で奥行きの浅いものになった。かつて一心に情熱を注いだ、あの静かな奥処《おくか》はなくなっていた。思春期は台風のように私に襲いかかり、飽くなき欲望で打ちのめした。学校では、あまりきつくない古典の「コース」から厳しい科学のコースへ移った。私は、ふたりのおじと、自由でのびのびした「見習い」の日々によって、ある意味では甘やかされていた。ところがとうとう学校で、平板でつまらない教科書を使う授業に出て、ノートをとり、試験を受けないといけなくなった。自分で自由にやっていたときには楽しかったことが、言われたとおりにやる羽目になると、嫌でつらいものになった。私にとって、詩趣《ししゅ》に富んだ神聖なテーマだったものが、面白みのない凡俗なものに様変わりしてしまったのだ。

化学とは結局そういうものだったのだろうか？　あるいは、私自身の頭脳の限界だったのか？　それとも、思春期のせい？　学校のせい？　熱中とは必ず、自然の成り行きとしてそうした道をたどるものなのか？　しばらくは星のように熱く明るく燃えるが、やがて力を出し尽くし、だんだんと弱まって消えてしまうものなのだろうか？　それまで必死に求めていた安定と秩序が、少なくとも物質の世界や自然科学に見出せたおかげで、私はほっとして執着心を失い、気持ちがほかへ移ってしまったのか？　あるいはまた、ただ自分が大人になっただけのことかもしれない。「大人になる」というのは、子どもの繊細で神秘的な感覚、ワーズワースの言った「輝きと鮮やかさ」を忘れ、それらが次第に日常のなかに埋もれていくことなのだろうか？

(1) この感覚は、プリーモ・レーヴィの素晴らしい本『周期律』(邦訳は竹山博英訳、工作舎刊)で、とくに「カリウム」という章を読んだときにもよみがえった。その章でレーヴィは、みずからが学生時代に「確実さの根源」を探ったことについて述べている。物理学者になろうと決めたレーヴィは、化学の研究室を出て物理学科の研究生になった。ある天体物理学者のもとで働いたのだ。ところが、それで期待どおりのものは得られなかった。確かにある種の究極の確実さは天体物理学に見つかったが、その確実さは、崇高ではあっても、抽象的で日常生活とはかけ離れていたのだ。より生活に近く、心を満たしてくれたのは、実用化学の素晴らしさだった。レーヴィは言っている。「レトルトのなかで起きている現象がわかると、私はうれしくなる。それまでより少し、自分の知識が広がったからだ。それで真理や真実を理解したわけではない。私はただ、世界の小さな断片を再構成したにすぎないのだ。しかしそれだけですでに、工場の実験室のなかでは大成功なのである」

(2) まったくのひとりぼっちではなかった。このころだれより頼りになった案内役が、ジョージ・ガモフだった。ガモフは科学者にして作家でもある多才で魅力的な人で、私はすでに彼の『太陽の誕生と死』(白井俊明訳、白揚社刊)を読んでいた。「トムキンス」シリーズの本で(『不思議の国のトムキンス』と『原子の国のトムキンス』が一九四五年に刊行されていた(いずれも『トムキンスの冒険』〔伏見康治ほか訳、白揚社刊〕所収)、ガモフは、物理定数を大幅に変える趣向を凝らして、想像のつかない世界を少なくとも多少は想像できるようにしてくれていた。相対論は、光の速度をわずか時速三〇マイル[五〇キロ弱]にしてしまうことで、面白く想像できるようになった。また量子力学も、プランク定数を二八桁も上げることで、「現実」生活で量子効果が現われ、思い浮かべやすくなった。たとえば、量子のジャングルでやっつけた量子のトラは、どこにもいないと同時にあらゆる場所にいたのだ。

ときどき私は、「マクロ量子的」現象というのはあるのだろうか、特殊な条件下では量子の世界が目で見えるのだろうか、と考えることがあった。実は、人生で忘れられない体験のひとつがまさにこれだった。そのとき液体ヘリウムを初めて目にしたのだが、臨界温度に至ると突然性質が変化した。ふつうの液体だったのが、粘性もエントロピーも一切ない奇妙な超流動体になり、壁を通り抜け、ビーカーを這いのぼり、熱伝導率が通常の液体ヘリウムの三〇〇万倍になったのだ。このありえないような物質の状態は、量子力学によってのみ理解することができた。原子がお互いに近づきすぎ、それぞれの波動関数が重なり合い、混じり合った結果、事実上ひとつの巨大な原子ができあがってしまったのである。

(3) このときクルックスの間違いに気づいていればよかったと思うが、まだ少年だった私には容易ではなかったろう。クルックスをそう思わせた新たな原子観は(ボーアがそれを公表したわずか二年後の一九一五年に、クルックスはその考えを記していた)、いったん採用されれば、化学を豊かに発展させこそすれ、衰退させ、だめにしてしまいはしなかったのだ。最初の原子理論が現われたときも、似たような危惧があった。ハンフリー・デイヴィーも含め、多くの化学者が、ドルトンの原子と原子量の概念を認めるのは危険だと考えた。化学を具体性や現実性のないものにし、無味乾燥で抽象的な世界に放り込んでしまうと心配したのである。

あとがき

一九九七年の暮れのことだ。私が少年時代に化学に夢中になったのを知っていたロアルド・ホフマンから、変わった小包が届いた。ホフマンとは、数年前に彼の著書『想像の化学(*Chemistry Imagined*)』を読んで以来、親交を重ねていた。小包のなかには、各元素の写真までついた大きな周期表のポスターと、化学物質を注文できるカタログと、灰色がかってとても重みのある、小さな金属棒が入っていた。小包を開けたときに、金属棒が床に落ちてコーンという音を響かせた。その手触りと音で、すぐに何なのかわかった(「焼結したタングステンの音だ」とおじがよく言っていた。「こんな音はほかにない」)。

この音は、マルセル・プルースト風に記憶を呼び覚まし、すぐさまタングステンおじさんが脳裏に浮かんだ。記憶のなかで、ウイングカラーのシャツを着たおじは、実験室で腕まくりをし、その手はタングステンの粉で真っ黒になっていた。すぐに、ほかの光景も思い浮かんだ。おじが電球を作っていた工場や、そこにあった昔の電球や重金属や鉱物のコレクションなどだ。一〇歳のときにおじから驚異に満ちた冶金学や化学を教わったのも思い出した。私は、タングステンおじさんについてちょっとした短篇が書けそうだと思った。ところが、思い出は次々にわいてきて、タングステンおじさんだけでなく、少年時代のいろいろな出来事が記憶によみがえった。多くは、五〇年以上ものあいだ忘れていたものだ。初めに一ページだけ書きつけた思い出は、四年がかりの大規模な発掘作業を経て、ついには二〇〇万語以上にまでふくれ上がった。そこからどうにか一冊の本が結晶化していったのである。

私は昔もっていた本を引っぱり出し（新しい本もたくさん買い込んだ）、ホフマンからもらったタングステンの棒を小さな台に乗せ、キッチンには化学の図表を用意した。風呂のなかで、宇宙における元素の存在度を示した表も眺めた。寒くて気が滅入るような土曜の午後に、体を丸めて縮こまりながら、（タングステンおじさんが大好きだった）ソープの分厚い『応用化学辞典』を開き、アトランダムに読みもした。

一四歳のときに潰《つい》えたと思っていたあの化学への情熱は、長い年月を経てなお、胸の奥に確かに息づいていた。私は別の方向へ人生を歩みながらも、化学のさまざまな新発見を見聞きしては、心を躍らせていた。私が子どものころ、元素は九二番のウランまでしか見つかっていなかった。だがその後、次々と新元素——一一八番元素まで！——が作られるのを目の当たりにした。こうした新元素は、きっと実験室のなかでだけ存在し、広い宇宙のどこにも生じてはいないのだろう。しかし最後の元素が、放射性ではあるが、長いこと探し求められてきた「安定性の島」に属すると考えられているものだと知って、私は狂喜した。安定性の島とは、原子核が、それまでの元素のものより一〇〇万倍ぐらい安定な元素群のことだ。

いまや天文学者たちは、金属水素のコアをもつ巨大惑星や、ダイヤモンドでできた星や、表面が鉄のヘリウム化物で覆われた星などに思いを馳せている。希ガスがどうにか化合できるようにもなり、私はキセノンのフッ化物をこの目で見ることもできた——それは、一九四〇年代の私にはほとんど考えられない幻のような存在だった。タングステンおじさんとエイブおじさんが惚れ込んでいた希土類元素は、今ではかなり一般的になり、さまざまな色の蛍光・燐光物質、高温超伝導体（ここでの高温とはマイナス二〇〇～マイナス一〇〇度のレベル）、小さいのにとんでもなく強力な磁石など、数限りない用途が見つかっている。合成化学の力もすごさを増した。今では、ほとんどどんな構造や特性をもつ分子も、思いのままに作れるようになっているのだ。

タングステンにも、密度と硬さを生かした新しい用途が見つかった。ダーツの矢やテニスラケットのほか、物騒なことに、砲弾やミサイルの被覆にまで使われるようになった。一方で、タングステンはある種の原始的な細菌に必須のものだという、なかなか私好みの事実も明らかになった。そうした細菌は、海洋底の熱水噴出孔でタングステンの硫化物を代謝することによって、エネルギーを手に入れていたのだ。このような細菌が（現在考えられているように）地球上に最初に現われた生物だとすれば、タングステンは生命の発生にとってきわめて重要な役割を演じたことになる。

今もときどき、かつての「化学熱」がおかしなはずみでよみがえる。突然カドミウムの塊を手に入れたくなったり、ダイヤモンドを顔に当ててその冷たさを味わいたくなったりするのだ。車のナンバープレートを見ても、すぐに元素を連想する。とくにニューヨークでは、U、V、W、Yで始まるものが多く、ウラン、バナジウム、タングステン、イットリウムが思い浮かんでしまう。W74やY39のように、元素の記号にその原子番号が続いていれば、何か得した気分になって、さらにうれしい。花を見ても元素が思い浮かぶ。春のライラックの色は、私には二価のバナジウムの色に見える。ダイコンは、セレンのにおいを思い出させる。

祖父やおじたちが情熱を傾けた照明も、見事な発展を遂げた。一九五〇年代には、黄色く輝くナトリウム灯が普及し、一九六〇年代になると、石英ヨウ素電球や強烈なハロゲンランプが登場した。一二歳のころ、ポケットに分光器を忍ばせて終戦後のピカデリーをうろついたものだが、今また小さな分光器をもってタイムズ・スクエアを歩いても、ニューヨークの街明かりが原子の発光として見え、同じ楽しみが味わえた。

夜中に化学の夢もよく見る。過去と現在が入り混じり、周期表の格子がマンハッタンの格子状の街路に変容するような夢だ。タングステンは、Ⅵ族と第六周期が交わる場所にあるから、街路で言えばそこはシックス・アヴェニュー（6th Avenue）とシックス・ストリート（6th Street）の交差点になる（もちろんニューヨークにそんな交差点はないが、夢のなかのニューヨークにははっきり存在した）。スカンジウムでできたハンバーガーを食べる夢や、ときにはスズがちんぷんかんぷんな言語で話す夢も見る（スズを曲げたときに悲しげな「鳴き声」を聞いた記憶と混同が起きたのかもしれない）。けれども、なにより好きな夢は、オペラを見に行く夢だ。私はハフニウムで、メトロポリタン歌劇場でほかの重たい遷移金属たちと一緒にボックス席に座る。タンタル、レニウム、オスミウム、イリジウム、白金、金、そしてタングステン——どれも大切な幼なじみだ。

謝辞

本書の刊行にあたり、昔の出来事や手紙や写真など、さまざまな思い出にからんで私と絆を有した、兄たちやいとこたち、そしてとくに旧友たちに感謝したい。彼らの助けなくして、こんなにも昔の出来事を再現することはできなかった。そうした出来事などを、私は不安におののきながら記した。プリーモ・レーヴィも言ったように、「ひとりの人間を登場人物に仕立て上げるのには、つねに危険が付きまとう」からだ。

アシスタントのケイト・エドガーは、これまでも多くの私の本で編集者を務めているが、本書ではほとんど共同制作者と言ってもいいぐらいの役目を果たしてくれた。私が書いた膨大な量の草稿をまとめただけでなく、一緒に多くの化学者に会い、鉱山のなかに入り、におい\や爆発、放電、ときには放射性物質にも耐え、さらには、周期表や分光器、過飽和溶液に吊された結晶、コイルや電池、化学物質や鉱物などがオフィスにあふれ返っていくのにも我慢してくれたのだ。彼女の「抽出」の力がなければ、本書は今でも二〇〇万語の発掘品のままだったろう。
シェリル・カーターも力になってくれた。彼女は、インターネットという驚異の世界への扉を開き（私はコンピューターがからっきしだめなので、文章はみんな手書きか旧式のタイプライターで書いている）、私には入手できなかった本や論文、科学機器や科学のおもちゃなど、さまざまなものを見つけてきてくれた。

一九九三年、私は《ニューヨーク・レビュー・オブ・ブックス》誌に、デイヴィッド・ナイトがハンフリー・デイヴィーについて記した本のエッセイ・レビューを書いた。その本は、いろいろな意味で、長いこと眠っていた私の化学への情熱に再び火をつけた。それをさらに焚きつけてくれたボブ・シルヴァーズにも感謝したい。

また、本書の初期の断章として、私は《ニューヨーカー》誌に「きらびやかな光」を載せたが、そのとき見事に編集し、まさにきらびやかなタイトルまで付けてくれたのは、同誌の編集者ジョン・ベネットだ。さらに、クノップフ社のダン・フランクは、本書を現在の形にまでもっていくうえで、大きな役割を果たしてくれた。

本書を書きだしてまもなく、光栄にも、少年時代のヒーローであるグレン・シーボーグにお会いすることができ、その後も世界じゅうの化学者と面会や文通を重ねた。あまりにも多くの化学者にお世話になったのでここではとても紹介しきれないが、どなたも元化学少年の部外者を温かく受け入れ、子どものころ読んだ最高に荒唐無稽なSFでも考えられていなかった驚異を味わわせてくださった。本物の原子を（原子間力顕微鏡のタングステンの針の先で）「見る」ことまでできたのだ。そのほか、「もう一度あれを見たい」というノスタルジックな願望も満たしてくださった。その筆頭が、ナトリウムが液体アンモニアに溶けて真っ青になるところだ。小さな磁石が液体窒素で冷やした超伝導体の上に浮かぶのも、子どものころ夢見た魔法の空中浮遊を思い出させた。

だが、だれよりも私を励まし、支え、私に現代化学の驚異を教えてくれたのは、ロアルド・ホフマンだった。だから私は、本書をロアルドに捧げたい。

訳者あとがき

本書は、医学エッセイの書き手として有名なオリヴァー・サックスが、化学と戯れた少年時代を振り返って記したメモワールである。すでに『妻を帽子とまちがえた男』（高見幸郎・金沢泰子訳、晶文社）や『火星の人類学者』（吉田利子訳、早川書房）、映画にもなった『レナードの朝』（春日井晶子訳、早川書房）などで日本でもおなじみのサックスだが、そうした脳神経科医としての臨床体験を語るエッセイとは違い、本書ではみずからの人格形成期の体験と、身近な人々の影響で科学に目覚め、惚れ込んでいった様子が、甘美なノスタルジーとともに語られている。

近年、理科離れという言葉をよく耳にする。文系王国と言われている今の日本では、科学はなにやら難しいもの、浮世離れしたものとして敬遠される傾向にあるようだ。科学が脚光を浴びるときといえば、たいていは国際問題や社会問題などにからんだ場合で、大量破壊兵器とは何かとか、SARSとは何かとか、人々の身につまされる問題になって初めて関心を呼ぶのである。だから、日常生活とかけ離れた理論物理や数学などには、あまり目を向けられる機会がない。

だが、科学とは本来、ただ純粋に自然の驚異と美しさを愛《め》でるためのものだったのではないか？　本書で少年時代のサックスは、ダイヤモンドの冷たさによってその熱伝導率の高さを知り、水銀にも沈んでしまうタングステンの比重の大きさに目を見張り、さまざまな鉱物の美しい色や形に魅せられる。さらに、猛毒の塩酸と水酸化ナトリウムから舐めても平気な食塩ができたり、気体の水素と酸素を火花で爆発させると水ができたりするのを目にして、物質の意外な変化に圧倒されながら、科学の世界へと引き込まれていく。しかも、そののめり込み方が生半可ではない。詳しくは実際に本書を読んでいただくしかないが、十代前半の少年がここまで深く幅広い知識を身につけ、応用できたことには、まったく舌を巻くばかりだ。サックスは化学者になっても成功したのではないかと真面目に私は思う。

もちろん、科学を学ぶという意味で、本書のサックスのように周囲の人間や環境に恵まれた人もなかなかいないと思うが（私自身、子どものころこんな機会があったならと思うと残念でならない）、このように、不思議な現象を目の当たりにして、「なぜ？」と感じてからくりを探ろうとすることこそ、実は科学という学問の根本的な動機なのだ。ひるがえってとくに現代の日本では、多くの人が「不思議だなあ」で終わって「なぜ？」には至らず、不思議なものを不思議なまま受け入れて済ませてしまっているように思う。心霊現象やファンタジーの世界が人気を呼んでいるのも、ひょっとしたらそんな風潮と無関係ではないのかもしれない。

ところで、最初にこれまでのサックスの作品とは違うと紹介したが、根底に流れるものは共通している。今までのクリニカル・エッセイが「人間の驚異」に気づかされた体験を語ったものだとしたら、本書は「自然の驚異」に目を見開かされた出来事を綴った作品と言えるのだ。それに、人間を見るサックスならではの繊細な視線は、本書でも健在だ。医者としての使命感と家族への深い愛情を兼ね備えた父母に対する敬慕の念。該博な科学知識を楽しげに披露するタングステンおじさんやエイブおじさんに感じた、憧れと仲間意識。いじめに遭い発狂した兄に対して覚えた、憐れみと怯えがない交ぜになった複雑な心情。変わり者だったおばをありのまま受け入れた無垢な優しさ。身近な人間が亡くなったショックとその理不尽さへの憤り。そういった周囲の人との関わりで生じた感情の機微が、静かな語り口を通してひしひしと伝わってくる。さらに、みずからの思春期の心の揺れも、まったく変わらぬデリケートな目で見つめて丹念に追い、赤裸々に語っている。疎開生活で負った心の傷、不安や恐怖から逃れるために見つけた科学のサンクチュアリ、戦争が奪った敬虔なユダヤ人としての信仰心、プールで浮かんでいるときに初めて感じたオルガスムス——。

そんな心情や出来事を細やかな筆致で追いながら、本書は科学（とくに化学）の発見と応用の歴史を俯瞰する読み物にもなっている。その徹底ぶりは、多くの細かい原注にも表われている。そして、見慣れない名前の化合物が見せる驚くべき現象や、さまざまな科学者の成功と挫折のドラマを知るうちに、いつしか科学が身近に感じられ、もっと科学を知りたいという興味もわいてくる。なんとも心憎いまでの演出だ。それが押しつけがましく感じられず、自然に読めてしまうのは、サックス自身が発見を再現したり、理論を応用してみたりして、科学の歴史に積極的に関わろうとする様子も描かれているからではなかろうか。またなによりも、科学を抽象的な学問としてではなく、具体的で芸術的な現象としてとらえる彼の視点が、学問としての科学に感じがちな敷居の高さを取り払ってくれている。

オリヴァー・サックスは、一九三三年生まれで、本書に記された少年時代を送ったあと、オックスフォード大学で医学を修めてからアメリカへ渡り、カリフォルニアで神経科の研修を積んで、ニューヨークで脳神経科医となった。その後、診療のかたわら、出会った患者たちを題材にして、初めに挙げたような、鋭い洞察と人間への温かいまなざしにあふれた医学エッセイを著すようになった。そんな経歴の原点をなす体験が、本書にはふんだんに詰まっている。七〇歳を前にして、彼は、なにか老境を迎える人生の節目のようなものを感じて、みずからの原風景を記録にとどめたくなったのかもしれない。だがそうして紡ぎ出された文章は、一個人の思い出である以上に美しいモノローグだ。ともすればややこしく感じる科学用語や物質名さえ、見知らぬ惑星でとれた宝石の名前のように読める。科学に詳しい人も、そうでない人も、サックス独特の世界のなかで展開される化学の通史をぜひ味わっていただきたい。もちろん、サックス個人の人間的な面に興味がある人にとっても、これは必読の一冊だ。

なお、翻訳にあたって、原書にはないが各章にサブタイトルを付してみた。サックスの思い出と近代の化学史の断片が随所にちりばめられた森のなかで、さりげない道しるべのような役目が果たせたらと願っている。

二〇〇三年八月

文庫版への付記

本書刊行後、オリヴァー・サックスは、二〇一五年八月に亡くなるまで、六冊の著書をものしている（うち最後の一冊は死後刊行）。その半数はお得意の医学エッセイだが、死の直前に世に出た *On the Move: A Life*（邦訳は『道程――オリヴァー・サックス自伝――』〔大田直子訳、早川書房〕）は、青年期以後の生涯を包み隠さず語りつくしたもので、本書『タングステンおじさん』の少年とはまるで別人のような自由奔放な面が明かされて驚かされる。それでも好奇心の塊だった少年時代に彼の原点があり、その後の人生にも純朴さと好奇心という本性が通底していたのはおそらくまちがいない。日本にも多くのファンをもつサックス氏。彼が世を去ったことはとても悲しいが、ぜひともこの二冊の自伝をともに読んで、たぐいまれな文才とナイーブな感性を備えた臨床医がどのように形成されていったのかに思いを馳せていただきたい。

文庫版刊行にあたり、訳文を今一度読みなおし、多少の修整や表記の変更などをおこなった。早川書房編集部の伊藤浩さんには、このたび改めてこまごまと疑問点や提案をあげてくださったことに、心よりお礼を申し上げたい。著者の美麗で温かみのある文章の味わいと、そこに込められた思いを余さず伝えられたかどうか、いささか不安にさいなまれるが、微力ながら彼の珠玉の作品のひとつを日本の読者に届けるお手伝いができたことをうれしく思っている。

二〇一六年六月

斉藤隆央

図版クレジット

・p.21: Illustration of 37 Mapesbury Road at the beginning of chapter 2 by Stephen Wiltshire. Copyright © Stephen Wiltshire. Used by kind permission of John Johnston Ltd.

・p.135: Illustration of stethoscope at the beginning of chapter 9 courtesy of Culver Pictures.

・p.271: The Festival of Britain Periodic Table. Copyright © 1998 by Macmillan Magazines Ltd. Used by permission of *Nature* (393: 527, 1998).

・p.419: Illustration "Electron Configuration" from *The History and Use of Our Earth's Chemical Elements: A Reference Guide* by Robert E. Krebs, illustrations by Rae Dejur (Greenwood Press, Westport, CT, 1998). Copyright © 1998 by Robert E. Krebs. Used by permission.

本書は、二〇〇三年九月に早川書房より単行本として刊行された作品を文庫化したものです。

音楽嗜好症《ミュージコフィリア》

――脳神経科医と音楽に憑かれた人々

Musicophilia

オリヴァー・サックス

大田直子訳

ハヤカワ文庫NF

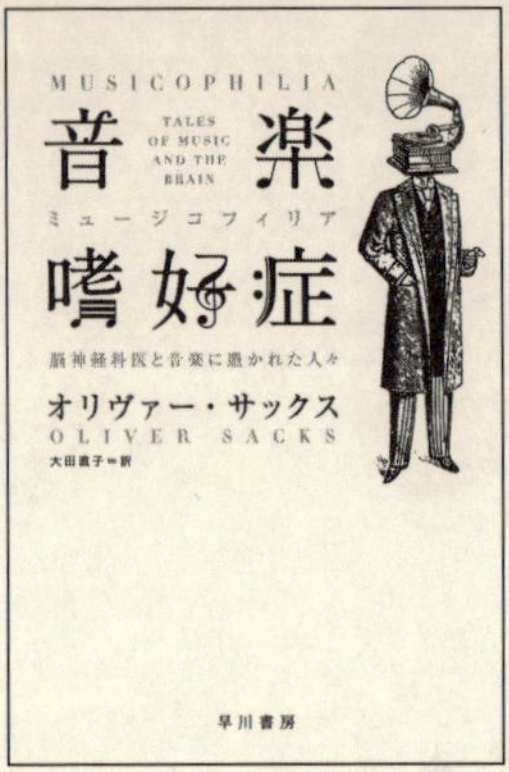

ピーター・バラカン氏絶賛！
池谷裕二氏推薦！

落雷による臨死状態から回復するやピアノ演奏にのめり込んだ医師、指揮や歌うことはできても物事を数秒しか覚えていられない音楽家など、音楽と精神や行動が摩訶不思議に関係する人々を、脳神経科医が豊富な臨床経験をもとに描く医学エッセイ。解説／成毛眞

赤の女王　性とヒトの進化

The Red Queen

マット・リドレー
長谷川眞理子訳
ハヤカワ文庫NF

人間はいかに進化してきたか？
「性」の意味を考察する

ヒトにはなぜ性が存在するのか。普遍的な「人間の本性《ヒューマン・ネイチャー》」なるものはあるのか。それは男女間で異なるのか、そして私たちの行動にどのように影響しているのか。進化生物学に基づいて性の起源と進化の謎に迫る。大隅典子氏（東北大学大学院医学系研究科教授）推薦

〈数理を愉しむ〉シリーズ

物理学者はマルがお好き

——牛を球とみなして始める、物理学的発想法

Fear of Physics

ローレンス・M・クラウス

青木 薫訳

ハヤカワ文庫NF

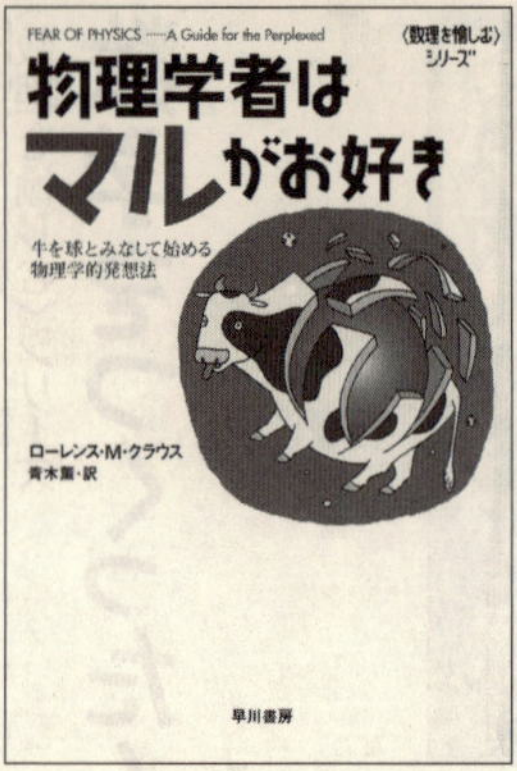

常識の遙か高みをいく、ファンタスティックな現象が目白押しの物理学の超絶理論。しかし、それを唱えるにいたった物理学者たちの考えは、ジョークの種になるほどシンプルないくつかの原則に導かれていたのだった。天才物理学者が備えている物理マインドの秘密を愉しみながら共有できる科学読本。解説／佐藤文隆

〈数理を愉しむ〉シリーズ

偶然の科学

Everything Is Obvious

ダンカン・ワッツ

青木　創訳

ハヤカワ文庫ＮＦ

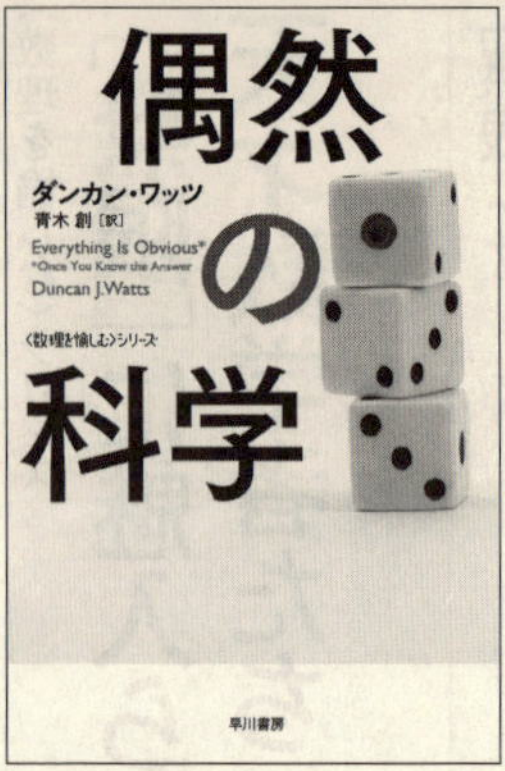

世界は直観や常識が意味づけした偽りの物語に満ちている。ビジネスでも政治でもエンターテインメントでも、専門家の予測は当てにできず、歴史は教訓にならない。だが社会と経済の「偶然」のメカニズムを知れば、予測可能な未来が広がる。スモールワールド理論の提唱者がその仕組みに迫る複雑系社会学の決定版。

スプーンと元素周期表

The Disappearing Spoon

サム・キーン
松井信彦訳
ハヤカワ文庫NF

紅茶に溶ける金属スプーンがある？　ネオン管が光るのはなぜ？　戦闘機に最適な金属は？　万物を構成するたった一〇〇種余りの元素がもたらす不思議な自然現象。その謎解きに奔走する古今東西の科学者、科学技術の光と影など、元素周期表にまつわる人とモノの歴史を繙くポピュラー・サイエンス。　解説／左巻健男

ファインマンさんの流儀

Quantum Man

ローレンス・M・クラウス

吉田三知世訳

ハヤカワ文庫NF

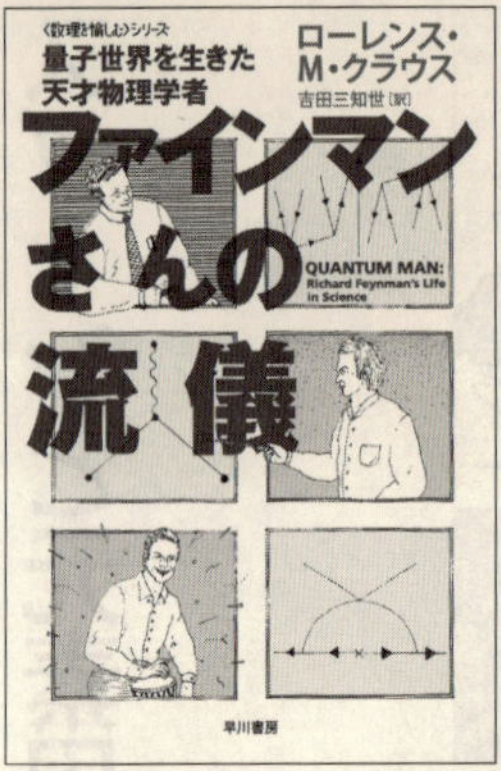

量子世界を生きた天才物理学者

20世紀、万物の謎解きに飽くなき探求心で挑んだ奇想天外な量子物理学者がいた。ノーベル賞の受賞者ファインマンだ。抜群の直観力で独創的な理論を構築した彼の人物像と、量子コンピュータや宇宙物理など最先端科学に残した功績を人気サイエンスライターが描く。解説／竹内薫

かぜの科学
——もっとも身近な病の生態

Ah-Choo!
ジェニファー・アッカーマン
鍛原多恵子訳
ハヤカワ文庫NF

これまでの常識を覆す、まったく新しい風邪読本

人は一生涯に平均二〇〇回も風邪をひく。しかしいまだにワクチンも特効薬もないのはなぜ？　本当に効く予防法とは、対処策とは？　自ら罹患実験に挑んだサイエンスライターが最新の知見を用いて風邪の正体に迫り、民間療法や市販薬の効果のほどを明らかにする！

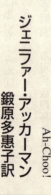